高 等 数 学（下册）

第二版

吴明科　郑金梅　主编

南开大学出版社

天　津

图书在版编目(CIP)数据

高等数学. 下册 / 吴明科,郑金梅主编. —2 版.
—天津:南开大学出版社,2021.6(2023.2 重印)
ISBN 978-7-310-06115-0

Ⅰ.①高… Ⅱ.①吴… ②郑… Ⅲ.①高等数学－高
等学校－教材 Ⅳ.①O13

中国版本图书馆 CIP 数据核字(2021)第 098946 号

高等数学(下册)
GAODENG SHUXUE (XIACE)

———————————————————————

南开大学出版社出版发行
出版人:陈　敬
地址:天津市南开区卫津路 94 号　　邮政编码:300071
营销部电话:(022)23508339　营销部传真:(022)23508542
https://nkup.nankai.edu.cn

———————————————————————

天津午阳印刷股份有限公司印刷　全国各地新华书店经销
2021 年 6 月第 2 版　2023 年 2 月第 2 次印刷
260×185 毫米　16 开本　13 印张　322 千字
定价:39.80 元

———————————————————————

如遇图书印装质量问题,请与本社营销部联系调换,电话:(022)23508339

本书编委会

主　编　吴明科　郑金梅

副主编　唐定云　文华艳　李　欣

参　编　李玉林　张　慧　左芝翠

　　　　吴定欢

第 二 版 前 言

本书在第一版的基础上,根据新形势下教材改革精神,再结合我们多年的教学改革实践,进行了全面的修订.我们在保障原有教材数学知识的系统性、简洁性、实用性的基础上,注重概念产生的背景,强调应用数学的意识,使得第二版教材更适用于当前教学,既顺应时代的要求,又继承和保持经典教材的优点.

第二版教材从以下几个方面进行了改版:

1.增加了教材数学文化特色,在每一章中,选取了国内外有代表性的数学家,介绍了他们的生平以及在数学学科中作出的贡献,使数学更有温度.

2.增加了每一章的知识框架介绍以及课程的重难点分析,使学生能够在整体上理解和掌握课程知识和数学思想.

3.在每一章中增设了章知识总结和章练习,该练习是从近几年的研究生入学考试题以及练习题中选出的,有一定的难度,但这为学生锻炼数学思维以及在考研数学的准备中是有益处的.

4.将各章知识的学科应用模块做了进一步的调整,将各应用模块放到对应章节中去,使得数学的应用章节知识更能密切联系起来.

在这次修订过程中,我院的广大教师提出了许多宝贵的意见和建议,我们在此表示诚挚的谢意.本版的修订由吴明科、郑金梅任主编,唐定云、文华艳、李欣任副主编,左芝翠、张慧、李玉林、吴定欢等老师参编.第二版教材中存在的问题与不妥之处,欢迎广大专家、同行和读者批评指正.

编 者

2021 年 3 月

第 一 版 前 言

本教材是根据三本应用型工科院校的教学要求,在多年教学实践的基础上,并配合我院关于高等数学模块化教学改革编写而成的.教材在编写上突出了数学知识的系统性、简洁性、实用性,同时注重概念产生的背景,强调应用数学的意识.

全书分上、下两册.上册包括一元函数的微积分,下册包括向量与空间解析几何,多元函数微分、级数、微分方程.在章节设计上,为了体现微积分在专业领域的应用,在教材的最后设有知识点的应用模块,包含了函数与极限应用模块,导数与微分的应用模块,极值应用模块,定积分的应用模块,多元函数微分学应用模块,重积分应用模块,线面积分应用模块,微分方程应用模块等内容.

本教材由西南科技大学城市学院数学教研室组织编写,文华艳,唐定云为主编,吴明科、郑金梅为副主编,张媛媛参与编写,唐定云同时负责教材的主审.

限于编者水平,以及各专业对工科学生提出的不同要求,因而教材在内容的取舍和安排上还存在不妥之处,希望读者提出批评和指正.

编 者
2017 年 8 月

目　　录

第七章　向量与空间解析几何

利用数形结合的思想将图形与方程相对应,从而能够用代数研究几何问题.这样便产生了解析几何.向量是一个兼具"数"和"形"的工具,因此它在解析几何中有广泛的应用.

本章首先建立空间直角坐标系,引进向量的概念和一些运算,然后利用向量的运算建立空间的平面和直线方程,最后讨论空间曲线和曲面的一般方程以及二次曲面的几何特性.

第一节　向量代数

一、空间直角坐标系及向量的概念

定义 1　在空间中,有三条交于一点(原点 O)的两两垂直的数轴,依次称为 x 轴、y 轴、z 轴,其方向符合右手规则:用右手握住 z 轴,当四指从 x 轴方向以 $\frac{\pi}{2}$ 角度弯向 y 轴时,拇指伸直的方向与 z 轴方向一致.这样的三条数轴构成了空间直角坐标系(见图 7.1),三条数轴中任意两条确定的平面称为坐标面,如 x 轴及 y 轴确定的平面叫 xOy 面,y 轴及 z 轴和 z 轴及 x 轴所确定的平面分别叫作 yOz 面及 zOx 面.

定义 2　在空间直角坐标系中有一点 A,过 A 向三条数轴作垂直平面,交点依次为 P,Q,R(见图 7.2).设这三个交点在坐标轴上的坐标分别为 x,y,z,则称 (x,y,z) 为空间点 A 的坐标.

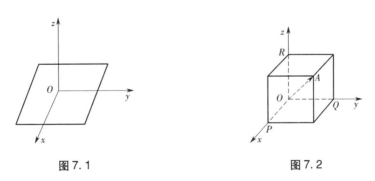

图 7.1　　　　　　　　　　　　图 7.2

定义 3　在空间直角坐标系中有两点 A,B,称由 A 到 B 的有向线段为空间向量,记为 $\overrightarrow{AB}$ 或 **a**.其中 A 为 $\overrightarrow{AB}$ 的起点,B 为 $\overrightarrow{AB}$ 的终点,线段的长度称为 $\overrightarrow{AB}$ 的模,记为 $|\overrightarrow{AB}|$ 或 $|a|$;有向线段的方向称为向量的方向.模为 1 的向量称为单位向量,通常记为 e;模为 0 的向量称为零向量,记为 **0**.

向量实际上是既有大小(即模)又有方向的量.在物理学上有很多量均为向量,如力、速度、加速度等.

在很多讨论向量的场合,常和向量的起点无关.对于起点不在坐标原点的向量,都可以相等地平移到起点为原点的向量,于是下面仅仅定义起点在原点的向量坐标.

定义 4 设空间向量 $\overrightarrow{AB}$,起点 A 与原点 O 重合,且 $B(x,y,z)$,则称 (x,y,z) 为向量 $\overrightarrow{AB}$ 的坐标,记为 $\overrightarrow{AB} = (x,y,z)$.

二、向量的运算

1. 线性运算

为讨论方便,以下所提向量,若无特殊说明,均为以原点为起点的空间向量.

定义 5 设任意向量 $\boldsymbol{a} = (x_1,y_1,z_1)$,$\boldsymbol{b} = (x_2,y_2,z_2)$,则以下运算都称为线性运算:

(1)加法: $\boldsymbol{a} + \boldsymbol{b} = (x_1,y_1,z_1) + (x_2,y_2,z_2) = (x_1 + x_2,y_1 + y_2,z_1 + z_2)$.

(2)数乘: $\lambda\boldsymbol{a} = \lambda(x_1,y_1,z_1) = (\lambda x_1,\lambda y_1,\lambda z_1)$.

向量的加法运算符合平行四边形法则及三角形法则(见图 7.3).向量的减法可以转化为加法,即

$$\boldsymbol{a} - \boldsymbol{b} = \boldsymbol{a} + (-\boldsymbol{b}),$$

其中 $(-\boldsymbol{b})$ 为 $\boldsymbol{b}$ 的相反向量(即与 $\boldsymbol{b}$ 模相等,方向相反的向量).

图 7.3

利用减法运算可定义起点不在原点的向量的坐标.设 $A(x_1,y_1,z_1)$,$B(x_2,y_2,z_2)$,则向量

$$\overrightarrow{AB} = \overrightarrow{OB} - \overrightarrow{OA} = (x_2,y_2,z_2) - (x_1,y_1,z_1) = (x_2 - x_1,y_2 - y_1,z_2 - z_1).$$

设 $\overrightarrow{AB} = (x,y,z)$,则由向量的线性运算可得

$$\overrightarrow{AB} = x\boldsymbol{i} + y\boldsymbol{j} + z\boldsymbol{k}.$$

其中 $\boldsymbol{i},\boldsymbol{j},\boldsymbol{k}$ 分别为与坐标轴同向的单位向量.

2. 数量积

定义 6 设向量 $\boldsymbol{a},\boldsymbol{b}$,称实数

$$|\boldsymbol{a}| \cdot |\boldsymbol{b}| \cdot \cos <\boldsymbol{a},\boldsymbol{b}>,$$

为向量 $\boldsymbol{a}$ 与 $\boldsymbol{b}$ 的数量积或内积,记为 $\boldsymbol{a} \cdot \boldsymbol{b}$.其中 $<\boldsymbol{a},\boldsymbol{b}>$ 为 $\boldsymbol{a}$ 与 $\boldsymbol{b}$ 的夹角.

在物理学中,数量积可以表示很多量,如常力沿直线所做的功(见图 7.4).

$$W = \boldsymbol{F} \cdot \boldsymbol{s} = |\boldsymbol{F}| \cdot |\boldsymbol{s}| \cdot \cos <\boldsymbol{F},\boldsymbol{s}>.$$

由数量积的定义可得以下运算性质:

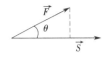

$(1)\boldsymbol{a}\cdot\boldsymbol{a}=|\boldsymbol{a}|^2;$

$(2)\boldsymbol{a}\cdot\boldsymbol{b}=\boldsymbol{b}\cdot\boldsymbol{a};$

(3)非零向量$\boldsymbol{a},\boldsymbol{b}$,有$\boldsymbol{a}\perp\boldsymbol{b}\Leftrightarrow\boldsymbol{a}\cdot\boldsymbol{b}=0;$

$(4)(\boldsymbol{a}+\boldsymbol{b})\cdot\boldsymbol{c}=\boldsymbol{a}\cdot\boldsymbol{c}+\boldsymbol{b}\cdot\boldsymbol{c},\boldsymbol{c}\cdot(\boldsymbol{a}+\boldsymbol{b})=\boldsymbol{c}\cdot\boldsymbol{a}+\boldsymbol{c}\cdot\boldsymbol{b};$

图 7.4

$(5)(\lambda\boldsymbol{a})\cdot\boldsymbol{b}=\lambda(\boldsymbol{a}\cdot\boldsymbol{b}).$

设 $\boldsymbol{a}=(x_1,y_1,z_1),\boldsymbol{b}=(x_2,y_2,z_2)$,则有

$$\boldsymbol{a}\cdot\boldsymbol{b}=(x_1\boldsymbol{i}+y_1\boldsymbol{j}+z_1\boldsymbol{k})\cdot(x_2\boldsymbol{i}+y_2\boldsymbol{j}+z_2\boldsymbol{k})=x_1x_2+y_1y_2+z_1z_2.$$

3. 向量积

定义 7 设向量 $\boldsymbol{a},\boldsymbol{b}$,向量 $\boldsymbol{c}$ 垂直于 $\boldsymbol{a}$ 与 $\boldsymbol{b}$ 所确定的平面,且 $\boldsymbol{a},\boldsymbol{b},\boldsymbol{c}$ 的方向满足右手规则,而

$$|\boldsymbol{c}|=|\boldsymbol{a}|\cdot|\boldsymbol{b}|\cdot\sin<\boldsymbol{a},\boldsymbol{b}>,$$

则称向量 $\boldsymbol{c}$ 为 $\boldsymbol{a},\boldsymbol{b}$ 的向量积或外积,记为 $\boldsymbol{c}=\boldsymbol{a}\times\boldsymbol{b}$(见图7.5).

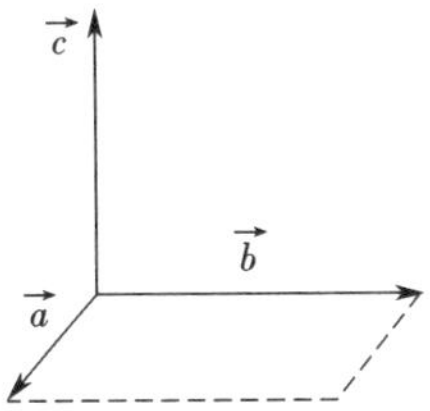

由向量积的定义可以得到:

$(1)\boldsymbol{a}\times\boldsymbol{a}=\boldsymbol{0}.$

(2)任意向量$\boldsymbol{a},\boldsymbol{b}$,有$\boldsymbol{a}/\!/\boldsymbol{b}\Leftrightarrow\boldsymbol{a}\times\boldsymbol{b}=\boldsymbol{0}.$

$(3)\boldsymbol{a}\times\boldsymbol{b}=-\boldsymbol{b}\times\boldsymbol{a}.$

图 7.5

$(4)(\boldsymbol{a}+\boldsymbol{b})\times\boldsymbol{c}=\boldsymbol{a}\times\boldsymbol{c}+\boldsymbol{b}\times\boldsymbol{c}.$

$(5)(\lambda\boldsymbol{a})\times\boldsymbol{b}=\lambda(\boldsymbol{a}\times\boldsymbol{b}).$

$(6)S_{\triangle OAB}=\dfrac{1}{2}|\overrightarrow{OA}\times\overrightarrow{OB}|.$

设 $\boldsymbol{a}=(x_1,y_1,z_1),\boldsymbol{b}=(x_2,y_2,z_2)$,则由向量积的运算性质有

$$\begin{aligned}\boldsymbol{a}\times\boldsymbol{b}&=(x_1\boldsymbol{i}+y_1\boldsymbol{j}+z_1\boldsymbol{k})\times(x_2\boldsymbol{i}+y_2\boldsymbol{j}+z_2\boldsymbol{k})\\&=(y_1z_2-z_1y_2)\boldsymbol{i}+(z_1x_2-x_1z_2)\boldsymbol{j}+(x_1y_2-y_1x_2)\boldsymbol{k}.\end{aligned}$$

为了方便记忆,上式可表为

$$\boldsymbol{a}\times\boldsymbol{b}=\begin{vmatrix}\boldsymbol{i}&\boldsymbol{j}&\boldsymbol{k}\\x_1&y_1&z_1\\x_2&y_2&z_2\end{vmatrix}.$$

三、向量间的关系

向量之间有相等、垂直、平行等特殊关系.

如果两个向量的模相等、方向相同,则两个向量相等.

设 $\boldsymbol{a}=(x_1,y_1,z_1),\boldsymbol{b}=(x_2,y_2,z_2)$,则有

$$\boldsymbol{a}=\boldsymbol{b}\Leftrightarrow\begin{cases}x_1=x_2,\\y_1=y_2,\\z_1=z_2.\end{cases}$$

$$a /\!/ b \Leftrightarrow \frac{x_1}{x_2} = \frac{y_1}{y_2} = \frac{z_1}{z_2},$$

其中分式为形式分式,当分母不为 0 时,和通常分式的意义相同. 当分母等于 0 时,规定分子同时取 0,例如分式

$$\frac{x_1}{0} = \frac{y_1}{y_2} = \frac{z_1}{z_2},\text{其中 } y_2, z_2 \neq 0,$$

其等价于 $x_1 = 0$ 并且 $\frac{y_1}{y_2} = \frac{z_1}{z_2}$.

如果 $a \neq 0, b \neq 0$,则

$$a \perp b \Leftrightarrow x_1 x_2 + y_1 y_2 + z_1 z_2 = 0.$$

四、向量的模、方向角

1. 向量模的计算

设 $A(x_1, y_1, z_1), B(x_2, y_2, z_2)$,则由勾股定理可得空间两点距离公式

$$|AB| = \sqrt{(x_2 - x_1)^2 + (y_2 - y_1)^2 + (z_2 - z_1)^2}.$$

设空间向量 $a = (x, y, z)$,则有 $a = \overrightarrow{OA}$,其中 $O(0,0,0), A(x,y,z)$,由两点距离公式可以得到向量 a 的模的计算公式

$$|a| = \sqrt{(x-0)^2 + (y-0)^2 + (z-0)^2} = \sqrt{x^2 + y^2 + z^2}.$$

2. 方向角与方向余弦

定义 8　非零向量 a 与三条坐标轴的夹角 α, β, γ 称为向量 a 的方向角,方向角的余弦称为方向余弦.

设 $a = (x, y, z)$,不妨设 $a = \overrightarrow{OA}$,其中 $O(0,0,0), A(x,y,z)$,则其方向余弦为

$$\cos \alpha = \frac{x}{|OA|} = \frac{x}{\sqrt{x^2 + y^2 + z^2}}.$$

同理可得

$$\cos \beta = \frac{y}{\sqrt{x^2 + y^2 + z^2}}, \quad \cos \gamma = \frac{z}{\sqrt{x^2 + y^2 + z^2}}.$$

显然有

$$\cos^2 \alpha + \cos^2 \beta + \cos^2 \gamma = 1.$$

习题 7-1

1. 在 yOz 面上,求与三个已知点 $A(3,1,2), B(4,-2,-2)$ 和 $C(0,5,1)$ 等距离的点.

2. 一向量的终点在点 $B(2,-1,7)$,它在 x 轴,y 轴和 z 轴上的投影依次为 $4, -4, 7$,求

这向量的起点 A 的坐标.

3. 求平行于向量 $a = (6,7,-6)$ 的单位向量.

4. 设 $a = (3,5,-2), b = (2,1,4)$,问 λ 与 μ 具有怎样的关系,才能使 $\lambda a + \mu b$ 与 z 轴垂直?

5. 已知 a,b,c 两两垂直,且 $|a| = 1, |b| = 2, |c| = 3$,求 $s = a + b + c$ 的长度及它和 $a,b,$ c 的夹角.

第二节　空间平面

在平面解析几何中,由不同的方式可以得到不同的直线方程. 对空间平面来讲也一样.

一、空间平面的方程

1. 平面的点法式方程

定义 1　垂直于平面的非零向量称为该平面的法向量,通常记为 n.

由平面经过一点,且给定平面的一个法向量,则该平面被唯一确定,下面将用平面的法向量坐标确定平面方程.

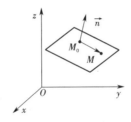

图 7.6

定理 1　设平面 π 过点 $M_0(x_0, y_0, z_0), n = (A, B, C)$ 为其一个法向量(见图 7.6),则平面 π 的方程为

$$A(x - x_0) + B(y - y_0) + C(z - z_0) = 0. \tag{7-1}$$

证明　设 $\forall M(x, y, z) \in \pi$,则 $\overrightarrow{M_0M} \perp n$,所以

$$\overrightarrow{M_0M} \cdot n = 0.$$

而 $\overrightarrow{M_0M} = (x - x_0, y - y_0, z - z_0), n = (A, B, C)$,故有

$$A(x - x_0) + B(y - y_0) + C(z - z_0) = 0.$$

方程(7-1)称为平面的点法式方程.

例 1　求过点 $M(0, -2, 3)$,且以 $n = (1, 2, -3)$ 为法向量的平面方程.

解　由点法式方程有

$$1(x - 0) + 2(y + 2) - 3(z - 3) = 0,$$

即

$$x + 2y - 3z + 13 = 0.$$

2. 平面的一般方程

方程(7-1)可以化简为下面形式的方程

$$Ax + By + Cz + D = 0. \qquad (7\text{-}2)$$

称其为平面 π 的一般方程,其中 A,B,C 不全为零,且 $D = -(Ax_0 + By_0 + Cz_0)$. 从下面这个定理可以看出三元一次方程与平面一般方程的关系.

定理 2 任意平面都可以用三元一次方程表示;反之任意三元一次方程都可以表示一个平面.

证明 仅证结论的第二部分. 设任意三元一次方程为

$$Ax + By + Cz + D = 0,$$

且 (x_0,y_0,z_0) 为其一个解,则有

$$Ax_0 + By_0 + Cz_0 + D = 0,$$

两式相减得

$$A(x - x_0) + B(y - y_0) + C(z - z_0) = 0.$$

这个方程表示过点 $M_0(x_0,y_0,z_0)$,以 $\boldsymbol{n} = (A,B,C)$ 为法向量的平面. 显然它与式(7-2)是等价的,所以 $Ax + By + Cz + D = 0$ 表示平面.

在一般方程中,若系数 A,B,C 取某些特殊值,则方程表示的平面也是特殊的.

定理 3 设平面 $\pi: Ax + By + Cz + D = 0 (A,B,C$ 不全为零),则

(1) $D = 0$ 当且仅当 $(0,0,0) \in \pi$;

(2) $A = 0$ 当且仅当 $\pi \parallel x$ 轴或 x 轴在 π 上;

(3) $A = B = 0$ 当且仅当 z 轴 $\perp \pi$.

例 2 已知平面通过 y 轴,且过点 $(4,-1,2)$,求平面方程.

解 设过 y 轴的平面为

$$Ax + Cz = 0.$$

因点 $(4,-1,2)$ 在平面上,则

$$4A + 2C = 0,$$

解得 $C = -2A$. 代入所设方程,得平面方程

$$x - 2z = 0.$$

3. 平面的截距式方程

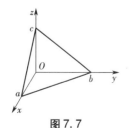

图 7.7

设平面 π 过三点 $P(a,0,0), Q(0,b,0), R(0,0,c)$ (见图 7.7),其中 a,b,c 均不为零,平面 π 的方程可设为

$$Ax + By + Cz + D = 0.$$

将三点的坐标代入方程,有

$$\begin{cases} aA + D = 0, \\ bB + D = 0, \\ cC + D = 0. \end{cases}$$

得 $A = -\dfrac{D}{a}, B = -\dfrac{D}{b}, C = -\dfrac{D}{c}$. 代入一般方程可得

$$\frac{x}{a} + \frac{y}{b} + \frac{z}{c} = 1.$$

该方程称为平面的截距式方程,其中 a, b, c 分别称为平面在 x, y, z 轴上的截距.

二、平面间的关系

1. 平面间的位置关系

设两平面

$$\pi_1 : A_1 x + B_1 y + C_1 z + D_1 = 0 ;$$

$$\pi_2 : A_2 x + B_2 y + C_2 z + D_2 = 0 ;$$

则其法向量分别为: $\boldsymbol{n}_1 = (A_1, B_1, C_1), \boldsymbol{n}_2 = (A_2, B_2, C_2)$,则有

(1) π_1 平行或重合 $\pi_2 \Leftrightarrow \boldsymbol{n}_1 // \boldsymbol{n}_2 \Leftrightarrow \dfrac{A_1}{A_2} = \dfrac{B_1}{B_2} = \dfrac{C_1}{C_2}$;

(2) $\pi_1 \perp \pi_2 \Leftrightarrow \boldsymbol{n}_1 \perp \boldsymbol{n}_2 \Leftrightarrow A_1 A_2 + B_1 B_2 + C_1 C_2 = 0.$

2. 两平面的夹角

两平面法向量的夹角(指小于或等于 $\dfrac{\pi}{2}$ 的角)称为两平面的夹角.

设两平面的法向量分别为: $\boldsymbol{n}_1 = (A_1, B_1, C_1), \boldsymbol{n}_2 = (A_2, B_2, C_2)$,两平面的夹角 θ 的余弦公式为

$$\cos \theta = |\cos < \boldsymbol{n}_1, \boldsymbol{n}_2 >| = \left| \frac{\boldsymbol{n}_1 \cdot \boldsymbol{n}_2}{|\boldsymbol{n}_1||\boldsymbol{n}_2|} \right|.$$

例 3　已知平面过两点 $M_1(1,1,1), M_2(0,1,-1)$,且垂直于平面 $x + y + z = 0$,求该平面的方程.

解　设所求平面的法向量为 $\boldsymbol{n}$,已知平面的法向量为 $\boldsymbol{n}_0 = (1,1,1), \overrightarrow{M_1 M_2} = (-1,0,-2)$,则有 $\boldsymbol{n} \perp \boldsymbol{n}_0$ 以及 $\boldsymbol{n} \perp \overrightarrow{M_1 M_2}$,故可取

$$\boldsymbol{n} = \boldsymbol{n}_0 \times \overrightarrow{M_1 M_2} = \begin{vmatrix} \boldsymbol{i} & \boldsymbol{j} & \boldsymbol{k} \\ 1 & 1 & 1 \\ -1 & 0 & -2 \end{vmatrix} = -2\boldsymbol{i} + \boldsymbol{j} + \boldsymbol{k} = (-2,1,1).$$

故所求平面方程为

$$-2(x - 1) + (y - 1) + (z - 1) = 0,$$

即　　　　　　　　　　　　　　　　$2x - y - z = 0.$

习题 7 – 2

1. 求通过点 $(3,0,-1)$ 且与平面 $3x - 7y + 5z - 12 = 0$ 平行的平面方程.

2. 求过三点 $(1,1,-1)$，$(-2,-2,2)$ 及 $(1,-1,2)$ 的平面方程.

3. 求过点 $(1,0,-1)$ 且平行于向量 $\boldsymbol{a} = (2,1,1)$ 和 $\boldsymbol{b} = (1,-1,0)$ 的平面方程.

4. 求与已知平面 $2x + y + 2z + 5 = 0$ 平行且与三坐标面所构成的四面体体积为 1 的平面方程.

第三节　空间直线

一、空间直线的方程

1. 直线的参数方程及对称式方程

定义 1　平行于直线的非零向量称为直线的方向向量,通常记为 $\boldsymbol{s}$.

显然若直线经过一点,且有一个方向向量,则直线被唯一确定.

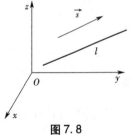

图 7.8

定理 1　设直线 l 过点 $M_0(x_0, y_0, z_0)$，$\boldsymbol{s} = (m, n, p)$ 为其一个方向向量(见图 7.8),则直线 l 的方程为

$$\begin{cases} x = x_0 + mt, \\ y = y_0 + nt, \\ z = z_0 + pt, \end{cases}$$

或者

$$\frac{x - x_0}{m} = \frac{y - y_0}{n} = \frac{z - z_0}{p}.$$

证明　设 $\forall M(x, y, z) \in l$,则

$$\overrightarrow{M_0M} /\!/ \boldsymbol{s}.$$

而 $\overrightarrow{M_0M} = (x - x_0, y - y_0, z - z_0)$,则

$$\overrightarrow{M_0M} = t\boldsymbol{s}, t \in \mathbf{R},$$

即 $(x - x_0, y - y_0, z - z_0) = (mt, nt, pt)$,从而有

$$\begin{cases} x = x_0 + mt, \\ y = y_0 + nt, \\ z = z_0 + pt. \end{cases} \tag{7-3}$$

从中消去 t,得

$$\frac{x - x_0}{m} = \frac{y - y_0}{n} = \frac{z - z_0}{p}, \tag{7-4}$$

其中式(7-3)称为直线的参数方程,式(7-4)称为直线的对称式方程或点向式方程.

例1 求过两点 $A(x_1,y_1,z_1)$, $B(x_2,y_2z_2)$ 的直线方程.

解 取直线的方向向量

$$s = \overrightarrow{AB} = (x_2 - x_1, y_2 - y_1, z_2 - z_1).$$

故所求的直线方程为

$$\frac{x - x_1}{x_2 - x_1} = \frac{y - y_1}{y_2 - y_1} = \frac{z - z_1}{z_2 - z_1}.$$

2. 直线的一般方程

空间中任意直线 L 均可看作两个相交平面的交线,因此将两个平面的方程联立,即可表示空间直线

$$\begin{cases} A_1 x + B_1 y + C_1 z + D_1 = 0, \\ A_2 x + B_2 y + C_2 z + D_2 = 0. \end{cases}$$

称这个方程为平面的一般方程.

例2 将直线 L 的方程

$$\begin{cases} x + y + z + 1 = 0, \\ 2x - y + 3z = 0. \end{cases}$$

转化为对称式方程.

解 取 $x = 1$,解得 $y = -1, z = -1$,所以 $(1, -1, -1) \in L$. 取直线的方向向量为

$$s = (1,1,1) \times (2,-1,3) = \begin{vmatrix} i & j & k \\ 1 & 1 & 1 \\ 2 & -1 & 3 \end{vmatrix} = (4,-1,-3).$$

故直线的对称式方程为

$$\frac{x - 1}{4} = \frac{y + 1}{-1} = \frac{z + 1}{-3}.$$

二、直线间的关系

1. 直线间的位置关系

设两直线 L_1, L_2 的方向向量为: $s_1 = (m_1, n_1, p_1)$, $s_2 = (m_2, n_2, p_2)$,则

(1) $L_1 \perp L_2 \Leftrightarrow s_1 \perp s_2 \Leftrightarrow m_1 m_2 + n_1 n_2 + p_1 p_2 = 0$;

(2) L_1 平行或重合 $L_2 \Leftrightarrow s_1 /\!/ s_2 \Leftrightarrow \dfrac{m_1}{m_2} = \dfrac{n_1}{n_2} = \dfrac{p_1}{p_2}$.

2. 直线间的夹角

两直线的方向向量的夹角(指小于或等于 $\dfrac{\pi}{2}$ 的角)称为两直线的夹角.

设两直线的方向向量分别为：$s_1 = (m_1, n_1, p_1)$，$s_2 = (m_2, n_2, p_2)$，两直线夹角 θ 的余弦公式为

$$\cos\theta = |\cos<s_1, s_2>| = \left| \frac{s_1 \cdot s_2}{|s_1||s_2|} \right|.$$

例3　求经过点 $(4, 0, -2)$ 且平行于直线 $\dfrac{x-1}{4} = \dfrac{y}{-1} = \dfrac{z+2}{3}$ 的直线方程.

解　取直线的方向向量为 $s = (4, -1, 3)$，则所求的直线方程为

$$\frac{x-4}{4} = \frac{y-0}{-1} = \frac{z+2}{3}.$$

三、线面间的关系

1. 线面间的位置关系

设直线 $L: \dfrac{x-x_0}{m} = \dfrac{y-y_0}{n} = \dfrac{z-z_0}{p}$，平面 $\pi: Ax + By + Cz + D = 0$，则直线 L 的方向向量为 $s = (m, n, p)$，平面 π 的法向量 $n = (A, B, C)$，所以

(1) $L \perp \pi \Leftrightarrow s /\!/ n \Leftrightarrow \dfrac{A}{m} = \dfrac{B}{n} = \dfrac{C}{p}$；

(2) $L /\!/ \pi$ 或 $L \subseteq \pi \Leftrightarrow s \perp n \Leftrightarrow Am + Bn + Cp = 0$.

当 $Am + Bn + Cp \neq 0$ 时，L 与 π 相交. 容易得到直线 L 的参数方程：

$$\begin{cases} x = x_0 + mt, \\ y = y_0 + nt, \\ z = z_0 + pt, \end{cases} \tag{7-5}$$

代入平面方程得

$$(Am + Bn + Cp)t + Ax_0 + By_0 + Cz_0 + D = 0,$$

解出 $t = -\dfrac{Ax_0 + By_0 + Cz_0 + D}{Am + Bn + Cp}$，代入式(7-5)可得交点坐标.

2. 点到平面的距离

定理2　设平面 $\pi: Ax + By + Cz + D = 0$，点 $P_0(x_0, y_0, z_0)$ 在平面外，则点 P_0 到平面的距离为

$$d = \frac{|Ax_0 + By_0 + Cz_0 + D|}{\sqrt{A^2 + B^2 + C^2}}.$$

证明　在平面上任取一点 $P(x_1, y_1, z_1) \in \pi$，Q 为 P_0 在 π 上的投影. 那么有 $d = |P_0Q|$，并且

$$d^2 = \overrightarrow{PP_0} \cdot \overrightarrow{QP_0}, \overrightarrow{QP_0} = \pm d \cdot e,$$

其中 $e = \dfrac{(A, B, C)}{\sqrt{A^2 + B^2 + C^2}}$，$\overrightarrow{PP_0} = (x_0 - x_1, y_0 - y_1, z_0 - z_1)$，因此

$$d = \pm \overrightarrow{PP_0} \cdot \boldsymbol{e} = \pm (x_0 - x_1, y_0 - y_1, z_0 - z_1) \cdot \frac{(A, B, C)}{\sqrt{A^2 + B^2 + C^2}}$$

$$= \pm \frac{A(x_0 - x_1) + B(y_0 - y) + C(z_0 - z_1)}{\sqrt{A^2 + B^2 + C^2}}$$

$$= \frac{|A(x_0 - x_1) + B(y_0 - y) + C(z_0 - z_1)|}{\sqrt{A^2 + B^2 + C^2}}$$

$$= \frac{|Ax_0 + By_0 + Cz_0 + D|}{\sqrt{A^2 + B^2 + C^2}}.$$

3. 线面间的夹角

当直线与平面不垂直时,直线和它在平面上的投影的夹角 $\theta \left(0 \leqslant \theta < \frac{\pi}{2} \right)$ 称为直线与平面的夹角(见图 7.9). 当直线与平面垂直时,规定直线与平面的夹角为 $\frac{\pi}{2}$.

设直线的方向向量 $\boldsymbol{s} = (m, n, p)$,平面的法向量 $\boldsymbol{n} = (A, B, C)$,则直线与平面的夹角 θ 满足

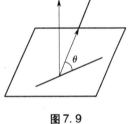

图 7.9

$$\theta = \left| \frac{\pi}{2} - <\boldsymbol{s}, \boldsymbol{n}> \right|,$$

因此 $\sin \theta = |\cos <\boldsymbol{s}, \boldsymbol{n}>|$,则 θ 的正弦计算公式为

$$\sin \theta = \left| \frac{Am + Bn + Cp}{\sqrt{A^2 + B^2 + C^2} \sqrt{m^2 + n^2 + p^2}} \right|.$$

例 4　求过点 $(-1, 0, 4)$ 且平行于平面 $3x - 4y + z - 1 = 0$,与直线 $\frac{x+1}{4} = \frac{y-3}{1} = \frac{z-4}{2}$ 相交的直线方程.

解　过点 $(-1, 0, 4)$ 且平行于已知平面的平面方程为
$$3(x + 1) - 4y + (z - 4) = 0,$$
即 $3x - 4y + z - 1 = 0$. 下面求它与已知直线的交点.

设 $\frac{x+1}{4} = \frac{y-3}{1} = \frac{z-4}{2} = t$,则 $x = -1 + 4t, y = 3 + t, z = 4 + 2t$,代入平面方程,有
$$3(-1 + 4t) - 4(3 + t) + (4 + 2t) - 1 = 0,$$

得 $t = \frac{6}{5}$,故交点为 $\left(\frac{19}{5}, \frac{21}{5}, \frac{32}{5} \right)$. 因此所求直线方程为

$$\frac{x+1}{\frac{19}{5} + 1} = \frac{y - 0}{\frac{21}{5} - 0} = \frac{z - 4}{\frac{32}{5} - 4},$$

即

$$\frac{x+1}{8} = \frac{y}{7} = \frac{z-4}{4}.$$

例5 试求过点$(1,0,-1)$,垂直于直线$\dfrac{x}{1}=\dfrac{y}{2}=\dfrac{z}{3}$且平行于平面$2x+y-z+4=0$的直线方程.

解 设所求直线的方向向量为$s=(m,n,p)$,则有

$$\begin{cases} s\perp(1,2,3), \\ s\perp(2,1,-1), \end{cases} \Leftrightarrow \begin{cases} m+2n+3p=0, \\ 2m+n-p=0. \end{cases}$$

解得$m=\dfrac{5}{3}p,n=-\dfrac{7}{3}p$,那么有$s=\left(\dfrac{5}{3}p,-\dfrac{7}{3}p,p\right)=\dfrac{p}{3}(5,-7,3)$,则所求直线方程为

$$\frac{x-1}{5}=\frac{y}{-7}=\frac{z+1}{3}.$$

4. 平面束

设两相交平面的交线L为

$$\begin{cases} A_1x+B_1y+C_1z+D_1=0, \\ A_2x+B_2y+C_2z+D_2=0. \end{cases} \tag{7-6}$$

则方程

$$A_1x+B_1y+C_1z+D_1+\lambda(A_2x+B_2y+C_2z+D_2)=0, \lambda\in\mathbf{R}$$

表示无数多个平面(不包含第二个平面). λ取不同的值,它表示不同的平面,但所表示的平面都经过交线L,于是式(7-6)确定了过L的平面束,称式(7-6)为平面束方程.

例6 求直线$\begin{cases} x+y-z-1=0, \\ x-y+z+1=0 \end{cases}$在平面$x+y+z=0$上的投影直线的方程.

解 过直线的平面束方程为

$$x+y-z-1+\lambda(x-y+z+1)=0,$$

化简为$(1+\lambda)x+(1-\lambda)y+(\lambda-1)z+\lambda-1=0$,它与$x+y+z=0$垂直,故有

$$(1+\lambda)1+(1-\lambda)1+(\lambda-1)1=0,$$

解得$\lambda=-1$. 代入平面束方程得到投影平面的方程

$$y-z-1=0,$$

所以投影直线的一般方程为

$$\begin{cases} x+y+z=0, \\ y-z-1=0. \end{cases}$$

习题 7-3

1. 通过点$(4,-1,3)$且平行于直线$\dfrac{x-3}{2}=y=\dfrac{z-1}{5}$的直线方程.

2. 求过点$(3,1,-2)$且通过直线$\dfrac{x-4}{5}=\dfrac{y+3}{2}=\dfrac{z}{1}$的平面方程.

3. 求直线 $\begin{cases} 2x - 4y + z = 0, \\ 3x - y - 2z - 9 = 0 \end{cases}$ 在平面 $4x - y + z = 1$ 上的投影直线的方程.

4. 假设一平面垂直于平面 $z = 0$,并且通过从点 $A(1, -1, 1)$ 到直线 $L: \begin{cases} y - z + 1 = 0, \\ x = 0 \end{cases}$ 的垂线,求此平面的方程.

第四节　曲面与空间曲线方程

一、曲面方程

曲面是空间点的轨迹,而点可用 (x, y, z) 表示,那么曲面则可以用三元方程 $F(x, y, z) = 0$ 表示.

定义 1　设有曲面 $\sum$,三元方程 $F(x, y, z) = 0$,如果

$$\forall M(x, y, z) \in \sum \Leftrightarrow x, y, z \text{ 是方程 } F(x, y, z) = 0 \text{ 的解},$$

则称方程 $F(x, y, z) = 0$ 为曲面 $\sum$ 的方程,曲面 $\sum$ 称为方程 $F(x, y, z) = 0$ 所对应的曲面.

若 $F(x, y, z)$ 是 n 次多项式,则称曲面 $\sum$ 为 n 次曲面. 常见的有一次曲面(平面)、二次曲面、三次曲面.

下面介绍几种常见的曲面.

1. 球面

设球面半径为 R,球心为 $A(a, b, c)$(见图 7.10),球面上任意点 $M(x, y, z)$,则

$$|MA| = R.$$

用坐标表示为

$$\sqrt{(x - a)^2 + (y - b)^2 + (z - c)^2} = R,$$

化简得

$$(x - a)^2 + (y - b)^2 + (z - c)^2 = R^2.$$

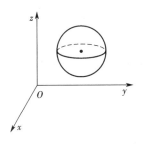

图 7.10

这个方程称为球面的标准方程.

将其展开得到球面的一般方程

$$x^2 + y^2 + z^2 + Dx + Ey + Fz = G,$$

其中 $D = -2a, E = -2b, F = -2c, G = R^2 - a^2 - b^2 - c^2$.

特别地,取 $a = b = c = 0$,得球心在原点的球面方程

$$x^2 + y^2 + z^2 = R^2,$$

可以看出它是椭球面

$$\frac{x^2}{a^2} + \frac{y^2}{b^2} + \frac{z^2}{c^2} = 1 (a > 0, b > 0, c > 0)$$

的特殊情况.

2. 旋转曲面

平面曲线绕其所在平面的定直线旋转一周产生的曲面称为旋转曲面,该定直线称为旋转轴,平面曲线称为旋转曲面的母线.

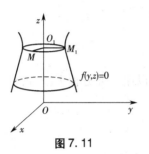

图 7.11

设在 yOz 面上曲线 $L:f(y,z)=0$,以 z 轴为旋转轴产生旋转曲面 Σ(见图 7.11). 下面求 Σ 的方程.

$\forall M(x,y,z) \in \Sigma$,设 M 是由点 $M_1(0,y_1,z) \in L$ 旋转而得到的. 显然 M, M_1 是在以 $O_1(0,0,z)$ 为中心的圆周上,则有 $|MO_1| = |M_1O_1|$,将坐标代入得

$$\sqrt{x^2 + y^2} = |y_1|.$$

而 $M_1(0,y_1,z) \in L$,所以 $f(y_1,z)=0$,从而得到旋转曲面 Σ 的方程

$$f(\pm\sqrt{x^2+y^2}, z) = 0.$$

同样地,当 yOz 面中的曲线 $f(y,z)=0$ 绕 y 轴旋转时,将方程中的变元 y 保持不变,另一变元 z 换为 $\pm\sqrt{x^2+z^2}$,可得绕 y 轴旋转的旋转曲面 $f(y, \pm\sqrt{x^2+z^2})=0$. 这种计算规律还可以推广到其他情况.

例如,图 7.12、图 7.13 所示的 yOz 面上的抛物线 $y^2=2pz$ 绕 z 轴旋转产生的旋转曲面为

$$x^2 + y^2 = 2pz,$$

此曲面称为旋转抛物面. 椭圆 $\frac{y^2}{a^2} + \frac{z^2}{b^2} = 1$ 绕 y 轴转产生的旋转曲面为

$$\frac{y^2}{a^2} + \frac{x^2+z^2}{b^2} = 1,$$

此曲面称为旋转椭圆面.

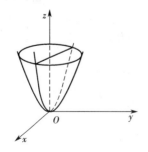

图 7.12

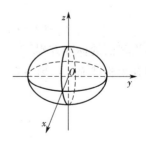

图 7.13

如图 7.14、图 7.15 所示,双曲线 $\frac{y^2}{a^2} - \frac{z^2}{b^2} = 1$ 分别绕 z 轴、y 轴旋转产生的旋转曲面为

$$\frac{x^2+y^2}{a^2}-\frac{z^2}{b^2}=1 \quad 与 \quad \frac{y^2}{a^2}-\frac{x^2+z^2}{b^2}=1,$$

并分别称为旋转单叶双曲面与双叶双曲面.

如图 7.16 所示,直线 $z=y\cot\alpha$ 绕 z 轴转产生的旋转曲面为

$$z=\pm\sqrt{x^2+y^2}\cot\alpha,$$

即有 $z^2=(x^2+y^2)\cot^2\alpha$,此曲面称为锥面,$\alpha$ 称为锥面的半顶角. 一般的锥面方程为

$$\frac{x^2}{a^2}+\frac{y^2}{b^2}-\frac{z^2}{c^2}=0.$$

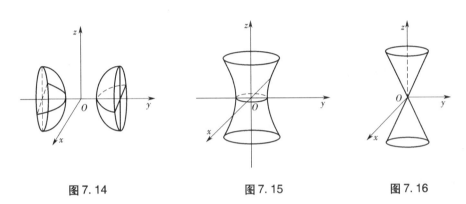

图 7.14　　　　　　　图 7.15　　　　　　　图 7.16

从上述旋转曲面的方程来看,方程中至少含有一对系数相同的平方项,例如,旋转椭球面 $x^2+y^2+6z^2-12=0$,旋转抛物面 $3y^2+3z^2-2x=0$,旋转单叶双曲面 $-2x^2+3y^2+3z^2-1=0$.

3. 柱面

给定空间曲线 C,过 C 上的直线 L 平行移动时产生的曲面称为柱面,其中 C 称为准线,L 称为母线.

显然,柱面是由准线和母线所确定的. 如图 7.17 所示,现将准线放置于 xOy 平面,母线平行于 z 轴,且设准线 C:$F(x,y)=0$. 任取柱面上的点 $M(x,y,z)$,则过点 M 平行于 z 轴的直线与 xOy 平面的交点为 $M_1(x,y,0)$,而 $M_1\in C$,因此 x,y 满足 C 的方程 $F(x,y)=0$. 反之,任取 $F(x,y)=0$ 的解 x,y 作成的空间点 $M(x,y,z)$,有点 $M_1(x,y,0)\in C$,则有 M_1M 平行于 z 轴,因此 $M(x,y,z)$ 在柱面上. 从而得到柱面的方程

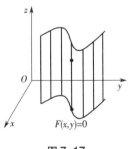

图 7.17

$$F(x,y)=0.$$

同理可以得到 $F(x,z)=0,F(y,z)=0$ 分别表示母线平行于 y 轴、x 轴的柱面.

例如,如图 7.18 至图 7.20 所示,椭圆柱面为

$$\frac{x^2}{a^2}+\frac{y^2}{b^2}=1.$$

双曲柱面为

$$-\frac{x^2}{a^2}+\frac{y^2}{b^2}=1.$$

抛物柱面为

$$y^2=2px.$$

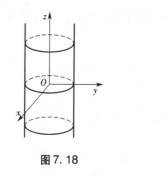
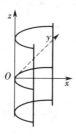
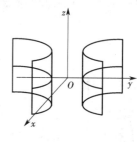

图 7.18   图 7.19   图 7.20

从上述的柱面的方程来看，三元方程中缺失了一个元，例如，平行于 x 轴的平面柱面 $3y+4z+5=0$，平行于 y 轴的抛物柱面 $x^2+4z=0$，平行于 z 轴的双曲柱面 $2x^2-3y^2-1=0$.

二、空间曲线的方程

1. 一般方程

空间曲线可看作两个曲面的交线. 设曲面 $\Sigma_1:F_1(x,y,z)=0$ 和曲面 $\Sigma_2:F_2(x,y,z)=0$，它们的交线为 Γ，则称

$$\begin{cases}F_1(x,y,z)=0,\\F_2(x,y,z)=0\end{cases}$$

为空间曲线 Γ 的一般方程.

例 1 方程组 $\begin{cases}x^2+y^2=1,\\2x+3z=6,\end{cases}$ 表示的曲线是什么？

解 如图 7.21 所示，第一个方程表示圆柱面，其母线平行于 z 轴，准线为 xOy 面上的圆 $x^2+y^2=1$；第二个方程表示平面，因此该曲线为平面与圆柱面的交线.

例 2 方程组 $\begin{cases}z=\sqrt{a^2-x^2-y^2},\\\left(x-\dfrac{a}{2}\right)^2+y^2=\dfrac{a^2}{4},\end{cases}$ $(a>0)$ 表示的曲线是什么？

解 如图 7.22 所示，第一个方程表示上半球面，球心在原点、半径为 a；第二个方程表示圆柱面，其母线平行于 z 轴，准线为 xOy 面上的圆 $\left(x-\dfrac{a}{2}\right)^2+y^2=\dfrac{a^2}{4}$. 因此该曲线为上半球面与圆柱面的交线.

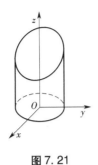

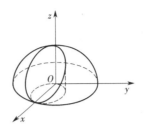

图 7.21　　　　　　　　　　　　　图 7.22

2. 参数方程

空间曲线 Γ 上的点 (x,y,z) 的坐标可表示为参数 t 的函数,即

$$
\begin{cases}
x = x(t), \\
y = y(t), \\
z = z(t),
\end{cases}
$$

则称此方程组为曲线 Γ 的参数方程.

例3　空间点 M 在圆柱面 $x^2 + y^2 = R^2$ 上以 ω 为角速度绕 z 轴旋转,以线速度 v 平行于 z 轴正向竖直向上运动. 求点 M 运动的轨迹(螺旋线)方程.

解　如图 7.23 所示,设时间 t 为参数,当 $t = 0$ 时,动点位于 $A(a, 0,0)$,经过时间 t 动点位于 $M(x,y,z)$,则有

$$x = |OM'|\cos \angle AOM' = a\cos \omega t,$$
$$y = |OM'|\sin \angle AOM' = a\sin \omega t,$$

其中 M' 为 M 在 xOy 面上的投影.

由于动点在 z 轴正向上作匀速直线运动,则

$$z = |M'M| = vt.$$

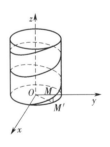

图 7.23

因此螺旋线的参数方程为

$$
\begin{cases}
y = a\sin \omega t, \\
x = a\cos \omega t, \\
z = vt.
\end{cases}
$$

通常令 $\omega t = \theta$,有

$$
\begin{cases}
y = a\sin \theta, \\
x = a\cos \theta, \\
z = b\theta,
\end{cases}
$$

其中 θ 为参数,$b = \dfrac{v}{\omega}$.

三、空间曲线在坐标面上的投影

设空间曲线 Γ 的一般方程为

$$\begin{cases} F_1(x,y,z) = 0, \\ F_2(x,y,z) = 0. \end{cases}$$

从中消去变元 z，得 $F(x,y) = 0$，它表示母线平行于 z 轴的柱面，称此柱面为曲线 Γ 的投影柱面．而曲线

$$\begin{cases} F(x,y) = 0, \\ z = 0, \end{cases}$$

称为曲线 Γ 在 xOy 面上的投影曲线，简称投影．

同理可以得到曲线 Γ 在 yOz 面和 zOx 面的投影

$$\begin{cases} R(y,z) = 0, \\ x = 0, \end{cases} \quad 和 \quad \begin{cases} H(x,z) = 0, \\ y = 0. \end{cases}$$

例 4 求两个球面 $x^2 + y^2 + z^2 = 1, x^2 + (y-1)^2 + (z-1)^2 = 1$ 的交线在 xOy 面上的投影曲线方程.

解 两个平面方程相减得 $z = 1 - y$，代入第一个球面方程得

$$x^2 + 2y^2 - 2y = 0.$$

从而交线在 xOy 面上的投影曲线方程为

$$\begin{cases} x^2 + 2y^2 - 2y = 0, \\ z = 0. \end{cases}$$

例 5 求曲面 $z = 2(x^2 + y^2)$ 与 $z = 1 - \sqrt{x^2 + y^2}$ 所围成的立体在 xOy 面上的投影.

解 两平面的交线为 $\begin{cases} z = 2(x^2 + y^2), \\ z = 1 - \sqrt{x^2 + y^2}, \end{cases}$ 消去 z 得到

$$x^2 + y^2 = \frac{1}{4}.$$

故交线投影为 $\begin{cases} x^2 + y^2 = \dfrac{1}{4}, \\ z = 0. \end{cases}$ 那么立体在 xOy 面上的投影为圆盘：

$$x^2 + y^2 \leqslant \frac{1}{4}.$$

习题 7-4

1. 求曲线 $\begin{cases} y^2 + z^2 - 2x = 0, \\ z = 3. \end{cases}$ 在 xOy 面上的投影曲线的方程，并指出原曲线是什么曲线.

2. 指出下列方程在平面解析几何与空间解析几何中分别表示什么几何图形？

（1）$x + 2y = 1$；　　　　　　　　　　（2）$x^2 + y^2 = 1$；

（3）$x^2 - y^2 = 1$；　　　　　　　　　（4）$1 + x^2 = 2y$.

3. 写出下列曲线绕指定轴旋转而成的旋转曲面的方程.

（1）yOz 面上的抛物线 $z^2 = 2y$ 绕 y 轴旋转；

（2）xOy 面上的双曲线 $2x^2 - 3y^2 = 6$ 绕 x 轴旋转；

（3）xOz 面上的直线 $x - 2z + 1 = 0$ 绕 z 轴旋转.

4. 指出下列方程表示什么样的曲面.

（1）$\dfrac{z}{3} = \dfrac{x^2}{4} + \dfrac{y^2}{9}$；　　　　　　　（2）$16x^2 + 4y^2 - z^2 = 64$；

（3）$x + y^2 + z^2 = 1$；　　　　　　　（4）$x^2 - \dfrac{y^2}{4} + z^2 = 1$.

5. 求曲面 $x^2 + 9y^2 = 10z$ 与 yOz 平面的交线.

6. 通过曲线 $2x^2 + y^2 + z^2 = 16, x^2 + z^2 - y^2 = 0$，而且母线平行于 y 轴的柱面方程.

7. 分别求出旋转抛物面 $z = x^2 + y^2 (0 \leqslant z \leqslant 4)$ 在三个坐标面上的投影.

第七章小结

1. 知识结构

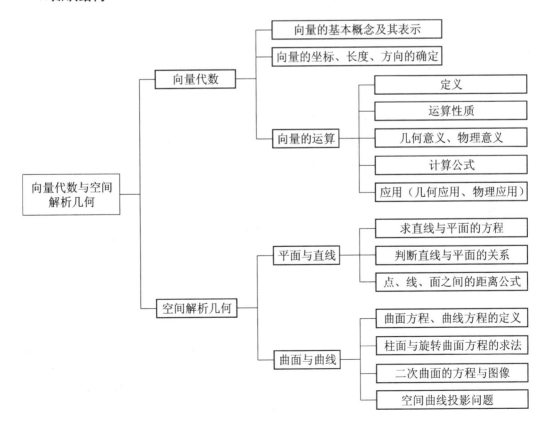

2. 内容概要

本章由向量代数以及空间解析几何两部分组成,是后面学习多元微积分学的基础.

向量代数的重点是向量的运算,包括向量的加法、数乘、数量积、向量积与混合积等内容,应能熟练将向量作为工具用于直线与平面上,解决相关问题. 空间解析几何的重点是建立平面方程、直线方程,以及处理直线与直线、平面与平面、直线与平面之间的各种关系,对于二次方程应知道每种方程各表示什么曲面,会求柱面、旋转面的方程.

第七章练习题

（满分 150 分）

一、选择题（每题 4 分,共 32 分）

1. 方程 $\dfrac{x^2}{4} + y^2 = z^2$ 表示的是(　　　　).

A. 锥面　　　　　B. 椭球面　　　　　C. 双曲面　　　　　D. 双曲线

2. 旋转曲面 $x^2 - y^2 - z^2 = 1$ 是(　　　　).

A. xOy 平面上的双曲线绕 x 轴旋转所得

B. xOz 平面上的双曲线绕 z 轴旋转所得

C. xOy 平面上的椭圆绕 x 轴旋转所得

D. xOz 平面上的椭圆绕 x 轴旋转所得

3. 直线 $l_1 : x - 1 = y = -(z + 1)$, $l_2 : x = -(y - 1) = \dfrac{z + 1}{0}$ 的相对关系是(　　　　).

A. 平行　　　　　B. 重合　　　　　C. 垂直　　　　　D. 异面

4. 曲面 $x^2 - y^2 = z$ 在 xOz 平面上的截线方程是(　　　　).

A. $x^2 = z$　　　B. $\begin{cases} y^2 = -z \\ x = 0 \end{cases}$　　　C. $\begin{cases} x^2 - y^2 = 0 \\ z = 0 \end{cases}$　　　D. $\begin{cases} x^2 = z \\ y = 0 \end{cases}$

5. 曲面 $2x^2 + 4y^2 + 4z^2 = 1$ 是(　　　　).

A. 球面　　　　　　　　　　　　　　　B. xOy 平面上曲线 $2x^2 + 4y^2 = 1$ 绕 y 轴旋转而成

C. 柱面　　　　　　　　　　　　　　　D. xOz 平面上曲线 $2x^2 + 4z^2 = 1$ 绕 x 轴旋转而成

6. 直线 $l : \dfrac{x + 3}{-2} = \dfrac{y + 4}{-7} = \dfrac{z}{3}$ 与平面 $\pi : 4x - 2y - z - 3 = 0$ 的位置关系是(　　　　).

A. l 与 π 平行　　　B. l 在 π 上　　　C. l 与 π 相交　　　D. l 与 π 垂直

7. 平面 $Ax + By + Cz + D = 0$ 过 x 轴,则(　　　　).

A. $A = D = 0$　　　　　　　　　　　B. $B = 0, C \neq 0$

C. $B \neq 0, C = 0$　　　　　　　　　D. $B = C = 0$

8. 两平面 $x - 2y - z = 3, 2x - 4y - 2z = 5$ 各自与平面 $x + y - 3z = 0$ 的交线是(　　　　).

A. 相交的　　　　　B. 平行的　　　　　C. 异面的　　　　　D. 重合的

二、填空题(每题 4 分,共 24 分)

1. 平行于 xOy 平面且垂直于 $4\boldsymbol{i} - 3\boldsymbol{j} - 2\boldsymbol{k}$ 的单位向量是_____.

2. 直线 $l_1: \begin{cases} x = -4 + t \\ y = 3 - 2t \\ z = 2 + 3t \end{cases}$ 与直线 $l_2: \begin{cases} x = -3 + 2t \\ y = -1 - 4t \\ z = 5 + 6t \end{cases}$ 之间的位置关系是_____.

3. 设向量 $\boldsymbol{a}, \boldsymbol{b}, \boldsymbol{c}$ 满足 $\boldsymbol{a} + \boldsymbol{b} + \boldsymbol{c} = \boldsymbol{0}$,且 $|\boldsymbol{a}| = 3, |\boldsymbol{b}| = 4, |\boldsymbol{c}| = 5$,则 $|\boldsymbol{b} \times \boldsymbol{c}| = $_____.

4. 设向量 $\boldsymbol{a}, \boldsymbol{b}, \boldsymbol{c}$ 满足 $\boldsymbol{a} + \boldsymbol{b} + \boldsymbol{c} = \boldsymbol{0}$,且 $|\boldsymbol{a}| = 3, |\boldsymbol{b}| = 1, |\boldsymbol{c}| = 4$,则 $\boldsymbol{a} \cdot \boldsymbol{b} + \boldsymbol{b} \cdot \boldsymbol{c} + \boldsymbol{c} \cdot \boldsymbol{a} = $_____.

5. 直线 $\dfrac{x}{1} = \dfrac{y + 2}{3} = \dfrac{z + 7}{5}$ 与平面 $3x + y - 9z + 17 = 0$ 的交点为_____.

6. 直线 $\begin{cases} x + 2y - z - 2 = 0 \\ x + y - 3z - 7 = 0 \end{cases}$ 的方向余弦为_____.

三、计算题(共 94 分)

1. (本题 10 分)求到平面 $2x - 3y + 6z - 4 = 0$ 和平面 $12x - 15y + 16z - 1 = 0$ 距离相等的点的轨迹方程.

2. (本题 10 分)求过两点 $A(0, 1, 0), B(-1, 2, 1)$ 且与直线 $\begin{cases} x = -2 + t, \\ y = 1 - 4t, \\ z = 2 + 3t \end{cases}$ 平行的平面方程.

3. (本题 10 分)求直线 $L: \dfrac{x - 3}{2} = \dfrac{y - 1}{3} = z + 1$ 绕直线 $L_1: \begin{cases} x = 2, \\ y = 3 \end{cases}$ 旋转一周所成的曲面方程.

4. (本题 10 分)圆柱面的轴线是 $L: \dfrac{x}{1} = \dfrac{y - 1}{2} = \dfrac{z + 2}{-2}$,点 $P_0(1, -1, 0)$ 是圆柱面上一点,求圆柱面的方程.

5. (本题 10 分) 已知 $\overrightarrow{OA} = \boldsymbol{a}, \overrightarrow{OB} = \boldsymbol{b}, D$ 在线段 OB 上,且 $\angle OBA = \dfrac{\pi}{2}$,

(1)证明:$S_{\triangle ODA} = \dfrac{|\boldsymbol{a} \cdot \boldsymbol{b}||\boldsymbol{a} \times \boldsymbol{b}|}{2|\boldsymbol{b}|^2}$.

(2)当 $\theta = \langle \boldsymbol{a}, \boldsymbol{b} \rangle$ 为何值时,$S_{\triangle ODA}$ 最大?

6. (本题 11 分)求经过点 $A(-1, 0, 4)$,与直线 $L_1: \dfrac{x}{1} = \dfrac{y}{2} = \dfrac{z}{3}$ 及直线 $L_2: \dfrac{x - 1}{2} = \dfrac{y - 2}{1} = \dfrac{z - 3}{4}$ 都相交的直线方程.

7. (本题 11 分)证明:$L_1: \dfrac{x}{1} = \dfrac{y}{2} = \dfrac{z}{3}$ 与 $L_2: \dfrac{x - 1}{1} = \dfrac{y + 1}{1} = \dfrac{z - 2}{1}$ 是异面直线,并求共垂线方程及公垂线的长度.

8. （本题 11 分）设有空间直线 $l: \dfrac{x-1}{1} = \dfrac{y}{1} = \dfrac{z-1}{-1}$ 和平面 $\pi: x - y + 2z - 1 = 0$，求

(1) 直线 l 在平面 π 上的投影直线 l_0 的方程；

(2) 投影直线 l_0 绕 y 轴旋转一周所成的旋转曲面方程 $F(x, y, z) = 0$.

9. （本题 11 分）设有直线 $L: \begin{cases} 2x + y = 0, \\ 4x + 2y + 3z = 6 \end{cases}$ 和曲线 $C: \begin{cases} x^2 + y^2 + z^2 = 6, \\ x + y + z = 0. \end{cases}$

(1) 求曲线 C 在点 $(1, -2, 1)$ 处的切线和法平面方程.

(2) 求通过直线 L 且与平面 $x - z = 0$ 垂直的平面方程.

数学家介绍

赵爽

赵爽（约 182—250），又名婴，字君卿，生平不详。中国数学家。东汉末至三国时代吴国人，是我国历史上著名的数学家与天文学家。

据载，他研究过张衡的天文学著作《灵宪》和刘洪的《乾象历》，也提到过"算术"。他的主要贡献是约在 222 年深入研究了《周髀算经》，为该书写了序言，并作了详细注释。该书是我国最古老的天文学著作，简明扼要地总结出中国古代勾股算术的深奥原理。其中一段 530 余字的"勾股圆方图"注文是数学史上极有价值的文献。他详细解释了《周髀算经》中勾股定理，将勾股定理表述为："勾股各自乘，并之，为弦实。开方除之，即弦。"又给出了新的证明："按弦图，又可以勾股相乘为朱实二，倍之为朱实四，以勾股之差自相乘为中黄实，加差实，亦成弦实。""又""亦"二字表示赵爽认为勾股定理还可以用另一种方法证明。

他提出了图形经过割补后，其面积不变的数学思想。刘徽在注释《九章算术》时更明确地概括为出入相补原理，这是后世演段术的基础。赵爽在注文中证明了勾股形三边及其和、差关系的 24 个命题。他还研究了二次方程问题，得出与韦达定理类似的结果，并得到二次方程求根公式之一。此外，使用"齐同术"，在乘除时应用了这一方法，还在"旧高图论"中给出重差术的证明。赵爽的数学思想和方法对中国古代数学体系的形成和发展有一定影响。

赵爽自称负薪余日，研究《周髀》，遂为之作注，可见他是一个未脱离体力劳动的天算学家。一般认为，《周髀算经》成书于公元前 100 年前后，是一部应用分数运算及勾股定理等数学方法阐述盖天说的天文学著作。而大约同时成书的《九章算术》，则明确提出了勾股定理以及某些解勾股形问题。赵爽《周髀算经注》逐段解释《周髀》经文。

勒内·笛卡儿

勒内·笛卡儿(1596—1650)是世界著名的哲学家、数学家、物理学家。笛卡儿对数学最重要的贡献是创立了解析几何,因将几何坐标体系公式化而被认为是解析几何之父。笛卡儿成功地将当时完全分开的代数和几何学联系到了一起。在他的著作《几何》中,笛卡儿向世人证明,几何问题可以归结成代数问题,也可以通过代数转换来发现、证明几何性质。

笛卡儿引入了坐标系以及线段的运算概念。笛卡儿在数学上的成就为后人在微积分上的工作提供了坚实的基础,而微积分又是现代数学的重要基石。此外,现在使用的许多数学符号都是笛卡儿最先使用的,这包括了已知数 a, b, c 以及未知数 x, y, z 等,还有指数的表示方法。他还发现了凸多面体边、顶点、面之间的关系,后人称为欧拉—笛卡儿公式。还有微积分中常见的笛卡儿叶形线也是他发现的。他还是西方现代哲学思想的奠基人,是近代唯物论的开拓者且提出了"普遍怀疑"的主张。黑格尔称他为"现代哲学之父"。他的哲学思想深深影响了之后的几代欧洲人,开拓了所谓"欧陆理性主义"哲学。堪称17世纪欧洲哲学界和科学界最有影响的巨匠之一,被誉为"近代科学的始祖"。

第八章　多元函数的微分

在实际问题中经常涉及多个变量之间的关系,即一个变量依赖于多个变量的多元函数,如圆锥体积 V 就是依赖于两个变量的二元函数: $V = \frac{1}{3}\pi r^2 h$,其中 r 为底面半径,h 为高. 本章将研究多元(主要是二元)函数的微分学,它是一元函数微分学的自然推广.

第一节　多元函数与极限

一、平面上的点集

研究一元函数需要讨论直线上的点集(如开区间、闭区间等),即一维空间 R 的子集. 同样,研究二元函数需要讨论平面上的点集,即二维空间 R^2 的子集.

定义 1　称 $R^2 = \{(x,y) \mid x \in R, y \in R\}$ 为二维空间, 它的子集称为平面点集.

定义 2　设 $P_0(x_0, y_0)$ 为 xOy 平面内一点,集合

$$\{P \mid |P_0 P| < \delta\} = \{(x,y) \mid \sqrt{(x-x_0)^2 + (y-y_0)^2} < \delta\}$$

称为 P_0 的 δ 邻域, 记作 $U(P_0, \delta)$, 也可简记为 $U(P_0)$. 集合

$$\{P \mid 0 < |P_0 P| < \delta\} = \{(x,y) \mid 0 < \sqrt{(x-x_0)^2 + (y-y_0)^2} < \delta\}$$

称为 P_0 的去心邻域, 记作 $U^o(P_0, \delta)$.

定义 3　设平面点集 E, $P \in R^2$, 若存在一个邻域 $U(P)$, 使得 $U(P) \subseteq E$, 则称点 P 为 E 的内点;若存在一个邻域 $U(P)$, 使得 $U(P) \cap E = \varnothing$, 则称点 P 为 E 的外点;若 $P \in R^2$ 且点 P 既不是内点也不是外点, 则称点 P 为 E 的边界点.

显然, E 的内点一定属于 E, E 的外点一定不属于 E, 而 E 的边界点则不能确定.

定义 4　若平面点集 E 的每个点都是内点, 则称 E 为开集;若 E 的所有边界点都属于 E, 则称 E 为闭集.

例如, 点集 $\{(x,y) \mid 1 < x^2 + y^2 < 4\}$ 是开集, 点集 $\{(x,y) \mid 1 \leqslant x^2 + y^2 \leqslant 4\}$ 是闭集, 而点集 $\{(x,y) \mid 1 < x^2 + y^2 \leqslant 4\}$ 既不是开集也不是闭集.

定义 5　若平面点集 E 内任意两点, 总可以找到一条完全属于 E 的折线连接起来, 则称 E 为连通集.

定义 6　设 E 为非空平面点集, 若 E 是连通的开集, 则称 E 为开区域. 开区域 E 和它的边界组成的集合称为闭区域.

定义 7　设 E 为平面点集, 若存在 $r > 0$, 使得

$$\sqrt{x^2 + y^2} < r (\forall (x,y) \in E)$$

成立,则称 E 为有界集;否则称 E 为无界集.

例如,$\{(x,y)\mid 1<x^2+y^2<4\}$ 是有界集,$\{(x,y)\mid x^2+y^2>1\}$ 是无界集,如图 8.1 和图 8.2 所示.

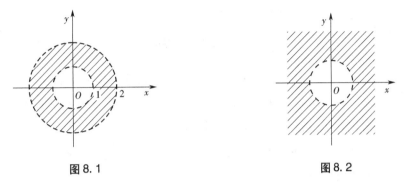

图 8.1 　　　　　　　　　　　　　　　　　图 8.2

上面的几个概念可以推广到三维,甚至 n 维.

二、二元函数

1. 二元函数的概念

一元函数 $y=f(x)$ 中,y 仅依赖于一个变量 x,而多元函数则不是. 在 $V=\dfrac{1}{3}\pi r^2 h$ 中,我们将 r 和 h 视为两个自变量,而 r 和 h 的取值可以看作平面上的点 (r,h),因此该函数实际上是点 (r,h) 与变量 V 取值的对应关系,这样就可以得出一般的二元函数的定义.

定义 8 在一个变化过程中,有三个变量 x,y,z,且变量 z 随 x,y 的变化而变化. 设变量 x,y 所表示的点 $P(x,y)$ 的变化范围为平面点集 D,若对任意一点 $P(x,y)\in D$,在对应关系 f 下,z 都有唯一的取值与之对应,则称 z 为 x,y 的二元函数,记作

$$z=f(x,y),(x,y)\in D.$$

或

$$z=f(P),P\in D.$$

其中 D 称为定义域,$\{z\mid z=f(x,y),(x,y)\in D\}$ 称为值域,x,y 称为自变量,z 称为因变量.

若二元函数由解析式 $z=f(x,y)$ 给出,则其定义域是使 $f(x,y)$ 有意义的自变量所确定的平面点集.

例如,函数 $z=\sqrt{1-x^2-y^2}$ 的定义域为 $\{(x,y)\mid x^2+y^2\leqslant 1\}$,值域是 $[0,1]$. $z=\dfrac{1}{\sqrt{1-x^2-y^2}}$ 的定义域为 $\{(x,y)\mid x^2+y^2<1\}$,值域是 $[1,+\infty)$.

2. 二元函数的图像

设二元函数 $z=f(x,y)$ 的定义域为 D,则空间点集

$$\{(x,y,z)\mid z=f(x,y),(x,y)\in D\},$$

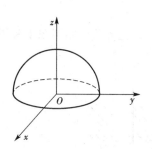

图 8.3

称为二元函数的图像. 在空间直角坐标系中, 二元函数 $z = f(x,y)$ 的图像通常是一张曲面, 定义域是曲面在 xOy 面上的投影区域. 例如, $z = \sqrt{1-x^2-y^2}$ 的图像为以 $(0,0,0)$ 为中心, 1 为半径的上半球面(见图 8.3).

三、二元函数的极限

二元函数 $z = f(x,y)$ 的极限有多种类型, 本节仅研究当 $x \to x_0, y \to y_0$ 时, $z = f(x,y) \to A$ (某个常数)这种类型的极限. 显然, $x \to x_0, y \to y_0$ 可以用 $P(x,y) \to P_0(x_0,y_0)$ 表示, 并且

$$P(x,y) \to P_0(x_0,y_0) \Leftrightarrow \sqrt{(x-x_0)^2+(y-y_0)^2} \to 0,$$

因此类似于一元函数极限的定义有:

定义 9　设函数 $z = f(x,y)$ 在点 $P_0(x_0,y_0)$ 的去心邻域内有定义, A 为常数. 若对 $\forall \varepsilon > 0$, 都存在 $\delta > 0$, 使得当 $0 < \sqrt{(x-x_0)^2+(y-y_0)^2} < \delta$ 时, 有

$$|f(x,y) - A| < \varepsilon$$

成立, 则称 A 为当 $x \to x_0, y \to y_0$ 时函数 $f(x,y)$ 的极限, 记作

$$\lim_{(x,y) \to (x_0,y_0)} f(x,y) = A \quad \text{或} \quad f(x,y) \to A \quad ((x,y) \to (x_0,y_0)),$$

也记作

$$\lim_{P \to P_0} f(P) = A \quad \text{或} \quad f(P) \to A \quad (P \to P_0).$$

注意: 二元函数极限中 $(x,y) \to (x_0,y_0)$ 是点 (x,y) 沿着任意方向趋近于 (x_0,y_0), 这与一元函数极限有着本质的区别.

二元函数极限的性质与一元函数极限的性质类似, 如有界性、保号性以及四则运算法则等, 在此不再叙述.

通常求一元函数极限的方法同样适用于求二元函数的极限, 例如替换定理、夹逼准则、换元法等都是比较常用的方法.

例 1　求极限: $\displaystyle \lim_{(x,y) \to (0,2)} \frac{\sin(xy)}{x}$.

解
$$\lim_{(x,y) \to (0,2)} \frac{\sin(xy)}{x} = \lim_{(x,y) \to (0,2)} \frac{\sin(xy)}{xy} y$$
$$= \lim_{(x,y) \to (0,2)} \frac{\sin(xy)}{xy} \lim_{(x,y) \to (0,2)} y = 1 \times 2 = 2.$$

例 2　求极限: $\displaystyle \lim_{(x,y) \to (0,0)} \frac{xy}{\sqrt{xy+1}-1}$.

解
$$\lim_{(x,y) \to (0,0)} \frac{xy}{\sqrt{xy+1}-1} = \lim_{(x,y) \to (0,0)} \frac{xy(\sqrt{xy+1}+1)}{xy}$$
$$= \lim_{(x,y) \to (0,0)} (\sqrt{xy+1}+1) = 2.$$

例3　求极限：$\lim\limits_{(x,y)\to(0,0)}\dfrac{xy}{\sqrt{x^2+y^2}}$.

解　令 $\begin{cases} x=r\cos\theta, \\ y=r\sin\theta, \end{cases}$ 则

$$\lim_{(x,y)\to(0,0)}\frac{xy}{\sqrt{x^2+y^2}}=\lim_{r\to0^+}\frac{r\cos\theta r\sin\theta}{r}=0.$$

例4　极限 $\lim\limits_{(x,y)\to(0,0)}\dfrac{xy}{x^2+y^2}$ 是否存在?

解　不存在. 因为当点 (x,y) 沿直线 $y=kx$ 趋于点 $(0,0)$ 时, 有

$$\lim_{\substack{(x,y)\to(0,0)\\ y=kx}}\frac{xy}{x^2+y^2}=\lim_{x\to0}\frac{kx^2}{x^2+(kx)^2}=\frac{k}{1+k^2}.$$

显然它随着 k 值的不同而改变, 由极限的定义可知该极限不存在.

四、二元函数的连续性

定义10　设二元函数 $z=f(x,y)$ 在点 $P_0(x_0,y_0)$ 的邻域内有定义, 若

$$\lim_{(x,y)\to(x_0,y_0)}f(x,y)=f(x_0,y_0),$$

则称函数 $f(x,y)$ 在点 $P_0(x_0,y_0)$ 连续. 如果函数 $z=f(x,y)$ 在区域 D 内点点连续, 则称该函数在 D 内连续.

通常连续的二元函数的图象是一张连绵不断的曲面.

与一元连续函数类似, 二元函数也有下面的定理:

定理1　若二元函数 $z=f(x,y)$ 在有界闭区域 D 上连续, 则

(1) 存在正数 K, 使得

$$|f(x,y)|\leqslant K,(x,y)\in D.$$

(2) 在 D 上一定存在最值.

(3) 对于任意介于最小值 m 与最大值 M 的数 μ, 存在点 $P_0(x_0,y_0)$, 使得 $f(x_0,y_0)=\mu$.

定理2　二元初等函数在其定义域内部每一点都是连续的.

例5　求极限：$\lim\limits_{(x,y)\to(1,0)}\dfrac{\ln(x+\mathrm{e}^y)}{\sqrt{x^2+y^2}}$.

解　由于点 $(1,0)$ 是初等函数 $\dfrac{\ln(x+\mathrm{e}^y)}{\sqrt{x^2+y^2}}$ 定义域的内点, 所以该函数在点 $(1,0)$ 连续, 因此有

$$\lim_{(x,y)\to(1,0)}\frac{\ln(x+\mathrm{e}^y)}{\sqrt{x^2+y^2}}=\frac{\ln(1+\mathrm{e}^0)}{\sqrt{1^2+0^2}}=\ln2.$$

一般地, 求 $\lim\limits_{P\to P_0}f(P)$ 时, 如果 $f(P)$ 是初等函数, 且 P_0 是 $f(P)$ 的定义域的内点, 则 $f(P)$ 在点 P_0 处连续, 于是

$$\lim_{P\to P_0}f(P)=f(P_0).$$

习题 8 - 1

1. 计算下列极限.

(1) $\lim\limits_{(x,y)\to(0,0)}\dfrac{2-\sqrt{xy+4}}{xy}$;

(2) $\lim\limits_{(x,y)\to(0,0)}\dfrac{\sin(xy)}{x}$;

(3) $\lim\limits_{(x,y)\to(0,0)}\dfrac{1-\cos(x^2+y^2)}{(x^2+y^2)x^2y^2}$;

(4) $\lim\limits_{\substack{x\to0^+\\y\to0^+}}(1+xy)^{\frac{1}{x+y}}$;

(5) $\lim\limits_{\substack{x\to+\infty\\y\to+\infty}}\dfrac{x+y}{x^2+y^2}$;

(6) $\lim\limits_{\substack{x\to0\\y\to0}}\dfrac{xy(x^2-y^2)}{x^2+y^2}$.

2. 证明极限 $\lim\limits_{(x,y)\to(0,0)}\dfrac{x^2y}{x^4+y^2}$ 不存在.

第二节　偏导数

我们已经知道,函数 $y=f(x)$ 的导数 $f'(x)$ 表示变化率. 对于二元函数 $z=f(x,y)$ 来讲, 若将变量 y 固定为 y_0, 也可以研究 z 对 x 的变化率. 而求出这个变化率只需在一元函数 $z=f(x,y_0)$ 中对 x 求导即可, 所得到的导数就是二元函数 $f(x,y)$ 对 x 的偏导数.

一、偏导数

1. 偏导数的概念

定义 1　设二元函数 $z=f(x,y)$ 在区域 D 内有定义, (x_0,y_0) 是 D 的内点. 将变量 y 固定在 y_0, 若极限

$$\lim\limits_{\Delta x\to0}\frac{f(x_0+\Delta x,y_0)-f(x_0,y_0)}{\Delta x}$$

存在,则称此极限为函数 $f(x,y)$ 在点 (x_0,y_0) 对 x 的偏导数,记作

$$\frac{\partial z}{\partial x}\bigg|_{(x_0,y_0)},\frac{\partial f}{\partial x}\bigg|_{(x_0,y_0)}\text{ 或 }z_x|_{(x_0,y_0)},f_x(x_0,y_0),f_1'(x_0,y_0).$$

类似地, $f(x,y)$ 在点 (x_0,y_0) 对 y 的偏导数为

$$f_y(x_0,y_0)=\lim\limits_{\Delta y\to0}\frac{f(x_0,y_0+\Delta y)-f(x_0,y_0)}{\Delta y}.$$

若函数 $f(x,y)$ 在区域 D 内每一点都有偏导数, 则称 $f_x(x,y),f_y(x,y)$ 为 $f(x,y)$ 在 D 内的偏导函数, 简称偏导数.

2. 偏导数的计算

二元函数的偏导数的实质就是将其中一个变量固定后, 因变量对另一个变量的导数.

因此在计算偏导数时,要将某一变量视为常数,然后按照一元函数的求导法则对另一变量求导.

例 1 求 $z = x^2 + y^2 - xy$ 在点 $(1,3)$ 处的偏导数.

解 求 $\dfrac{\partial z}{\partial x}$ 时,把 y 看作常量;求 $\dfrac{\partial z}{\partial y}$ 时,把 x 看作常量,因此

$$\frac{\partial z}{\partial x} = 2x - y, \quad \frac{\partial z}{\partial y} = 2y - x.$$

故
$$\frac{\partial z}{\partial x}\bigg|_{\substack{x=1\\y=3}} = 2 \times 1 - 3 = -1, \quad \frac{\partial z}{\partial y}\bigg|_{\substack{x=1\\y=3}} = 2 \times 3 - 1 = 5.$$

例 2 求 $z = \sqrt{\ln(xy)}$ 的偏导数.

解 $\dfrac{\partial z}{\partial x} = \dfrac{1}{2\sqrt{\ln(xy)}} \cdot \dfrac{1}{xy} \cdot y = \dfrac{1}{2x\sqrt{\ln(xy)}}; \dfrac{\partial z}{\partial y} = \dfrac{1}{2y\sqrt{\ln(xy)}}.$

例 3 设 $z = x^y (x > 0, x \neq 1)$,求证: $\dfrac{x}{y} \cdot \dfrac{\partial z}{\partial x} + \dfrac{1}{\ln x} \cdot \dfrac{\partial z}{\partial y} = 2z$.

证明 因为 $\dfrac{\partial z}{\partial x} = yx^{y-1}$, $\dfrac{\partial z}{\partial y} = x^y \ln x$,所以

$$\frac{x}{y} \cdot \frac{\partial z}{\partial x} + \frac{1}{\ln x} \cdot \frac{\partial z}{\partial y} = \frac{x}{y} yx^{y-1} + \frac{1}{\ln x} x^y \ln x = x^y + x^y = 2z.$$

例 4 求函数

$$z = f(x,y) = \begin{cases} \dfrac{xy}{x^2 + y^2}, & x^2 + y^2 \neq 0, \\ 0, & x^2 + y^2 = 0 \end{cases}$$

在点 $(0,0)$ 的偏导数.

解 $f_x(0,0) = \lim_{\Delta x \to 0} \dfrac{f(0 + \Delta x, 0) - f(0,0)}{\Delta x} = \lim_{\Delta x \to 0} 0 = 0.$

$f_y(0,0) = \lim_{\Delta y \to 0} \dfrac{f(0, 0 + \Delta y) - f(0,0)}{\Delta y} = \lim_{\Delta y \to 0} 0 = 0.$

此例表明:分段函数在分界点的偏导数通常要用定义来求. 此外,由于 $\displaystyle\lim_{(x,y)\to(0,0)} \dfrac{xy}{x^2 + y^2}$ 不存在,所以该函数在该点不连续,由此可以看出,偏导数存在未必能保证函数连续.

3. 偏导数的几何意义

显然,偏导数的几何意义与一元函数的导数的几何意义相似. 设函数 $z = f(x,y)$ 在点 $P_0(x_0, y_0)$ 对 x 的偏导数为 $f_x(x_0, y_0)$,则曲面 $z = f(x,y)$ 与平面 $y = y_0$ 的交线在点 $M(x_0, y_0, f(x_0, y_0))$ 处的切线,对于 x 轴的斜率等于偏导数 $f_x(x_0, y_0)$,即有

$$f_x(x_0, y_0) = \tan \alpha,$$

其中 α 为该切线与 x 轴所形成的倾斜角,如图 8.4 所示.

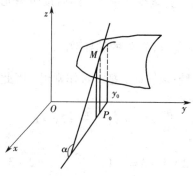

图 8.4

二、高阶偏导数

定义 2 设 $f(x,y)$ 在区域 D 内存在偏导数 $f_x(x,y)$ 与 $f_y(x,y)$，则它们也是关于 x,y 的二元函数. 如果这两个偏导数还可以求出偏导数，则称它们的偏导数为二元函数 $f(x,y)$ 的二阶偏导数，记作

$$\frac{\partial}{\partial x}\left(\frac{\partial z}{\partial x}\right) = \frac{\partial^2 z}{\partial x^2} = f_{xx}(x,y),$$

$$\frac{\partial}{\partial y}\left(\frac{\partial z}{\partial x}\right) = \frac{\partial^2 z}{\partial x \partial y} = f_{xy}(x,y),$$

$$\frac{\partial}{\partial x}\left(\frac{\partial z}{\partial y}\right) = \frac{\partial^2 z}{\partial y \partial x} = f_{yx}(x,y),$$

$$\frac{\partial}{\partial y}\left(\frac{\partial z}{\partial y}\right) = \frac{\partial^2 z}{\partial y^2} = f_{yy}(x,y),$$

其中 $f_{xy}(x,y)$，$f_{yx}(x,y)$ 称为二阶混合偏导数.

类似地，还可以定义更高阶的偏导数，并且引入的记号也相似.

例 5 求 $z = x^3 y - 3x^2 y^3$ 的二阶偏导数.

解 $\dfrac{\partial z}{\partial x} = 3x^2 y - 6xy^3$， $\dfrac{\partial z}{\partial y} = x^3 - 9x^2 y^2$；

$$\frac{\partial^2 z}{\partial x^2} = 6xy - 6y^3, \quad \frac{\partial^2 z}{\partial y^2} = -18x^2 y;$$

$$\frac{\partial^2 z}{\partial x \partial y} = 3x^2 - 18xy^2 = \frac{\partial^2 z}{\partial y \partial x}.$$

例 6 证明：函数 $z = \ln \sqrt{x^2 + y^2}$ 满足方程 $\dfrac{\partial^2 z}{\partial x^2} + \dfrac{\partial^2 z}{\partial y^2} = 0$.

证明 因为 $z = \ln \sqrt{x^2 + y^2} = \dfrac{1}{2}\ln(x^2 + y^2)$，所以

$$\frac{\partial z}{\partial x} = \frac{x}{x^2 + y^2}, \quad \frac{\partial z}{\partial y} = \frac{y}{x^2 + y^2},$$

$$\frac{\partial^2 z}{\partial x^2} = \frac{(x^2 + y^2) - x \cdot 2x}{(x^2 + y^2)^2} = \frac{y^2 - x^2}{(x^2 + y^2)^2},$$

$$\frac{\partial^2 z}{\partial y^2} = \frac{(x^2 + y^2) - y \cdot 2y}{(x^2 + y^2)^2} = \frac{x^2 - y^2}{(x^2 + y^2)^2},$$

因此

$$\frac{\partial^2 z}{\partial x^2} + \frac{\partial^2 z}{\partial y^2} = \frac{y^2 - x^2}{(x^2 + y^2)^2} + \frac{x^2 - y^2}{(x^2 + y^2)^2} = 0.$$

形如例 6 中的方程叫拉普拉斯方程(Laplace),是数学和物理中重要的方程.

习题 8 - 2

1. 求下列函数的偏导数.

$(1) z = x^3 y - y^3 x$；

$(2) z = \sin(xy) + \cos(x^2 y)$；

$(3) z = e^{xy}(x + y)$；

$(4) z = \arctan \dfrac{y}{x}$；

$(5) z = (1 + xy)^y$；

$(6) u = \arctan(x - y)^z$.

2. 求曲线 $\begin{cases} z = \dfrac{x^2 + y^2}{4}, \\ y = 4 \end{cases}$ 在点 $(2, 4, 5)$ 处的切线与正向 x 轴所成的倾角.

3. 设 $z = x\ln(xy)$，求 $\dfrac{\partial^2 z}{\partial x^2}$，$\dfrac{\partial^2 z}{\partial y^2}$ 和 $\dfrac{\partial^2 z}{\partial x \partial y}$.

第三节 全微分

下面将一元函数微分的概念推广到二元函数中来.

一、全微分的定义

定义 1 设函数 $f(x, y)$ 在点 (x_0, y_0) 的邻域内有定义,变量 x 和变量 y 的增量分别为 Δx 和 Δy,则称

$$\Delta z = f(x_0 + \Delta x, y_0 + \Delta y) - f(x_0, y_0)$$

为函数 $f(x, y)$ 在点 (x_0, y_0) 的全增量.

定义 2 设函数 $f(x, y)$ 在点 (x_0, y_0) 的邻域内有定义,若存在常数 A 和 B,使得函数 $f(x, y)$ 在点 (x_0, y_0) 的全增量可表示为

$$\Delta z = A\Delta x + B\Delta y + o(\rho),$$

其中 $\rho = \sqrt{(\Delta x)^2 + (\Delta y)^2}$,常数 A, B 只与 x_0, y_0 有关,则称 $A\Delta x + B\Delta y$ 为函数 $f(x, y)$ 在点 (x_0, y_0) 的全微分,记作

$$dz|_{(x_0, y_0)} = A\Delta x + B\Delta y \quad \text{或} \quad df(x_0, y_0) = A\Delta x + B\Delta y.$$

这时称函数在点 (x_0, y_0) 可微.

习惯上,自变量的增量 Δx 与 Δy 常写成 dx 与 dy,所以全微分又通常记作

$$dz|_{(x_0,y_0)} = A dx + B dy.$$

函数 $f(x,y)$ 在点 (x,y) 的全微分通常记为

$$dz = A dx + B dy.$$

若函数 $f(x,y)$ 在区域 D 内点点可微,则称 $f(x,y)$ 在区域 D 内可微.

二、函数可微的条件

定理1(可微的必要条件) 若函数 $z = f(x,y)$ 在点 (x_0,y_0) 可微,则

(1) $f(x,y)$ 在点 (x_0,y_0) 连续;

(2) $f(x,y)$ 在点 (x_0,y_0) 的偏导数存在,且 $A = f_x(x_0,y_0)$,$B = f_y(x_0,y_0)$.

证明(1)由条件有 $\Delta z = A\Delta x + B\Delta y + o(\rho)$,则

$$\lim_{\rho \to 0}\Delta z = \lim_{\rho \to 0}(A\Delta x + B\Delta y + o(\rho)) = 0,$$

即有 $\lim\limits_{(x,y)\to(x_0,y_0)} f(x,y) = f(x_0,y_0)$,所以 $f(x,y)$ 在点 (x_0,y_0) 连续.

(2)由条件有

$$f(x_0+\Delta x, y_0+\Delta y) - f(x_0,y_0) = A\Delta x + B\Delta y + o(\rho).$$

取 $\Delta y = 0$,则 $\rho = |\Delta x|$,则有

$$\lim_{\Delta x \to 0}\frac{f(x_0+\Delta x, y_0) - f(x_0,y_0)}{\Delta x} = A,$$

即 $f_x(x_0,y_0) = A$.

同理可以得到 $f_y(x_0,y_0) = B$.

由上述定理可以得到:

(1)如果函数 $z = f(x,y)$ 在点 (x_0,y_0) 可微,则其全微分为

$$dz|_{(x_0,y_0)} = f_x(x_0,y_0)dx + f_y(x_0,y_0)dy.$$

(2)若

$$\lim_{\rho \to 0}\frac{\Delta z - [f_x(x_0,y_0)\Delta x + f_y(x_0,y_0)\Delta y]}{\rho} = 0,$$

则函数 $z = f(x,y)$ 在点 (x_0,y_0) 可微,否则不可微.

结论(1)给出了全微分的计算方法;结论(2)给出了是否可微的判断方法.

例1 计算函数 $z = \ln(1 + x^2 + y^2)$ 在点 $(1,2)$ 处,当 $\Delta x = 0.1$,$\Delta y = -0.2$ 的全微分.

解 因为

$$\frac{\partial z}{\partial x} = \frac{2x}{1+x^2+y^2}, \quad \frac{\partial z}{\partial y} = \frac{2y}{1+x^2+y^2},$$

所以

$$\frac{\partial z}{\partial x}\bigg|_{\substack{x=1\\y=2}} = \frac{1}{3}, \quad \frac{\partial z}{\partial y}\bigg|_{\substack{x=1\\y=2}} = \frac{2}{3}.$$

而在点 $(1,2)$ 处,当 $\Delta x = 0.1$,$\Delta y = -0.2$ 的全微分为

$$dz = \frac{1}{3} \times 0.1 + \frac{2}{3} \times (-0.2) = -\frac{0.3}{3} = -0.1.$$

例2　求函数 $z = xe^{\frac{x}{y}}$ 的全微分.

解　因为

$$\frac{\partial z}{\partial x} = e^{\frac{x}{y}} + \frac{x}{y}e^{\frac{x}{y}}, \quad \frac{\partial z}{\partial y} = -\frac{x^2}{y^2}e^{\frac{x}{y}}.$$

所以 $dz = \left(1 + \frac{x}{y}\right)e^{\frac{x}{y}}dx - \frac{x^2}{y^2}e^{\frac{x}{y}}dy.$

例3　计算函数 $u = x^{yz}$ 的全微分.

解　因为 $\frac{\partial u}{\partial x} = yzx^{yz-1}$, $\quad \frac{\partial u}{\partial y} = zx^{yz} \cdot \ln x$, $\quad \frac{\partial u}{\partial z} = yx^{yz} \cdot \ln x$, 所以

$$du = yzx^{yz-1}dx + zx^{yz}\ln xdy + yx^{yz}\ln xdz.$$

例4　判断函数

$$f(x,y) = \begin{cases} \dfrac{xy}{\sqrt{x^2+y^2}}, & x^2+y^2 \neq 0, \\ 0, & x^2+y^2 = 0 \end{cases}$$

在 $(0,0)$ 点是否可微.

解　不可微. 因为在点 $(0,0)$ 处有 $f_x(0,0) = 0$ 及 $f_y(0,0) = 0$, 所以

$$\Delta z - [f_x(0,0) \cdot \Delta x + f_y(0,0) \cdot \Delta y] = \frac{\Delta x \cdot \Delta y}{\sqrt{(\Delta x)^2 + (\Delta y)^2}}.$$

由于极限

$$\lim_{\rho \to 0} \frac{\Delta z - [f_x(0,0) \cdot \Delta x + f_y(0,0) \cdot \Delta y]}{\rho}$$

不存在, 即 $\Delta z - [f_x(0,0) \cdot \Delta x + f_y(0,0) \cdot \Delta y]$ 不是较 ρ 高阶的无穷小, 所以函数在点 $(0,0)$ 处全微分不存在.

此例表明, 仅有偏导数存在不能保证全微分存在, 但是, 如果再假定函数的两个偏导数连续, 则可以证明函数是可微分的, 下面的定理说明了这个问题.

定理2(可微的充分条件)　如果函数 $z = f(x,y)$ 的两个偏导数在点 (x_0, y_0) 连续, 则函数 $f(x,y)$ 在点 (x_0, y_0) 可微.

证明　由一元函数的微分中值定理有

$$\begin{aligned} \Delta z &= f(x_0 + \Delta x, y_0 + \Delta y) - f(x_0, y_0) \\ &= [f(x_0 + \Delta x, y_0 + \Delta y) - f(x_0, y_0 + \Delta y)] + [f(x_0, y_0 + \Delta y) - f(x_0, y_0)] \\ &= f_x(x_0 + \theta_1\Delta x, y_0 + \Delta y)\Delta x + f_y(x_0, y_0 + \theta_2\Delta y)\Delta y, \end{aligned}$$

其中 $0 < \theta_1, \theta_2 < 1$. 由于偏导数在点 (x_0, y_0) 连续, 则有

$$f_x(x_0 + \theta_1\Delta x, y_0 + \Delta y) = f_x(x_0, y_0) + \alpha,$$
$$f_y(x_0, y_0 + \theta_2\Delta y) = f_y(x_0, y_0) + \beta,$$

其中 $\alpha \to 0 (\Delta x \to 0, \Delta y \to 0)$, $\beta \to 0 (\Delta x \to 0, \Delta y \to 0)$, 所以

$$\begin{aligned} \Delta z &= [f_x(x_0, y_0) + \alpha]\Delta x + [f_y(x_0, y_0) + \beta]\Delta y \\ &= f_x(x_0, y_0)\Delta x + f_y(x_0, y_0)\Delta y + \alpha\Delta x + \beta\Delta y, \end{aligned}$$

由于 $\left|\dfrac{\alpha\Delta x+\beta\Delta y}{\rho}\right|\leqslant|\alpha|+|\beta|$, 所以 $\alpha\Delta x+\beta\Delta y=o(\rho)$, 则

$$\Delta z=f_x(x_0,y_0)\Delta x+f_y(x_0,y_0)\Delta y+o(\rho),$$

因此函数 $f(x,y)$ 在点 (x_0,y_0) 可微.

三、在近似计算中的应用

设函数 $z=f(x,y)$ 在点 (x_0,y_0) 可微, 则 $\Delta z=A\Delta x+B\Delta y+o(\rho)$, 当 Δx 与 Δy 比较小时, 有

$$\Delta z\approx\mathrm{d}z=f_x(x_0,y_0)\Delta x+f_y(x_0,y_0)\Delta y,$$

则容易得到

$$f(x_0+\Delta x,y_0+\Delta y)\approx f(x_0,y_0)+f_x(x_0,y_0)\Delta x+f_y(x_0,y_0)\Delta y.$$

设 δ_z 为 z 的绝对误差, 则

$$\delta_z\approx|f_x(x_0,y_0)||\Delta x|+|f_y(x_0,y_0)||\Delta y|.$$

例 5 计算 $(1.04)^{2.02}$ 的近似值.

解 设函数 $f(x,y)=x^y$, 取 $x=1,y=2,\Delta x=0.04,\Delta y=0.02$, 且 $f_x(1,2)=2$, $f_y(1,2)=0$, 则由近似公式得

$$(1.04)^{2.02}\approx 1+2\times0.04+0\times0.02=1.08.$$

习题 8 – 3

1. 求下列函数的全微分.

(1) $z=xy+\dfrac{x}{y}$;   (2) $z=\tan(xy)$;

(3) $z=\mathrm{e}^{\frac{y}{x}}$;   (4) $u=\ln(x^2+y^2+z^2)$.

2. 求函数 $z=\ln(1+x^2+y^2)$ 当 $x=1,y=2$ 时的全微分.

3. 计算 $\sqrt{(1.02)^3+(1.97)^3}$ 的近似值.

4. 求函数

$$f(x,y)=\begin{cases}(x^2+y^2)\sin\dfrac{1}{\sqrt{x^2+y^2}}, & x^2+y^2\neq 0,\\[2mm] 0, & x^2+y^2=0\end{cases}$$

的偏导数, 并研究在点 $(0,0)$ 处偏导数的连续性及函数 $f(x,y)$ 的可微性.

第四节   复合函数的求导法则

在一元函数微分学中, 复合函数的导数等于外函数的导数乘以内函数的导数. 类似地, 可以将这一求导法则推广到多元函数中来, 进而形成多元函数求导的链式法则.

一、链式法则

定理　设函数 $u = \varphi(x, y)$ 及 $v = \psi(x, y)$ 在点 (x, y) 的偏导数存在, 函数 $z = f(u, v)$ 在 (x, y) 的对应点 (u, v) 具有连续的偏导数, 则复合函数 $z = f[\varphi(x, y), \psi(x, y)]$ 在点 (x, y) 的偏导数存在, 且

$$\frac{\partial z}{\partial x} = \frac{\partial z}{\partial u} \cdot \frac{\partial u}{\partial x} + \frac{\partial z}{\partial v} \cdot \frac{\partial v}{\partial x}, \tag{8-1}$$

$$\frac{\partial z}{\partial y} = \frac{\partial z}{\partial u} \cdot \frac{\partial u}{\partial y} + \frac{\partial z}{\partial v} \cdot \frac{\partial v}{\partial y}. \tag{8-2}$$

证明　设 x 有增量 Δx, y 保持不变, 则有

$$\Delta u = \varphi(x + \Delta x, y) - \varphi(x, y),$$
$$\Delta v = \psi(x + \Delta x, y) - \psi(x, y).$$

由于 $z = f(u, v)$ 的偏导数连续, 故可微, 从而有

$$\Delta z = \frac{\partial z}{\partial u} \Delta u + \frac{\partial z}{\partial v} \Delta v + o(\rho),$$

其中 $\rho = \sqrt{(\Delta u)^2 + (\Delta v)^2}$. 对上式两边除以 Δx, 且令 $\Delta x \to 0$, 有

$$\frac{\partial z}{\partial x} = \lim_{\Delta x \to 0} \frac{\Delta z}{\Delta x} = \lim_{\Delta x \to 0} \left(\frac{\partial z}{\partial u} \frac{\Delta u}{\Delta x} + \frac{\partial z}{\partial v} \frac{\Delta v}{\Delta x} + \frac{o(\rho)}{\Delta x} \right)$$

$$= \frac{\partial z}{\partial u} \frac{\partial u}{\partial x} + \frac{\partial z}{\partial v} \frac{\partial v}{\partial x} + 0$$

$$= \frac{\partial z}{\partial u} \frac{\partial u}{\partial x} + \frac{\partial z}{\partial v} \frac{\partial v}{\partial x}.$$

这就证明了式(8-1).

同理可证式(8-2).

公式(8-1)、(8-2)统称为多元复合函数的求导链式法则. 为直观表示它的求导过程, 可以用链式图 8.5 表示.

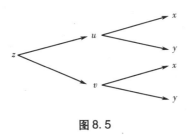

图 8.5

在求导过程中, 所涉及的函数未必属于上述定理中的情况, 这时需要灵活应用链式法则, 如以下情况:

设 $u = \varphi(t), v = \psi(t)$ 在 t 可导, 函数 $z = f(u, v)$ 在 t 对应的点 (u, v) 的偏导数连续, 则复合函数 $z = f[\varphi(t), \psi(t)]$ 在 t 可导, 且

$$\frac{\mathrm{d}z}{\mathrm{d}t} = \frac{\partial z}{\partial u} \cdot \frac{\mathrm{d}u}{\mathrm{d}t} + \frac{\partial z}{\partial v} \cdot \frac{\mathrm{d}v}{\mathrm{d}t}. \tag{8-3}$$

(8-3)式中的导数$\frac{\mathrm{d}z}{\mathrm{d}t}$称为全导数,它的求导链式图如图8.6所示.

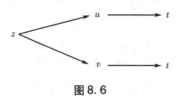

图 8.6

显然这种求导方法可以推广到外函数为三元的情况,在此不再叙述.

例1 设$z = u^2 \ln v$,$u = \dfrac{x}{y}$,$v = 3x - y$,求偏导数$\dfrac{\partial z}{\partial x}$和$\dfrac{\partial z}{\partial y}$.

解

$$\frac{\partial z}{\partial x} = \frac{\partial z}{\partial u} \cdot \frac{\partial u}{\partial x} + \frac{\partial z}{\partial v} \cdot \frac{\partial v}{\partial x} = 2u \ln v \cdot \frac{1}{y} + u^2 \cdot \frac{1}{v} \cdot 3$$

$$= \frac{2x}{y^2} \ln(3x - y) + \frac{3x^2}{y^2(3x - y)}.$$

$$\frac{\partial z}{\partial y} = \frac{\partial z}{\partial u} \cdot \frac{\partial u}{\partial y} + \frac{\partial z}{\partial v} \cdot \frac{\partial v}{\partial y} = 2u \ln v \left(-\frac{x}{y^2} \right) + u^2 \cdot \frac{1}{v}(-1)$$

$$= -\frac{2x^2}{y^3} \ln(3x - y) - \frac{x^2}{y^2(3x - y)}.$$

例2 设$z = \mathrm{e}^{x - 2y}$,$x = \sin t$,$y = t^3$,求全导数$\dfrac{\mathrm{d}z}{\mathrm{d}t}$.

解

$$\frac{\mathrm{d}z}{\mathrm{d}t} = \frac{\partial z}{\partial x} \cdot \frac{\mathrm{d}x}{\mathrm{d}t} + \frac{\partial z}{\partial y} \cdot \frac{\mathrm{d}y}{\mathrm{d}t} = \mathrm{e}^{x-2y} \cdot \cos t + \mathrm{e}^{x-2y} \cdot (-2) \cdot 3t^2$$

$$= \mathrm{e}^{\sin t - 2t^3}(\cos t - 6t^2).$$

例3 设$z = \arcsin(uv)$,$u = x\mathrm{e}^y$,$v = y^2$,求偏导数.

解

$$\frac{\partial z}{\partial x} = \frac{\partial z}{\partial u} \cdot \frac{\partial u}{\partial x} + \frac{\partial z}{\partial v} \cdot \frac{\partial v}{\partial x} = \frac{v}{\sqrt{1 - (uv)^2}} \cdot \mathrm{e}^y + \frac{u}{\sqrt{1 - (uv)^2}} \cdot 0$$

$$= \frac{y^2}{\sqrt{1 - (x\mathrm{e}^y y^2)^2}} \cdot \mathrm{e}^y.$$

$$\frac{\partial z}{\partial y} = \frac{\partial z}{\partial u} \cdot \frac{\partial u}{\partial y} + \frac{\partial z}{\partial v} \cdot \frac{\partial v}{\partial y} = \frac{v}{\sqrt{1 - (uv)^2}} \cdot x\mathrm{e}^y + \frac{u}{\sqrt{1 - (uv)^2}} \cdot 2y$$

$$= \frac{y^2}{\sqrt{1 - (x\mathrm{e}^y y^2)^2}} \cdot x\mathrm{e}^y + \frac{x\mathrm{e}^y}{\sqrt{1 - (x\mathrm{e}^y y^2)^2}} \cdot 2y.$$

例4 设$z = \mathrm{e}^{ax}(u - v)$,$u = a\sin x + y$,$v = \cos x - y$,求$\dfrac{\partial z}{\partial x}$和$\dfrac{\partial z}{\partial y}$.

解 因为 $z = f(x, u, v) = e^{ax}(u - v)$，则

$$\frac{\partial z}{\partial x} = \frac{\partial f}{\partial x} \cdot 1 + \frac{\partial f}{\partial u} \cdot \frac{\partial u}{\partial x} + \frac{\partial f}{\partial v} \cdot \frac{\partial v}{\partial x}$$

$$= ae^{ax}(u - v) + e^{ax}a\cos x + e^{ax}\sin x$$

$$= e^{ax}[(a^2 + 1)\sin x + 2ay].$$

$$\frac{\partial z}{\partial y} = e^{ax} \cdot 1 - e^{ax}(-1) = 2e^{ax}.$$

例 5 设 $z = f(x, xy)$，其中 $f(u, v)$ 可微，求 $\frac{\partial z}{\partial x}, \frac{\partial^2 z}{\partial x \partial y}$.

解 设 $u = x, v = xy$，为表达简便，记

$$f'_1 = \frac{\partial f(u, v)}{\partial u}, f'_2 = \frac{\partial f(u, v)}{\partial v},$$

以及

$$f''_{11} = \frac{\partial^2 f(u, v)}{\partial u^2}, f''_{12} = \frac{\partial^2 f(u, v)}{\partial u \partial v}.$$

同理有 f''_{22}, f''_{21} 等记号. 因此有

$$\frac{\partial z}{\partial x} = \frac{\partial f}{\partial u} \cdot \frac{du}{dx} + \frac{\partial f}{\partial v} \cdot \frac{\partial v}{\partial x} = f'_1 + yf'_2.$$

$$\frac{\partial^2 z}{\partial x \partial y} = \frac{\partial}{\partial y}(f'_1 + yf'_2) = f''_{11}\frac{\partial u}{\partial y} + f''_{12}\frac{\partial v}{\partial y} + f'_2 + y\left(f''_{21}\frac{\partial u}{\partial y} + f''_{22}\frac{\partial v}{\partial y}\right)$$

$$= f''_{11} \times 0 + f''_{12}x + f'_2 + y(f''_{21} \times 0 + f''_{22}x)$$

$$= f''_{12}x + f'_2 + yf''_{22}x.$$

二、全微分形式不变性

设函数 $z = f(u, v), u = \varphi(x, y), v = \psi(x, y)$ 都可微，则有

$$dz = \frac{\partial z}{\partial x}dx + \frac{\partial z}{\partial y}dy. \tag{8-4}$$

另一方面，将 u, v 视为中间变量，则由复合函数求导法则可得

$$dz = \left(\frac{\partial z}{\partial u} \cdot \frac{\partial u}{\partial x} + \frac{\partial z}{\partial v} \cdot \frac{\partial v}{\partial x}\right)dx + \left(\frac{\partial z}{\partial u} \cdot \frac{\partial u}{\partial y} + \frac{\partial z}{\partial v} \cdot \frac{\partial v}{\partial y}\right)dy$$

$$= \frac{\partial z}{\partial u}\left(\frac{\partial u}{\partial x}dx + \frac{\partial u}{\partial y}dy\right) + \frac{\partial z}{\partial v}\left(\frac{\partial v}{\partial x}dx + \frac{\partial v}{\partial y}dy\right)$$

$$= \frac{\partial z}{\partial u}du + \frac{\partial z}{\partial v}dv. \tag{8-5}$$

由 (8-4)、(8-5) 两式可以看出，无论 u, v 是自变量还是中间变量，函数 $z = f(u, v)$ 的全微分形式是一样的. 函数的这个性质叫作全微分形式不变性.

习题 8 − 4

1. 设 $z = u^2 + v^2, u = x + y, v = x - y$，求 $\frac{\partial z}{\partial x}, \frac{\partial z}{\partial y}$.

2. 设 $z = \arcsin(x - y)$，$x = 3t$，$y = 4t^3$，求 $\dfrac{dz}{dt}$.

3. 设 $z = \arctan(xy)$，而 $y = e^x$，求 $\dfrac{dz}{dx}$.

4. 设 $z = e^{\sin t - 2t^3}$，求 $\dfrac{dz}{dt}$.

5. 设 $z = f(x^2 - y^2, e^{xy})$（其中 f 具有一阶连续偏导数），求 $\dfrac{\partial z}{\partial x}, \dfrac{\partial z}{\partial y}$.

6. 设 $z = f\left(x, \dfrac{x}{y}\right)$，（其中 f 具有二阶连续偏导数），求 $\dfrac{\partial^2 z}{\partial x^2}, \dfrac{\partial^2 z}{\partial x \partial y}, \dfrac{\partial^2 z}{\partial y^2}$.

第五节　隐函数的导数

如果函数不是由自变量的解析式明显地表示出来，那么这种函数称为隐函数. 隐函数通常由方程的形式给出. 一般地，方程 $F(x, y) = 0$ 可以确定一个一元函数 $y = f(x)$；方程 $F(x, y, z) = 0$ 可以确定一个二元函数 $z = f(x, y)$；方程 $F(x, y, z, u) = 0$ 可以确定一个三元函数 $u = f(x, y, z)$.

本节将解决以下两个问题：

(1)方程满足什么条件才能确定一个隐函数？

(2)方程所确定的隐函数导数是否存在？如何求？

一、一个方程的情形

1. 二元方程确定的隐函数

定理（隐函数存在定理）　设函数 $F(x, y)$ 在点 (x_0, y_0) 的邻域内有连续的偏导数，且 $F(x_0, y_0) = 0$，$F_y(x_0, y_0) \neq 0$，则方程 $F(x, y) = 0$ 在点 (x_0, y_0) 的邻域内唯一确定一个连续函数 $y = f(x)$，且满足 $y_0 = f(x_0)$，并有导数

$$\frac{dy}{dx} = -\frac{F_x}{F_y}. \tag{8-6}$$

证明从略，仅就公式(8-6)作如下推导：

设 $y = f(x)$ 为 $F(x, y) = 0$ 所确定的一元函数，则有

$$F(x, f(x)) = 0,$$

两边同时对 x 求导有

$$\frac{\partial F}{\partial x} + \frac{\partial F}{\partial y} \frac{dy}{dx} = 0.$$

由于在点 (x_0, y_0) 的邻域内有 $F_y(x, y) \neq 0$，则

$$\frac{dy}{dx} = -\frac{F_x}{F_y}.$$

这种推导过程就是求隐函数的导数的重要方法.

2. 三元方程确定的隐函数

类似于上面的定理,如果三元方程 $F(x,y,z)=0$ 满足

(1)函数 $F(x,y,z)$ 在点 (x_0,y_0,z_0) 的邻域内有连续的偏导数;

(2) $F(x_0,y_0,z_0)=0$;

(3) $F_z(x_0,y_0,z_0)\neq0$.

则 $F(x,y,z)=0$ 确定一个二元函数 $z=f(x,y)$,且有

$$\frac{\partial z}{\partial x}=-\frac{F_x}{F_z},\frac{\partial z}{\partial y}=-\frac{F_y}{F_z}. \tag{8-7}$$

公式(8-7)的推导如同公式(8-6)的推导,在此从略.

例1 设 $z^3-2xyz=1$,求 $\frac{\partial z}{\partial x},\frac{\partial z}{\partial y}$.

解 设 $F(x,y,z)=z^3-2xyz-1$,则

$$F_x=-2yz,\quad F_y=-2xz,\quad F_z=3z^2-2xy,$$

所以

$$\frac{\partial z}{\partial x}=-\frac{F_x}{F_z}=-\frac{-2yz}{3z^2-2xy}=\frac{2yz}{3z^2-2xy},$$

$$\frac{\partial z}{\partial y}=-\frac{F_y}{F_z}=-\frac{-2xz}{3z^2-2xy}=\frac{2xz}{3z^2-2xy}.$$

二、方程组的情形

如果方程组

$$\begin{cases}F(x,y,u,v)=0,\\G(x,y,u,v)=0,\end{cases} \tag{8-8}$$

满足:

(1)函数 $F(x,y,u,v),G(x,y,u,v)$ 在点 (x_0,y_0,u_0,v_0) 的邻域内有连续的偏导数;

(2) $F(x_0,y_0,u_0,v_0)=0,G(x_0,y_0,u_0,v_0)=0$;

(3) $\begin{vmatrix}\dfrac{\partial F}{\partial u}&\dfrac{\partial F}{\partial v}\\\dfrac{\partial G}{\partial u}&\dfrac{\partial G}{\partial v}\end{vmatrix}\neq0$,

则它确定一组函数

$$\begin{cases}u=u(x,y),\\v=v(x,y).\end{cases}$$

它们的偏导数求法如下:

① 对方程组(8-8)中的两个方程两边同时对变量 x(或 y)求导;

② 经过步骤①后产生一个新的方程组, 视 $\dfrac{\partial u}{\partial x}, \dfrac{\partial v}{\partial x} \left(或 \dfrac{\partial u}{\partial y}, \dfrac{\partial v}{\partial y} \right)$ 为未知数, 解这个方程.

例 2 设 $xu - yv = 0, yu + xv = 1$, 求 $\dfrac{\partial u}{\partial x}, \dfrac{\partial u}{\partial y}$ 及 $\dfrac{\partial v}{\partial x}, \dfrac{\partial v}{\partial y}$.

解 将 u, v 视为 x, y 的二元函数, 则在两个方程两边同时对变量 x 求导得

$$\begin{cases} x\dfrac{\partial u}{\partial x} - y\dfrac{\partial v}{\partial x} = -u, \\[2mm] y\dfrac{\partial u}{\partial x} + x\dfrac{\partial v}{\partial x} = -v. \end{cases}$$

当 $\begin{vmatrix} x & -y \\ y & x \end{vmatrix} = x^2 + y^2 \neq 0$ 时, 有

$$\frac{\partial u}{\partial x} = \frac{\begin{vmatrix} -u & -y \\ -v & x \end{vmatrix}}{\begin{vmatrix} x & -y \\ y & x \end{vmatrix}} = -\frac{xu + yv}{x^2 + y^2},$$

$$\frac{\partial v}{\partial x} = \frac{\begin{vmatrix} x & -u \\ y & -v \end{vmatrix}}{\begin{vmatrix} x & -y \\ y & x \end{vmatrix}} = \frac{yu - xv}{x^2 + y^2}.$$

同理可以求得

$$\frac{\partial u}{\partial y} = \frac{xv - yu}{x^2 + y^2}, \qquad \frac{\partial v}{\partial y} = -\frac{xu + yv}{x^2 + y^2}.$$

习题 8 − 5

1. 设 $\ln \sqrt{x^2 + y^2} = \arctan \dfrac{y}{x}$, 求 $\dfrac{\mathrm{d}y}{\mathrm{d}x}$.

2. 设 $\mathrm{e}^z - xyz = 0$, 求 $\dfrac{\partial z}{\partial x}, \dfrac{\partial z}{\partial y}$.

3. 设 $\begin{cases} z = x^2 + y^2, \\ x^2 + 2y^2 + 3z^2 = 20, \end{cases}$ 求 $\dfrac{\mathrm{d}y}{\mathrm{d}x}, \dfrac{\mathrm{d}z}{\mathrm{d}x}$.

4. 设 $\begin{cases} u = f(ux, v + y), \\ v = g(u - x, v^2 y), \end{cases}$ 其中 f, g 具有一阶连续偏导数, 求 $\dfrac{\partial u}{\partial x}, \dfrac{\partial v}{\partial x}$.

第六节　多元函数微分法在几何上的应用

本节将用微分这一工具讨论空间曲线的切线以及空间曲面的切平面问题.

一、空间曲线的切线与法平面

定理 1　设空间曲线 Γ 的参数方程为

$$x = \varphi(t), \quad y = \psi(t), z = \omega(t),$$

其中 $\varphi(t), \psi(t), \omega(t)$ 都可导且导数不全为零，则曲线在点 $M_0(x_0, y_0, z_0)$ 处的切线方程为

$$\frac{x - x_0}{\varphi'(t_0)} = \frac{y - y_0}{\psi'(t_0)} = \frac{z - z_0}{\omega'(t_0)}.$$

证明　在曲线 Γ 上取对应于 $t = t_0$ 的一点 $M_0(x_0, y_0, z_0)$ 及对应于 $t = t_0 + \Delta t$ 的邻近一点 $M_0(x_0 + \Delta x, y_0 + \Delta y, z_0 + \Delta z)$. 作曲线的割线 MM_0，其方程为

$$\frac{x - x_0}{\Delta x} = \frac{y - y_0}{\Delta y} = \frac{z - z_0}{\Delta z}.$$

当点 M 沿着 Γ 趋于点 M_0 时，割线 MM_0 的极限位置就是曲线在点 M_0 的切线. 上述方程可变为

$$\frac{x - x_0}{\dfrac{\Delta x}{\Delta t}} = \frac{y - y_0}{\dfrac{\Delta y}{\Delta t}} = \frac{z - z_0}{\dfrac{\Delta z}{\Delta t}}.$$

当 $M \to M_0$ 时，即 $\Delta t \to 0$ 时，可得曲线在点 M_0 处的切线方程

$$\frac{x - x_0}{\varphi'(t_0)} = \frac{y - y_0}{\psi'(t_0)} = \frac{z - z_0}{\omega'(t_0)}.$$

定义 1　称切线的方向向量 $\boldsymbol{T} = (\varphi'(t), \psi'(t), \omega'(t))$ 为曲线的切向量，通过点 M_0 且与切线垂直的平面称为曲线 Γ 在点 M_0 处的法平面.

法平面的方程为

$$\varphi'(t_0)(x - x_0) + \psi'(t_0)(y - y_0) + \omega'(t_0)(z - z_0) = 0.$$

例 1　求螺旋线 $x = R\cos t, y = R\sin t, z = kt$ 在 $t = \dfrac{\pi}{2}$ 对应的点处的切线与法平面.

解　由题意可知切点为 $\left(0, R, \dfrac{\pi}{2}k\right)$. 由 $x' = -R\sin t, y' = R\cos t, z' = k$ 且 $t = \dfrac{\pi}{2}$ 得切向量 $\boldsymbol{T} = (-R, 0, k)$，那么所求切线方程为

$$\frac{x}{-R} = \frac{y - R}{0} = \frac{z - \dfrac{\pi}{2}k}{k}.$$

法平面为 $-Rx + k\left(z - \dfrac{\pi}{2}k\right) = 0$，即 $Rx - kz + \dfrac{\pi}{2}k^2 = 0$.

例 2　求曲线 $x^2 + y^2 + z^2 = 6, x + y + z = 0$ 在点 $M(1, -2, 1)$ 处的切线方程与法平面方程.

解　在方程组 $\begin{cases} x^2 + y^2 + z^2 = 6, \\ x + y + z = 0, \end{cases}$ 两边同时对 x 求导得

$$\begin{cases} y \dfrac{\mathrm{d}y}{\mathrm{d}x} + z \dfrac{\mathrm{d}z}{\mathrm{d}x} = -x, \\ \dfrac{\mathrm{d}y}{\mathrm{d}x} + \dfrac{\mathrm{d}z}{\mathrm{d}x} = -1. \end{cases}$$

解得 $\dfrac{\mathrm{d}y}{\mathrm{d}x} = \dfrac{z-x}{y-z}$, $\dfrac{\mathrm{d}z}{\mathrm{d}x} = \dfrac{x-y}{y-z}$. 以 x 为参量得所求切线的切向量

$$\boldsymbol{T} = \left(1, \dfrac{\mathrm{d}y}{\mathrm{d}x}, \dfrac{\mathrm{d}z}{\mathrm{d}x}\right)\bigg|_{(1,-2,1)} = (1, 0, -1).$$

则切线为 $\dfrac{x-1}{1} = \dfrac{y+2}{0} = \dfrac{z-1}{-1}$, 法平面为 $1 \cdot (x-1) + 0 \cdot (y+2) + (-1) \cdot (z-1) = 0$, 即 $x - z = 0$.

二、曲面的切平面与法线

定理2　设曲面 Σ 方程为

$$F(x, y, z) = 0.$$

点 $M_0(x_0, y_0, z_0)$ 在曲面 Σ 上, 函数 $F(x, y, z)$ 的偏导数在该点连续且不同时为零, 则通过点 M_0 的切平面方程为

$$F_x(x_0, y_0, z_0)(x - x_0) + F_y(x_0, y_0, z_0)(y - y_0) + F_z(x_0, y_0, z_0)(z - z_0) = 0.$$

证明　过点 M_0 任意取曲线 Γ, 假定 Γ 的参数方程为

$$x = \varphi(t), y = \psi(t), z = \omega(t).$$

$t = t_0$ 对应于点 $M_0(x_0, y_0, z_0)$ 且 $\varphi'(t_0), \psi'(t_0), \omega'(t_0)$ 不全为零, 那么曲线在点 M_0 的切向量为

$$\boldsymbol{T} = (\varphi'(t_0), \psi'(t_0), \omega'(t_0)).$$

在方程 $F(x, y, z) = 0$ 两端同时对 t 求导(在 $t = t_0$ 的导数), 得

$$F_x(x_0, y_0, z_0)\varphi'(t_0) + F_y(x_0, y_0, z_0)\psi'(t_0) + F_z(x_0, y_0, z_0)\omega'(t_0) = 0.$$

引入向量

$$\boldsymbol{n} = (F_x(x_0, y_0, z_0), F_y(x_0, y_0, z_0), F_z(x_0, y_0, z_0)).$$

显然 $\boldsymbol{T}$ 与 $\boldsymbol{n}$ 垂直. 由曲线 Γ 的任意性得 $\boldsymbol{n}$ 为切平面的法向量, 则切平面的方程为

$$F_x(x_0, y_0, z_0)(x - x_0) + F_y(x_0, y_0, z_0)(y - y_0) + F_z(x_0, y_0, z_0)(z - z_0) = 0.$$

定义2　称垂直于切平面的向量为曲面的法向量, 称过点 $M_0(x_0, y_0, z_0)$ 且垂直于切平面的直线为曲面的法线.

曲面 $\Sigma: F(x, y, z) = 0$ 过点 $M_0(x_0, y_0, z_0)$ 的法线方程为

$$\frac{x - x_0}{F_x(x_0, y_0, z_0)} = \frac{y - y_0}{F_y(x_0, y_0, z_0)} = \frac{z - z_0}{F_z(x_0, y_0, z_0)}.$$

特别地, 若曲面 $\Sigma: z = f(x, y)$, 则设 $F(x, y, z) = f(x, y) - z$, 则

$$F_x = f_x, F_y = f_y, F_z = -1.$$

则在函数 $z = f(x, y)$ 的偏导数连续的条件下, 曲面 $\Sigma: z = f(x, y)$ 在点 (x_0, y_0, z_0) 的切平面为

$$z - z_0 = f_x(x_0, y_0)(x - x_0) + f_y(x_0, y_0)(y - y_0).$$

取其法向量

$$\boldsymbol{n} = (f_x(x_0, y_0), f_y(x_0, y_0), -1) \cdot (-1)$$
$$= (-f_x(x_0, y_0), -f_y(x_0, y_0), 1).$$

用 α, β, γ 表示方向角，则其方向余弦为

$$\cos \alpha = \frac{-f_x}{\sqrt{1 + f_x^2 + f_y^2}},$$

$$\cos \beta = \frac{-f_y}{\sqrt{1 + f_x^2 + f_y^2}},$$

$$\cos \gamma = \frac{1}{\sqrt{1 + f_x^2 + f_y^2}}.$$

这样取出的法向量与 z 轴正向的夹角为锐角.

例 3　求曲面 $x^2 + 2y^2 + 3z^2 = 36$ 在点 $(1, 2, 3)$ 处的切平面及法线方程.

解　设 $F(x, y, z) = x^2 + 2y^2 + 3z^2 - 36$，则法向量

$$\boldsymbol{n} = (2x, 4y, 6z)\big|_{(1,2,3)} = (2, 8, 18).$$

所以切平面为 $2(x-1) + 8(y-2) + 18(z-3) = 0$，即 $x + 4y + 9z - 36 = 0$. 法线方程为

$$\frac{x-1}{1} = \frac{y-2}{4} = \frac{z-3}{9}.$$

例 4　求旋转抛物面 $z = x^2 + y^2 - 1$ 在点 $(2, 1, 4)$ 处的切平面及法线方程.

解　设 $f(x, y) = x^2 + y^2 - 1$，则法向量为

$$\boldsymbol{n} = (f_x, f_y, -1)\big|_{(2,1,4)} = (2x, 2y, -1)\big|_{(2,1,4)} = (4, 2, -1).$$

所以切平面为 $4(x-2) + 2(y-1) - (z-4) = 0$，即 $4x + 2y - z - 6 = 0$. 法线为

$$\frac{x-2}{4} = \frac{y-1}{2} = \frac{z-4}{-1}.$$

习题 8-6

1. 求曲线

$$x = \frac{t}{1+t}, \quad y = \frac{1+t}{t}, \quad z = t^2$$

对应于 $t = 1$ 的点处的切线方程.

2. 求曲面 $\mathrm{e}^z - z + xy = 3$ 在点 $(2, 1, 0)$ 处的切平面方程.

3. 求出曲线

$$x = t, \quad y = t^2, \quad z = t^3$$

上的点，使在该点的切线平行于平面 $x + 2y + z = 4$.

4. 求球面 $x^2 + y^2 + z^2 = 6$ 与抛物面 $z = x^2 + y^2$ 的交线在点 $(1, 1, 2)$ 处的切线方程.

5. 求椭球面 $x^2 + 2y^2 + z^2 = 1$ 上平行于平面 $x - y + 2z = 0$ 的切平面方程.

第七节　方向导数与梯度

一、方向导数

二元函数 $z=f(x,y)$ 的偏导数 $\left.\dfrac{\partial z}{\partial x}\right|_{\substack{x=x_0\\y=y_0}}$ 的代数意义是:在变量 y 保持不变(即 $y=y_0$)的条件下, z 对 x 的变化率. 如果从几何上来看, $\left.\dfrac{\partial z}{\partial x}\right|_{\substack{x=x_0\\y=y_0}}$ 就是在平行于 x 轴方向(即直线 $y=y_0$)上的变化率. 这样就可以从方向上来推广偏导数的概念, 即考虑与 x 轴成某一夹角 α 的射线方向上的变化率.

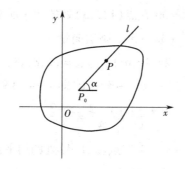

图 8.7

定义 1　如图 8.7 所示,设函数 $z=f(x,y)$, $P_0(x_0,y_0)$ 为定义域的内点, l 为一条以 P_0 为端点的射线,点 $P(x,y)$ 在射线上,且在定义域内,如果极限

$$\lim_{\rho\to 0^+}\frac{f(x,y)-f(x_0,y_0)}{\rho}$$

存在, 其中 $\rho=\sqrt{(x-x_0)^2+(y-y_0)^2}$, 则称该极限为函数 $z=f(x,y)$ 在点 P_0 沿方向 l 的方向导数, 记作 $\left.\dfrac{\partial f}{\partial l}\right|_{(x_0,y_0)}$.

从方向导数的定义可知, 方向导数 $\left.\dfrac{\partial f}{\partial l}\right|_{(x_0,y_0)}$ 就是函数 $f(x,y)$ 在点 $P_0(x_0,y_0)$ 处沿方向 l 的变化率.

下面这个定理指出了方向导数与偏导数的具体关系, 同时也指出了方向导数的计算方法.

定理 1　如果函数 $z=f(x,y)$ 在点 $P_0(x_0,y_0)$ 处可微分, 那么函数在该点沿任一方向 l 的方向导数都存在, 且有

$$\left.\frac{\partial f}{\partial l}\right|_{(x_0,y_0)}=f_x(x_0,y_0)\cos\alpha+f_y(x_0,y_0)\cos\beta,$$

其中 $\cos\alpha,\cos\beta$ 是方向 l 的方向余弦.

证明　设射线 l 的参数方程为

$$\begin{cases} x = x_0 + \rho\cos\alpha, \\ y = y_0 + \rho\cos\beta, \end{cases} (\rho \geqslant 0)$$

其中 ρ 为参数，则有

$$\lim_{\rho\to 0^+}\frac{f(x,y)-f(x_0,y_0)}{\rho} = \lim_{\rho\to 0^+}\frac{f(x_0+\rho\cos\alpha,y_0+\rho\cos\beta)-f(x_0,y_0)}{\rho}$$

$$= \lim_{\rho\to 0^+}\frac{f_x(x_0,y_0)\rho\cos\alpha + f_y(x_0,y_0)\rho\cos\beta + o(\rho)}{\rho}$$

$$= f_x(x_0,y_0)\cos\alpha + f_y(x_0,y_0)\cos\beta.$$

即

$$\left.\frac{\partial f}{\partial l}\right|_{(x_0,y_0)} = f_x(x_0,y_0)\cos\alpha + f_y(x_0,y_0)\cos\beta.$$

注意:上述定理中的角度 α,β 是指射线 l 的方向角，它们不总是锐角，也不总是互补关系.

对于三元函数可以类似地定义方向导数概念和计算，在此不再叙述.

例 1　求函数 $z = xe^{2y}$ 在点 $P(1,0)$ 沿从点 $P(1,0)$ 到点 $Q(2,-1)$ 的方向的方向导数.

解　向量 $\overrightarrow{PQ} = (1,-1)$，其方向余弦为

$$\cos\alpha = \frac{1}{\sqrt{2}}, \cos\beta = -\frac{1}{\sqrt{2}}.$$

且 $\left.\dfrac{\partial z}{\partial x}\right|_{(1,0)} = e^{2y}\Big|_{(1,0)} = 1, \left.\dfrac{\partial z}{\partial y}\right|_{(1,0)} = 2xe^{2y}\Big|_{(1,0)} = 2$，则所求方向导数为

$$\left.\frac{\partial z}{\partial l}\right|_{(1,0)} = 1\times\frac{1}{\sqrt{2}} + 2\times\left(-\frac{1}{\sqrt{2}}\right) = -\frac{\sqrt{2}}{2}.$$

例 2　求 $f(x,y,z) = xy + yz + zx$ 在点 $(1,1,2)$ 沿方向 l 的方向导数，其中 l 的方向角分别为 $60°$、$45°$、$60°$.

解　l 的方向余弦为 $\cos 60° = \dfrac{1}{2}$，$\cos 45° = \dfrac{\sqrt{2}}{2}$，$\cos 60° = \dfrac{1}{2}$，且有

$$f_x(1,1,2) = (y+z)|_{(1,1,2)} = 3,$$

$$f_y(1,1,2) = (x+z)|_{(1,1,2)} = 3,$$

$$f_z(1,1,2) = (y+x)|_{(1,1,2)} = 2,$$

所以

$$\left.\frac{\partial f}{\partial l}\right|_{(1,1,2)} = 3\times\frac{1}{2} + 3\times\frac{\sqrt{2}}{2} + 2\times\frac{1}{2} = \frac{1}{2}\times(5+3\sqrt{2}).$$

二、梯度

1. 梯度的概念

随着射线方向的不同，函数的方向导数的大小也不同，那么在哪个方向有最大的方向导数呢? 为了解决这个问题，下面引入梯度的概念.

定义 2　设函数 $z = f(x,y)$ 在平面区域 D 内具有一阶连续偏导数, 则对于每一点 $P_0(x_0, y_0) \in D$ 都可确定一个向量

$$f_x(x_0, y_0)\boldsymbol{i} + f_y(x_0, y_0)\boldsymbol{j},$$

称为函数 $f(x,y)$ 在点 $P_0(x_0, y_0)$ 处的梯度, 记作 $\mathbf{grad}\, f(x_0, y_0)$, 即

$$\mathbf{grad}\, f(x_0, y_0) = f_x(x_0, y_0)\boldsymbol{i} + f_y(x_0, y_0)\boldsymbol{j}.$$

2. 梯度与方向导数的关系

函数 $z = f(x,y)$ 在点 (x_0, y_0) 处的梯度具有下面两条性质:

(1)梯度的方向是使该点的方向导数取得最大值的方向.

(2)梯度的模就等于方向导数的最大值.

这两条性质可简要推证如下:

$$\begin{aligned}
\left.\frac{\partial f}{\partial l}\right|_{(x_0, y_0)} &= f_x(x_0, y_0)\cos\alpha + f_y(x_0, y_0)\cos\beta \\
&= \mathbf{grad}(x_0, y_0) \cdot (\cos\alpha, \cos\beta) \\
&= |\mathbf{grad}(x_0, y_0)| \cdot \cos\theta.
\end{aligned}$$

其中 θ 为 l 与梯度的夹角, 所以有

$$\left(\left.\frac{\partial f}{\partial l}\right|_{(x_0, y_0)}\right)_{\max} = |\mathbf{grad}(x_0, y_0)| \Leftrightarrow \theta = 0 \Leftrightarrow \text{梯度与射线 } l \text{ 同向}.$$

由此可见, 梯度方向就是函数值增加最快的方向.

3. 梯度与等值线的关系

定义 3　设函数 $z = f(x,y)$, 在几何上它表示一个曲面. 方程组

$$\begin{cases} z = f(x,y), \\ z = c, \end{cases}$$

表示曲面被平面 $z = c$(c 是常数)所截得的曲线 L. 曲线 L 在 xOy 面上的投影是平面曲线 L^*, 它在 xOy 平面上的方程为

$$f(x,y) = c.$$

对于曲线 L^* 上的一切点, 已给函数的函数值都是 c, 称平面曲线 L^* 为函数 $z = f(x,y)$ 的等值线(见图 8.8).

若 f_x, f_y 不同时为零, 则等值线 $f(x,y) = c$ 上任一点 $P_0(x_0, y_0)$ 处的一个单位法向量为

$$\boldsymbol{n} = \frac{1}{\sqrt{f_x^2(x_0, y_0) + f_y^2(x_0, y_0)}}(f_x(x_0, y_0), f_y(x_0, y_0)).$$

显然, 梯度 $\mathbf{grad}\, f(x_0, y_0)$ 与 $\boldsymbol{n}$ 同向, 而沿这个方向的方向导数 $\frac{\partial f}{\partial n}$ 就等于 $|\mathbf{grad}\, f(x_0, y_0)|$, 于是

$$\mathbf{grad}\, f(x_0, y_0) = \frac{\partial f}{\partial n} \cdot \boldsymbol{n}.$$

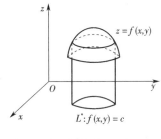

图 8.8

由此可知,函数在一点的梯度方向与等值线在这点的一个法线方向相同,它的方向为从数值较低的等值线指向数值较高的等值线,梯度的模就等于函数在这个法线方向的方向导数.

例 3　求 $\mathbf{grad} \dfrac{1}{x^2 + y^2}$.

解　设 $f(x,y) = \dfrac{1}{x^2 + y^2}$,由于

$$\frac{\partial f}{\partial x} = -\frac{2x}{(x^2 + y^2)^2}, \quad \frac{\partial f}{\partial y} = -\frac{2y}{(x^2 + y^2)^2},$$

所以

$$\mathbf{grad} \frac{1}{x^2 + y^2} = -\frac{2x}{(x^2 + y^2)^2}\boldsymbol{i} - \frac{2y}{(x^2 + y^2)^2}\boldsymbol{j}.$$

例 4　设 $f(x,y,z) = x^2 + y^2 + z^2$,求 $\mathbf{grad}\, f(1, -1, 2)$.

解　因为 $\mathbf{grad}\, f = (f_x, f_y, f_z) = (2x, 2y, 2z)$,则 $\mathbf{grad}\, f(1, -1, 2) = (2, -2, 4)$.

习题 8 – 7

1. 求函数 $z = x^2 + y^2$ 在点 $(1,2)$ 处沿从点 $(1,2)$ 到点 $(2, 2 + \sqrt{3})$ 的方向的方向导数.

2. 设 $f(x,y,z) = x^2 + 2y^2 + 3z^2 + xy + 3x - 2y - 6z$,求该函数在 $(0,0,0)$ 的梯度.

3. 在点 $\left(\dfrac{a}{\sqrt{2}}, \dfrac{b}{\sqrt{2}}\right)$ 处沿曲线 $\dfrac{x^2}{a^2} + \dfrac{y^2}{b^2} = 1$ 在这点的内法线方向上,求函数 $z = 1 - \left(\dfrac{x^2}{a^2} + \dfrac{y^2}{b^2}\right)$ 的方向导数.

4. 求函数 $f(x,y) = x^2 - xy + y^2$ 在点 $(1,1)$ 处沿与 x 轴方向夹角为 α 的方向射线 l 的方向导数,并问在怎样的方向上此方向导数有

(1) 最大值;

(2) 最小值;

(3) 等于零.

第八节　多元函数的极值

在一元函数中我们用导数求极值,而在多元函数中可以用偏导数来求极值. 本节主要

讨论二元函数的极值计算方法.

一、多元函数极值的计算

定义 1 设函数 $z = f(x, y)$ 的定义域为 D, 点 $P_0(x_0, y_0)$ 为内点, 若在点 P_0 的某个去心邻域 $U^o(P_0) \subseteq D$ 有

$$f(x, y) < f(x_0, y_0), \forall (x, y) \in U^o(P_0),$$

则称函数在点 (x_0, y_0) 有极大值. 点 $P_0(x_0, y_0)$ 称为极大值点.

同样可以定义极小值和极小值点, 在此不再叙述. 极大值和极小值统称为极值, 使函数取得极值的点统称为极值点.

例如, 函数 $z = 1 - x^2 - y^2$ 在点 $(0, 0)$ 处有极大值 1, 函数 $z = x^2 + y^2$ 在点 $(0, 0)$ 处有极小值 0, 但是函数 $z = xy$ 在点 $(0, 0)$ 处既没有极大值又没有极小值.

下面这个定理告诉我们, 一个可偏导的函数具有极值的必要条件:

定理 1(极值的必要条件) 设函数 $z = f(x, y)$ 在点 (x_0, y_0) 可偏导, 且在点 (x_0, y_0) 有极值, 则

$$f_x(x_0, y_0) = 0, f_y(x_0, y_0) = 0.$$

证明 不妨设 $z = f(x, y)$ 在点 (x_0, y_0) 处有极大值, 则对点 $P_0(x_0, y_0)$ 的某去心邻域 $U^o(P_0)$ 有

$$f(x, y) < f(x_0, y_0), \forall (x, y) \in U^o(P_0).$$

特别地, 取 $y = y_0, x \neq x_0$ 的点, 有

$$f(x, y_0) < f(x_0, y_0).$$

从而一元函数 $f(x, y_0)$ 在点 $x = x_0$ 处取得极大值, 因此有

$$f_x(x_0, y_0) = 0.$$

同理可证 $f_y(x_0, y_0) = 0.$

定义 2 设函数 $z = f(x, y)$, 如果点 (x_0, y_0) 使得 $f_x(x_0, y_0) = 0$ 且 $f_y(x_0, y_0) = 0$ 成立, 则称点 (x_0, y_0) 为驻点.

由此可见, 函数的极值点必定是驻点或偏导数不存在的点, 然而驻点不一定是极值点. 例如, 函数 $z = xy$, $(0, 0)$ 为驻点, 但 $(0, 0)$ 不是极值点. 那么驻点在满足什么条件时恰好是极值点呢? 这就需要讨论极值的充分条件.

定理 2(极值的充分条件) 设函数 $z = f(x, y)$ 在点 (x_0, y_0) 的某邻域内有二阶连续偏导数, 且 $f_x(x_0, y_0) = 0, f_y(x_0, y_0) = 0$, 令

$$f_{xx}(x_0, y_0) = A, f_{xy}(x_0, y_0) = B, f_{yy}(x_0, y_0) = C,$$

则(1)当 $AC - B^2 > 0$ 时, 函数具有极值, 且当 $A < 0$ 时有极大值, 当 $A > 0$ 时有极小值;

(2)当 $AC - B^2 < 0$ 时, 没有极值;

(3)当 $AC - B^2 = 0$ 时, 可能有极值, 也可能没有极值.

定理的证明从略. 从定理可以得到求极值的一般步骤:

第一步, 解方程组

$$f_x(x,y) = 0, f_y(x,y) = 0,$$

求得一切实数解,即可得一切驻点.

第二步,对于每一个驻点(x_0, y_0),求出二阶偏导数的值:A,B和C.

第三步,定出$AC - B^2$的符号,按定理 2 的结论判定$f(x_0, y_0)$是否是极值?是极大值,还是极小值?

例 1 求函数$z = x^3 - y^3 + 3x^2 + 3y^2 - 9x$的极值.

解 解方程组

$$\begin{cases} \dfrac{\partial z}{\partial x} = 3x^2 + 6x - 9 = 0, \\ \dfrac{\partial z}{\partial y} = -3y^2 + 6y = 0. \end{cases}$$

得驻点$(1,0)$,$(1,2)$,$(-3,0)$,$(-3,2)$.

由$A = \dfrac{\partial^2 z}{\partial x^2} = 6x + 6, B = \dfrac{\partial^2 z}{\partial x \partial y} = 0, C = \dfrac{\partial^2 z}{\partial y^2} = -6y + 6$,有

$$AC - B^2 = -36(x+1)(y-1),$$

则在点$(1,0)$处有$AC - B^2 = 72 > 0$,$A = 12 > 0$,所以有极小值,极小值为-5.

在点$(1,2)$处有$AC - B^2 = -72 < 0$,所以不是极值.

在点$(-3,0)$处有$AC - B^2 = -72 < 0$,所以不是极值.

在点$(-3,2)$处有$AC - B^2 = 72 > 0$,$A = -12 < 0$,所以是极大值,极大值为 31.

注意:不可导点也有可能是极值点,所以在求极值时除考虑驻点外,还要考虑不可导点. 例如,$z = \sqrt{x^2 + y^2}$在不可导点$(0,0)$就有极大值,但$(0,0)$不是驻点.

二、多元函数最值的计算

如果$f(x,y)$在有界闭区域D上连续,则$f(x,y)$在D上必定能取得最大值和最小值. 显然,最值点既可能在D的内部,也可能在D的边界上.

假设函数$f(x,y)$在D上连续、在D内可微分且驻点为有限个,则求最值的一般方法是:将函数$f(x,y)$在D内的所有驻点处的函数值及在D的边界上的最值相互比较,其中最大的就是最大值,最小的就是最小值.

例 2 求函数$f(x,y) = x + x^2 + y^2$在闭区域$x^2 + y^2 \leq 1$上的最值.

解 解方程组

$$\begin{cases} f_x = 1 + 2x = 0, \\ f_y = 2y = 0, \end{cases}$$

得驻点$\left(-\dfrac{1}{2}, 0\right)$,且$f\left(-\dfrac{1}{2}, 0\right) = -\dfrac{1}{4}$.

函数在闭区域的边界$x^2 + y^2 = 1$上,有

$$f(x,y) = x + x^2 + y^2 = x + 1.$$

显然,在边界上的最小值为 0,最大值为 2,所以经比较可得出函数在闭区域上的最值:

$$[f(x,y)]_{max} = 2, [f(x,y)]_{min} = -\frac{1}{4}.$$

例 3 有一宽为 24 cm 的长方形铁板,把它两边折起来做成一断面为等腰梯形的水槽. 问怎样折法才能使断面的面积最大?

解 设折起来的边长为 x cm,倾角为 α,则断面面积为

$$A = \frac{1}{2}(24 - 2x + 2x\cos\alpha + 24 - 2x) \cdot x\sin\alpha$$

$$= 24x\sin\alpha - 2x^2\sin\alpha + x^2\sin\alpha\cos\alpha.$$

其中变量 x, α 满足 $0 < x < 12, 0 < \alpha < 90°$.

解方程组

$$\begin{cases} A_x = 24\sin\alpha - 4x\sin\alpha + 2x\sin\alpha\cos\alpha = 0, \\ A_\alpha = 24x\cos\alpha - 2x^2\cos\alpha + x^2(\cos^2\alpha - \sin^2\alpha) = 0. \end{cases}$$

解得 $x = 8$ cm,$\alpha = 60°$.

根据题意可知,断面面积的最大值一定存在,并且在

$$D = \{(x, \alpha) \mid 0 < x < 12, 0 < \alpha < 90°\}$$

内取得. 通过计算得知,$\alpha = 90°$ 时的函数值比 $\alpha = 60°$,$x = 8$(cm)时的函数值小,又函数在 D 内只有一个驻点,因此当 $x = 8$ cm,$\alpha = 60°$ 时,断面的面积最大.

三、条件极值

对自变量有附加条件的极值称为条件极值.

例如,求表面积为 a^2 而体积为最大的长方体的体积问题. 设长方体的三棱的长为 x, y, z,则体积 $V = xyz$. 由于表面积为 a^2,则自变量 x, y, z 满足附加条件

$$2(xy + yz + xz) = a^2.$$

这个问题就是求函数 $V = xyz$ 在条件 $2(xy + yz + xz) = a^2$ 下的最大值问题,是一个条件极值问题.

求解函数 $z = f(x,y)$ 满足约束条件 $\varphi(x,y) = 0$ 的条件极值问题通常有两种解决方法:

(1)化有条件极值为无条件极值.

(2)拉格朗日乘数法.

这里主要介绍拉格朗日乘数法.

如图 8.9 所示,从几何上来看,条件极值就是在曲线 $\varphi(x,y) = 0$ 上找函数 $z = f(x,y)$ 的最高点和最低点,即在与曲线 $\varphi(x,y) = 0$ 相交的 $f(x,y)$ 的一族等高线 $f(x,y) = c$ 中,找一条使得对应常数 c 最大或最小. 等高线的分布通常是关于 c 值单调变化的,所以与曲线 $\varphi(x,y) = 0$ 相切的那条等高线有值. 因此在切点 (x_0, y_0) 处等高线 $f(x,y) = c$ 与 $\varphi(x,y) = 0$ 的法向量平行,即

$$(f_x(x_0, y_0), f_y(x_0, y_0)) \ /\!/ \ (\varphi_x(x_0, y_0), \varphi_y(x_0, y_0)).$$

从而 $\dfrac{f_x(x_0, y_0)}{f_y(x_0, y_0)} = \dfrac{\varphi_x(x_0, y_0)}{\varphi_y(x_0, y_0)} = \lambda$,于是得到方程

$$
\begin{cases}
f_x(x_0,y_0) + \lambda\varphi_x(x_0,y_0) = 0, \\
f_y(x_0,y_0) + \lambda\varphi_y(x_0,y_0) = 0.
\end{cases}
$$

显然还有 $\varphi(x_0,y_0) = 0$,这样就得出了条件极值应满足的必要条件.

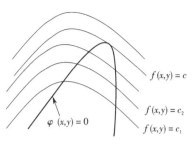

图 8.9

定理 3　设 (x_0,y_0) 为函数 $z = f(x,y)$ 满足条件 $\varphi(x,y) = 0$ 下的极值点,且函数 $f(x,y)$ 在点 (x_0,y_0) 的偏导数存在,令

$$
L = f(x,y) + \lambda\varphi(x,y),
$$

则有

$$
\begin{cases}
\dfrac{\partial L}{\partial x}\Big|_{(x_0,y_0)} = f_x(x_0,y_0) + \lambda\varphi_x(x_0,y_0) = 0, \\[2mm]
\dfrac{\partial L}{\partial y}\Big|_{(x_0,y_0)} = f_y(x_0,y_0) + \lambda\varphi_y(x_0,y_0) = 0, \\[2mm]
\dfrac{\partial L}{\partial \lambda}\Big|_{(x_0,y_0)} = \varphi(x_0,y_0) = 0.
\end{cases}
$$

其中函数 $L = f(x,y) + \lambda\varphi(x,y)$ 称为拉格朗日函数,λ 称为拉格朗日乘子.

这个定理的作用在于:在求条件极值时通过解方程组

$$
\begin{cases}
\dfrac{\partial L}{\partial x}\Big|_{(x_0,y_0)} = f_x(x,y) + \lambda\varphi_x(x,y) = 0, \\[2mm]
\dfrac{\partial L}{\partial y}\Big|_{(x_0,y_0)} = f_y(x,y) + \lambda\varphi_y(x,y) = 0, \\[2mm]
\dfrac{\partial L}{\partial \lambda}\Big|_{(x_0,y_0)} = \varphi(x,y) = 0.
\end{cases}
$$

可以求出所有可能的极值,至于所求的点是否为极值点,在实际问题中往往可根据问题本身的性质来判定.

例 4　求表面积为 a^2 而体积为最大的长方体的体积.

解　设长方体的三棱的长为 x,y,z,则问题是在条件

$$
2(xy + yz + xz) = a^2
$$

下求函数 $V = xyz$ 的最大值.

作拉格朗日函数

$$
L = xyz + \lambda(2xy + 2yz + 2xz - a^2).
$$

解方程组

$$
\begin{cases}
L_x = yz + 2\lambda(y + z) = 0, \\
L_y = xz + 2\lambda(x + z) = 0, \\
L_z = xy + 2\lambda(y + x) = 0, \\
L_\lambda = 2xy + 2yz + 2xz - a^2 = 0.
\end{cases}
$$

得 $x = y = z = \dfrac{\sqrt{6}}{6}a.$ 这是唯一可能的极值点，因为由问题本身可知最大值一定存在，所以最

大值就在 $x = y = z = \dfrac{\sqrt{6}}{6}a$ 时取得，此时 $V = \dfrac{\sqrt{6}}{36}a^3.$

习题 8 – 8

1. 求函数 $f(x,y) = (6x - x^2)(4y - y^2)$ 的极值.

2. 求函数 $z = xy$ 在附加条件 $x + y = 1$ 下的极值.

3. 在平面 xOy 上求一点，使它到 $x = 0, y = 0$ 及 $x + 2y - 16 = 0$ 三条直线的距离平方之和为最小.

4. 求内接于半径为 a 的球且有最大体积的长方体.

5. 横断面为半圆形的圆柱形张口浴盆，其表面积为 S，当其尺寸怎样设计时，此盆有最大容积?

第九节　多元函数微分学应用模块

本节讨论多元函数微分学在工程、机电、经济、管理等领域的应用.

一、偏导数模块

1. 拉普拉斯(Laplace)方程问题

空间的稳态温度分布,引力势和电位势等问题都可以利用满足拉普拉斯方程的函数进行描述. 所谓拉普拉斯方程是指以下类型的方程

$$\frac{\partial^2 w}{\partial x^2} + \frac{\partial^2 w}{\partial y^2} + \frac{\partial^2 w}{\partial z^2} = 0,$$

其中 $\omega = f(x,y,z).$

例1　验证函数 $f(x,y,z) = (x^2 + y^2 + z^2)^{-\frac{1}{2}}$ 满足拉普拉斯方程.

解　$f'_x = -\dfrac{1}{2}(x^2 + y^2 + z^2)^{-\frac{3}{2}}2x = -xr^{-\frac{3}{2}}$,其中 $r = x^2 + y^2 + z^2$,且

$$f''_{xx} = -r^{-\frac{3}{2}} + 3x^2 r^{-\frac{5}{2}},$$

同理可得

$$f''_{yy} = -r^{-\frac{3}{2}} + 3y^2 r^{-\frac{5}{2}},$$

$$f''_{zz} = -r^{-\frac{3}{2}} + 3z^2 r^{-\frac{5}{2}},$$

那么 $f''_{xx} + f''_{yy} + f''_{zz} = -3r^{-\frac{3}{2}} + 3r^{-\frac{5}{2}}r = 0.$ 所以该函数满足拉普拉斯方程.

2. 波动方程

如果站在大海的岸边拍摄一张快照,那么照片会显示出某一时刻峰与谷的规则模式. 如果站在海水里,会感觉到波浪前进时水的升降. 在物理学中,对这样一类问题体现的运动模式用下列的一维波动方程表示:

$$\frac{\partial^2 \omega}{\partial t^2} = c^2 \frac{\partial^3 \omega}{\partial x^2},$$

其中 ω 是波高,x 是距离变量,t 是时间变量,而 c 是波传播的速度.

在上面的例子里,x 是海面上的距离,而在其他应用里,x 可以是沿振动弦的距离,在空气中的距离(声波),或空间中的距离(光波). 数 c 随介质和波动类型而改变.

例 2　证明 $\omega = 5\cos(3x + 3ct) + \mathrm{e}^{x+ct}$ 是波动方程的解.

证明　$\omega'_t = -5\sin(3x + 3ct) \cdot 3c + \mathrm{e}^{x+ct}$,$\omega''_{tt} = -5\cos(3x + 3ct) \cdot (3c)^2 + \mathrm{e}^{x+ct} \cdot c^2$,从而有

$$\omega'_x = -5\sin(3x + 3ct) \cdot 3 + \mathrm{e}^{x+ct}, \omega''_{xx} = -5\cos(3x + 3ct) \cdot 3^2 + \mathrm{e}^{x+ct}.$$

显然有 $\omega''_{tt} = c^2 \cdot \omega''_{xx}$,所以该函数是波动方程.

3. 交叉弹性问题

在一元函数微分学中,引出了边际和弹性的概念,下面将其推广到多元函数的微分学中去,并被赋予了更丰富的经济含义.

例如,某种品牌的电视机营销人员在开拓市场时,除了关心本品牌电视机的价格取向外,更关心其他品牌同类型电视机的价格情况,以决定自己的营销策略. 设某品牌电视机的销售量 Q_A 是它的价格 P_A 及其他品牌电视机价格 P_B 的函数 $Q_A = f(P_A, P_B)$.

通过分析其边际 $\dfrac{\partial Q_A}{\partial P_A}$ 及 $\dfrac{\partial Q_A}{\partial P_B}$ 可知道,Q_A 随着 P_A 及 P_B 变化而变化的规律. 进一步分析其弹性 $\dfrac{\frac{\partial Q_A}{\partial P_A}}{\frac{Q_A}{P_A}}$ 及 $\dfrac{\frac{\partial Q_A}{\partial P_B}}{\frac{Q_A}{P_B}}$,从而得到这种变化的灵敏度. 前者称为 Q_A 对 P_A 的弹性;后者称为 Q_A 对 P_B 的弹性,也称为 Q_A 对 P_B 的交叉弹性.

例 3　某种数码相机的销售量 Q_A,除与它自身的价格 P_A 有关外,还与彩色喷墨打印机的价格 P_B 有关,具体为

$$Q_A = 120 + \frac{250}{P_A} - 10P_B - P_B^2.$$

当 $P_A = 50$,$P_B = 50$ 时,求(1)Q_A 对 P_A 的弹性;(2)Q_A 对 P_B 的交叉弹性.

解　(1)Q_A 对 P_A 的弹性为

$$\frac{EQ_A}{EP_A} = \frac{\partial Q_A}{\partial P_A} \cdot \frac{P_A}{Q_A}$$

$$= -\frac{250}{P_A^2} \cdot \frac{P_A}{120 + \dfrac{250}{P_A} - 10P_B - P_B^2}$$

$$= -\frac{250}{120P_A + 250 - P_A(10P_B + P_B^2)}.$$

当 $P_A = 50, P_B = 50$ 时

$$\frac{EQ_A}{EP_A} = -\frac{250}{120 \cdot 50 + 250 - 50(50 + 25)} = -\frac{1}{10}.$$

（2）Q_A 对 P_B 的交叉弹性为

$$\frac{EQ_A}{EP_B} = \frac{\partial Q_A}{\partial P_B} \cdot \frac{P_B}{Q_A}$$

$$= -(10 + 2P_B) \cdot \frac{P_B}{120 + \dfrac{250}{P_B} - 10P_B - P_B^2}.$$

当 $P_A = 50, P_B = 50$ 时

$$\frac{EQ_A}{EP_B} = -20 \cdot \frac{5}{120 + 5 - 50 - 25} = -2.$$

上例可知，不同的交叉弹性的值，能反映两种商品间的相关性. 具体就是：当交叉弹性大于零时，两商品互为替代品；当交叉弹性小于零时，两商品为互补品；当交叉弹性等于零时，两商品为相互独立的商品.

一般地，我们对函数 $z = f(x, y)$ 给出如下定义：

定义 1　设函数 $z = f(x, y)$ 在 (x, y) 处偏导数存在，函数对 x 的相对改变量

$$\frac{\Delta_x z}{z} = \frac{f(x + \Delta x, y) - f(x, y)}{f(x, y)}$$

与自变量 x 的相对改变量 $\dfrac{\Delta x}{x}$ 之比 $\dfrac{\dfrac{\Delta_x z}{z}}{\dfrac{\Delta x}{x}}$ 称为函数 $z = f(x, y)$ 对 x 从 x 到 $x + \Delta x$ 两点间的弹性.

当 $\Delta x \to 0$ 时　即 $\lim\limits_{\Delta x \to 0} \dfrac{\dfrac{\Delta_x z}{z}}{\dfrac{\Delta x}{x}}$ 称为 $z = f(x, y)$ 在 (x, y) 处对 x 的弹性，记作 η_x 或 $\dfrac{Ez}{Ex}$，即

$$\eta_x = \frac{Ez}{Ex} = \lim_{\Delta x \to 0} \frac{\dfrac{\Delta_x z}{z}}{\dfrac{\Delta x}{x}} = \frac{\partial z}{\partial x} \cdot \frac{x}{z}.$$

类似地，可定义 $z = f(x, y)$ 在 (x, y) 对 y 的弹性

$$\eta_y = \frac{Ez}{Ey} = \lim_{\Delta y \to 0} \frac{\dfrac{\Delta_y z}{z}}{\dfrac{\Delta y}{y}} = \frac{\partial z}{\partial y} \cdot \frac{y}{z}.$$

二、全微分应用模块

全微分在近似计算以及误差预算与控制方面有主要应用. 特别是在测量学、工程计算等专业领域较为常见.

设某量 $z = f(x, y)$, 通常可以通过测量 x, y 的值, 则计算 z 的值. 设 x_0, y_0 为精确值, x, y 为测量值, 具有误差:

$$|x - x_0| \leq \delta_x, |y - y_0| \leq \delta_y |x - x_0| \leq \delta_x, |y - y_0| \leq \delta_y.$$

那么用 $f(x, y)$ 代替具有精确值 $f(x_0, y_0)$, 产生的误差为:

$$|f(x, y) - f(x_0, y_0)| \approx |f'_x(x_0, y_0) \triangle x + f'_y(x_0, y_0) \triangle y|$$
$$\leq |f'_x(x_0, y_0)| \delta x + |f'_y(x_0, y_0)| \delta y.$$

例 4　某凸透镜的表面为半径为 r 的球面. 设测得 $l = 80$ mm, 误差不超过 0.03 mm, 测得 $h = 4$ mm, 误差不超过 0.01 mm, 求半径 r 之长及其误差范围.

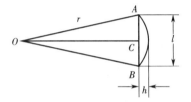

图 8.10

解　根据 $r^2 = (r - h)^2 + \left(\dfrac{l}{2}\right)^2$ 得到 $r = \dfrac{l^2}{8h} + \dfrac{h}{2}$, 则 r 之长为

$$\frac{80^2}{8 \times 4} + \frac{4}{2} = 202 (\text{mm}).$$

误差范围为

$$|\triangle r| \approx \left| \frac{\partial r}{\partial l} \cdot \triangle l + \frac{\partial r}{\partial h} \cdot \triangle h \right|$$

$$\leq \frac{l}{4h} \cdot \delta_l + \left| -\frac{l^2}{8h^2} + \frac{1}{2} \right| \cdot \delta_l$$

$$= \frac{80}{4 \cdot 4} \times 0.03 + \left| -\frac{80^2}{8 \times 4^2} + \frac{1}{2} \right| \times 0.01 = 0.645.$$

例 5　均匀载荷的梁的下垂问题. 水平长方体形的梁被支撑在两端, 受均匀载荷(单位长度的常数重量)的影响而下垂. 下垂量用以下公式计算

$$S = C \frac{px^4}{wh^3},$$

其中 p 为载荷(N/m), x 为支撑之间的长度(m), w 为梁的宽度(m), h 为梁的高度(m), C 为依赖测量单位和构成梁的材料的常数.

求 4 m 长、10 cm 宽、20 cm 高, 载荷为 100 N/m 的梁的 dS. 从 dS 的表达式关于梁可以得到什么结论?

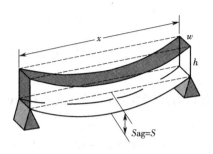

图 8. 11

解　因为 S 是四个独立变量 p, x, w 和 h 的函数,它的全微分是

$$dS = S_P dp + S_X dx + S_w dw + S_h dh.$$

当我们对特殊值 p_0, x_0, w_0, h_0 写出此式并且化简结果时,我们得到

$$dS = S_0 \left(\frac{dp}{p_0} + \frac{4dx}{x_0} - \frac{dw}{w_0} - \frac{3dh}{h_0} \right).$$

其中 $S_0 = S(p_0, x_0, w_0, h_0) = Cp_0 x_0^4 / (w_0 h_0^3)$.

若 $p_0 = 100$ N/m, $x_0 = 4$ m, $w_0 = 0.1$ m 和 $h_0 = 0.2$ m,则

$$dS = S_0 \left(\frac{dp}{100} + dx - 10dw - 15dh \right).$$

从 dS 的表达式可以看到, dp 和 dx 的系数都是正的,因此下垂量随 p 和 x 的增加而增加,而 dw 和 dh 的系数是负的,下垂量随 w 和 h 的增加而减少(使梁更硬). 因为 dp 的系数是 1/100,所以下垂量对于载荷的变化不十分敏感. 因为 dh 的系数大于 dw 的系数,所以梁增高 1 cm 减少的下垂量大于梁增宽 1 cm 减少的下垂量.

例 6　电阻的变化问题. 由电阻 R_1 和 R_2 并联配线产生的电阻 R 由下式计算

$$\frac{1}{R} = \frac{1}{R_1} + \frac{1}{R_2}.$$

(1)证明 $dR = \left(\dfrac{R}{R_1} \right)^2 dR_1 + \left(\dfrac{R}{R_2} \right)^2 dR_2$.

(2)现在有两个电阻的电路, R_1 的电阻 $= 100\ \Omega$,而 $R_2 = 400\ \Omega$,但是在制造时总有一些偏离,设某公司购得的电阻可能不具有这些精确值. R 的值对 R_1 的偏离还是对 R_2 的偏离更敏感?

(3)把 R_1 从 20 变为 20.1 Ω,而 R_2 从 25 变为 24.9 Ω. 这改变 R 大约多少百分数?

解　(1)对 $\dfrac{1}{R} = \dfrac{1}{R_1} + \dfrac{1}{R_2}$ 两边同时对 R_1 求偏导,得到

$$-\frac{1}{R^2} \frac{\partial R}{\partial R_1} = -\frac{1}{R_1^2} + 0.$$

得到 $\dfrac{\partial R}{\partial R_1} = \left(\dfrac{R}{R_1^2} \right)^2$,同样可以得到 $\dfrac{\partial R}{\partial R_2} = \left(\dfrac{R}{R_2^2} \right)^2$,从而

$$dR = \left(\frac{R}{R_1} \right)^2 dR_1 + \left(\frac{R}{R_2} \right)^2 dR_2.$$

（2）由（1）得到，当 $R_1 = 100\ \Omega$，$R_2 = 400\ \Omega$ 时，

$$\frac{1}{R} = \frac{1}{100} + \frac{1}{400} = \frac{1}{80},$$

解得 $R = 80$，此时 $dR = \left(\frac{80}{100}\right)^2 dR_1 + \left(\frac{80}{400}\right)^2 dR_2 = 0.64 dR_1 + 0.04 dR_2$. 从而 R_1 增加 1 个单位，R 增加 0.64 个单位，R_2 增加 1 个单位，R 增加 0.04 个单位，因此 R 的值对 R_1 的偏离更敏感.

（3）把 R_1 从 20 变为 20.1 Ω，而 R_2 从 25 变为 24.9 Ω 时，有

$$dR_1 = 0.1,\ dR_2 = -0.1,$$

$$\frac{1}{R} = \frac{1}{20} + \frac{1}{25} = \frac{45}{20.25} = 0.09.$$

解得 $R = \frac{100}{9}$，此时 $dR = \left(\frac{100}{9 \times 20}\right)^2 \times 0.1 + \left(\frac{100}{9 \times 25}\right)^2 \times (-0.1) \approx 0.01$，于是这改变 R 大约 1%.

例7　Wilson 批量公式. 设一个商店的货物的最经济订购量 Q 由以下公式给定

$$Q = \sqrt{2KM/h},$$

其中 K 是发出订单的成本，M 是每周销售的货物数量，而 h 是每周保存每件货物的成本（空间成本，实用品，安全等）. 这便是经济学中的 Wilson 批量公式.

在点 $(K_0, M_0, h_0) = (1, 20, 0.05)$ 附近，问 Q 对于 K, M 和 h 中的哪个变量最敏感？对你的回答给出理由.

解　先求偏导数

$$\frac{\partial Q}{\partial K} = \frac{1}{2\ \sqrt{KM/h}}\frac{2M}{h},\ \frac{\partial Q}{\partial M} = \frac{1}{2\ \sqrt{KM/h}}\frac{2K}{h},$$

$$\frac{\partial Q}{\partial h} = \frac{1}{2\ \sqrt{KM/h}}2kM\left(-\frac{1}{h^2}\right) = -\frac{kM}{h^2\ \sqrt{KM/h}}.$$

那么有

$$dQ = \frac{1}{\sqrt{KM/h}}\frac{M}{h}dK + \frac{1}{\sqrt{KM/h}}\frac{K}{h}dM - \frac{kM}{h^2\ \sqrt{KM/h}}dh.$$

在点 $(K_0, M_0, h_0) = (1, 20, 0.05)$ 处，

$$\frac{1}{\sqrt{KM/h}}\frac{M}{h} = 20,\ \frac{1}{\sqrt{KM/h}}\frac{K}{h} = 1,\ -\frac{kM}{h^2\ \sqrt{KM/h}} = -400.$$

那么当 K 增加 1 个单位时，Q 增加 20 个单位；当 M 增加 1 个单位时，Q 增加 1 个单位；当 h 增加 1 个单位时，Q 减少 400 个单位，因此 Q 对 h 最敏感.

三、极值应用模块

1.最佳水槽设计

例8　有一宽为 24 cm 的长方形铁板，把它两边折起来做成一断面为等腰梯形的水槽.

问怎样折法才能使断面的面积最大?

解 设折起来的边长为 x cm, 倾角为 α, 则断面面积为

$$A = \frac{1}{2}(24 - 2x + 2x\cos\alpha + 24 - 2x) \cdot x\sin\alpha$$

$$= 24x\sin\alpha - 2x^2\sin\alpha + x^2\sin\alpha\cos\alpha.$$

其中变量 x, α 满足 $0 < x < 12, 0 < \alpha < 90°$.

解方程组

$$\begin{cases} A_x = 24\sin\alpha - 4x\sin\alpha + 2x\sin\alpha\cos\alpha = 0, \\ A_\alpha = 24x\cos\alpha - 2x^2\cos\alpha + x^2(\cos^2\alpha - \sin^2\alpha) = 0. \end{cases}$$

解得 $x = 8$ cm, $\alpha = 60°$.

根据题意可知, 断面面积的最大值一定存在, 并且在

$$D = \{(x, \alpha) \mid 0 < x < 12, 0 < \alpha < 90°\}$$

内取得. 通过计算得知, $\alpha = 90°$ 时的函数值比 $\alpha = 60°$, $x = 8$ (cm) 时的函数值小, 又函数在 D 内只有一个驻点, 因此当 $x = 8$ cm, $\alpha = 60°$ 时, 断面的面积最大.

2. 光线折射问题

例 9 根据费马原理, 光线在介质中是按最快的路线传播的. 设 L 为两种介质的分界线; 光在 L 上方的速度为 V_1, 在下方的速度为 V_2, θ_1 为入射角, θ_2 为折射角, 求证

$$\frac{\sin\theta_1}{\sin\theta_2} = \frac{V_1}{V_2}.$$

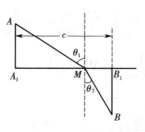

图 8.12

证明 设 $|AA_1| = a$, $|BB_1| = b$, $|A_1B_1| = c$, 则光从 A 传播到 B 所用时间为

$$T = \frac{a}{V_1\cos\theta_1} + \frac{b}{V_2\cos\theta_2},$$

其中 θ_1, θ_2 满足

$$a\tan\theta_1 + b\tan\theta_2 - c = 0.$$

求 θ_1, θ_2, 使得 T 取最小值, 令 $L = T + \lambda(a\tan\theta_1 + b\tan\theta_2 - c)$, 则

$$\begin{cases} \dfrac{\partial T}{\partial \theta_1} = \dfrac{a\sin\theta_1}{V_1\cos^2\theta_1} + \dfrac{\lambda a}{\cos^2\theta_1} = 0, \\[3mm] \dfrac{\partial T}{\partial \theta_2} = \dfrac{b\sin\theta_2}{V_2\cos^2\theta_2} + \dfrac{\lambda b}{\cos^2\theta_2} = 0, \\[3mm] a\tan\theta_1 + b\tan\theta_2 - c = 0. \end{cases}$$

解得 $\lambda = -\dfrac{\sin\theta_1}{V_1}, \lambda = -\dfrac{\sin\theta_2}{V_2}$，从而$\dfrac{\sin\theta_1}{\sin\theta_2} = \dfrac{V_1}{V_2}$.

3. 最优化的产出水平问题

假设某厂生产两种产品，在生产过程中，两种产品的产量 q_1 和 q_2 是不相关的，但两种产品在生产技术上又是相关的. 这样，不仅总成本 C 是产出量 q_1 和 q_2 的函数：$C = C(q_1, q_2)$，而且两种产品的边际成本（总成本的偏导数称为边际成本，用 MC_1，MC_2 分别表示）也是 q_1 和 q_2 的函数：

$$MC_1 = \frac{\partial C}{\partial q_1} = C_1(q_1, q_2), MC_2 = \frac{\partial C}{\partial q_2} = C_2(q_1, q_2).$$

经济学中一般总认为产出水平与销售水平是一致的，所以总收益 R 也是 q_1 和 q_2 的函数 $R = R(q_1, q_2)$. 现在的问题是，如何确定每种产品的产量，以使厂商获得最大利润.

厂商的利润函数是

$$L = R - C = R(q_1, q_2) - C(q_1, q_2).$$

由极值存在的必要条件

$$\begin{cases} \dfrac{\partial L}{\partial q_1} = \dfrac{\partial R}{\partial q_1} - \dfrac{\partial C}{\partial q_1} = MR_1 - MC_1 = 0, \\[3mm] \dfrac{\partial L}{\partial q_2} = \dfrac{\partial R}{\partial q_2} - \dfrac{\partial R}{\partial q_2} = MR_2 - MC_2 = 0, \end{cases} \tag{8-9}$$

得 $\begin{cases} MR_1 = MC_1, \\ MR_2 = MC_2. \end{cases}$ 这里 $MR_1 = \dfrac{\partial R}{\partial q_1}, MR_2 = \dfrac{\partial R}{\partial q_2}$ 是边际收益（总收益的偏导数称为边际收益）.

工厂为了获得最大利润，每种产品都应达到这样的产出水平，使边际收益恰好等于边际成本.

例 10 工厂生产两种产品，总成本函数是

$$C = q_1^2 + 2q_1 q_2 + q_2^2 + 5,$$

两种产品的需求函数分别是

$$q_1 = 26 - P_1, q_2 = 10 - \frac{1}{4}P_2.$$

为使工厂获得最大利润，试确定两种产品的产出水平.

解 由 $q_1 = 26 - P_1, q_2 = 10 - \dfrac{1}{4}P_2$ 知两种产品的价格

$$P_1 = 26 - q_1, P_2 = 40 - 4q_2.$$

于是总收益函数

$$R = P_1 q_1 + P_2 q_2 = (26 - q_1) q_1 + (40 - 4q_2) q_2$$
$$= 26q_1 + 40q_2 - q_1^2 - 4q_2^2.$$

根据式(8-9),有

$$\begin{cases} 26 - 2q_1 = 2q_1 + 2q_2, \\ 40 - 8q_2 = 2q_1 + 2q_2. \end{cases}$$

即 $\begin{cases} 2q_1 + q_2 = 13, \\ q_1 + 5q_2 = 20, \end{cases}$ 解之,得到 $q_1 = 5, q_2 = 3.$

可以验证此组解满足极值存在的充分条件,因此,当两种产品的产量分别为 5 和 3 时,工厂获利最大,此时最大利润为

$$L = R - C = (26q_1 + 40q_2 - q_1^2 - 4q_2^2) - (q_1 + q_2)^2 - 5$$
$$= 26 \times 5 + 40 \times 3 - 5^2 - 4 \times 3^2 - (5 + 3)^2 - 5 = 120.$$

现在假设某厂商经营两个工厂,都生产同一产品且在同一市场销售. 由于两厂的经营情况不同,生产成本有所差别,现在的问题是,如何确定每个工厂的产量,使厂商获利最大.

设两厂的产量分别是 q_1 和 q_2,两厂的成本函数分别为 $C_1 = C_1(q_1)$ 和 $C_2 = C_2(q_2)$,于是总成本函数为 $C = C_1(q_1) + C_2(q_2)$,总收益函数为 $R = R(Q) = R(q_1 + q_2)$,其中 $Q = q_1 + q_2$ 为总产量,因而利润函数为 $L = R - C = R(Q) - C_1(q_1) - C_2(q_2)$,由极值存在的必要条件

$$\begin{cases} \dfrac{\partial L}{\partial q_1} = \dfrac{\mathrm{d}R}{\mathrm{d}Q} \cdot \dfrac{\partial Q}{\partial q_1} - \dfrac{\mathrm{d}C_1}{\mathrm{d}q_1} = 0, \\[3mm] \dfrac{\partial L}{\partial q_2} = \dfrac{\mathrm{d}R}{\mathrm{d}Q} \cdot \dfrac{\partial Q}{\partial q_2} - \dfrac{\mathrm{d}C_2}{\mathrm{d}q_2} = 0, \end{cases}$$

得 $R'(Q) = C_1'(q_1) = C_2'(q_2)$,即 $MR = MC_1 = MC_2$,即最优产出水平应使每个工厂的边际成本都等于总产出的边际收益.

例 11 一厂商经营两个工厂,其成本函数分别为 $C_1 = 3q_1^2 + 2q_1 + 6$ 和 $C_2 = 2q_2^2 + 2q_2 + 4$,而价格函数为 $P = 74 - 6Q$,其中 $Q = q_1 + q_2$. 为使利润最大,试确定每个工厂的产出水平.

解 由于 $C_1(q_1) = 6q_1 + 2, C_2(q_2) = 4q_2 + 2$,而总收益函数和边际收益分别为

$$R = P \cdot Q = 74Q - 6Q^2, MR = 74 - 12Q,$$

那么有 $\begin{cases} 74 - 12(q_1 + q_2) = 6q_1 + 2, \\ 74 - 12(q_1 + q_2) = 4q_2 + 2, \end{cases}$ 即 $\begin{cases} 3q_1 + 2q_2 = 12, \\ 3q_1 + 4q_2 = 18, \end{cases}$ 解之,得 $q_1 = 2, q_2 = 3.$

可以验证此组解满足极值存在的充分条件,因此,当两个工厂的产量分别是 $q_1 = 2, q_2 = 3$ 时厂商获利最大,此时最大利润为

$$L = R - C = 74(q_1 + q_2) - 6(q_1 + q_2)^2 - (3q_1^2 + 2q_1 + 6) - (2q_2^2 + 2q_2 + 4)$$
$$= 74 \times 5 - 6 \times 5^2 - (3 \times 2^2 + 2 \times 2 + 6) - (2 \times 3^2 + 2 \times 3 + 4)$$
$$= 170.$$

例 12 在经济学中有个 Cobb-Douglas 生产函数的模型 $f(x, y) = cx^a y^{1-a}$,式中 x 代表劳动力的数量,y 为资本数量(确切地说是 y 个单位资本),c 与 $a (0 < a < 1)$ 是常数,由各工厂

的具体情形而定. 函数值表示生产量.

现在已知某制造商的 Cobb-Douglas 生产函数是 $f(x,y)=100x^{\frac{3}{4}}y^{\frac{1}{4}}$, 每个劳动力与单位资本的成本分别是 150 元及 250 元. 该制造商的总预算是 50000 元. 问他该如何分配这笔钱于雇用劳力与资本, 以使生产量最高.

解　这是个条件极值问题, 在条件 $150x+250y=50000$ 下求 $f(x,y)=100x^{\frac{3}{4}}y^{\frac{1}{4}}$ 的最大值.

令 $F(x,y,\lambda)=100x^{\frac{3}{4}}y^{\frac{1}{4}}+\lambda(50000-150x-250y)$, 那么有

$$\begin{cases} \dfrac{\partial F}{\partial x}=75x^{-\frac{1}{4}}y^{\frac{1}{4}}-150y=0, & ① \\[2mm] \dfrac{\partial F}{\partial y}=25x^{\frac{3}{4}}y^{-\frac{3}{4}}-250\lambda=0, & ② \\[2mm] 50000-150x-250y=0, & ③ \end{cases}$$

由式①解得 $\lambda=\dfrac{1}{2}x^{-\frac{1}{4}}y^{\frac{1}{4}}$, 代入式②, 得 $25x^{\frac{3}{4}}y^{-\frac{3}{4}}-125x^{-\frac{1}{4}}y^{\frac{1}{4}}=0$, 两边同乘 $x^{\frac{1}{4}}y^{\frac{3}{4}}$, 有 $25x-125y=0$, 即 $x=5y$, 代入式③得 $y=50, x=250$.

该制造商应该雇用 250 个劳动力而把其余的部分作为资本投入, 这时可获得的最大产量为

$$f(250,50)=16719.$$

习题 8－9

1. 某电路里电流 $I=\dfrac{V}{R}$, 其中 V 为电压, R 为电阻. 若电压从 24 V 降到 23 V, 而电阻从 100 Ω 降到 80 Ω, 那么电流是增加还是减少? 电流的变化对于电压变化还是对于电阻的变化敏感?

2. 蜜蜂的蜂房, 从表面来看是由很多正六边形的洞组成, 深入洞口会发现它的内侧四周是一个六面柱的内侧, 而洞的底部是由三个全等的棱形组成. 曾有数学家断言蜂房的这种结构是容积一定的条件下, 最省材料的"建筑"方式. 将这个转化为数学问题便是: 在相同容积的条件下, 一个六面柱由怎样的棱形作底, 其表面积最小? 试讨论这个问题.

3. 一个热搜索粒子有这样的性质, 在平面上任意一点 (x,y) 它沿着温度增加最大的方向运动. 如果在 (x,y) 处的温度为 $T(x,y)=-\mathrm{e}^{-2y}\cos x$, 求在点 $\left(\dfrac{\pi}{4},0\right)$ 的热搜索粒子的路径方程.

4. 某电视机厂生产一台电视机的成本为 c, 每台电视机的售价为 p. 该厂的生产处于平衡状态, 即该厂产量等于销量. 现在根据市场调查可以确定销售量 x 与价格的关系为 $x=M\mathrm{e}^{-ap}, M>0, a>0$. 其中 M 为市场最大需求量, a 为价格系数. 而成本 c 与销售量 x 的关系为 $c=c_0-k\ln x, c_0, k>0, x>1$. 其中 c_0 为只生产一台电视机的成本, k 为规模系数. 问应该如何确定电视机的售价 p, 才能使该厂获利最大?

第八章小结

1.知识结构

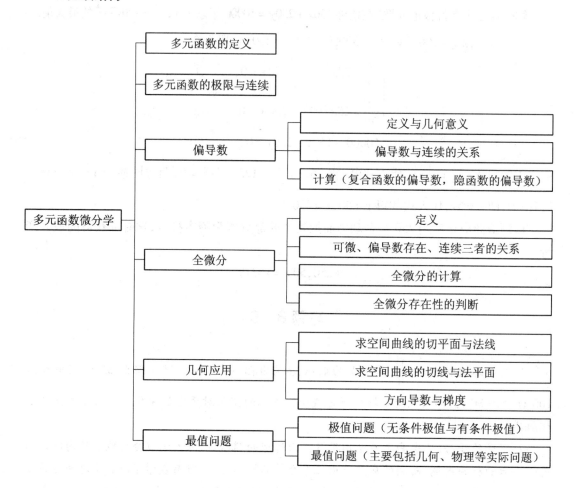

2.内容概要

本章内容是多元函数(主要是二元函数)微分学内容,主要包括多元函数的极限、偏导数、全微分等概念,包括计算它们的各种方法和相关应用.

研究二元函数的主要方法之一是将它转化为一元函数.当自变量限制于 x 轴或 y 轴上变化时,二元函数就转化为一元函数,这时相应的一元函数的导数分别为二元函数对 x 与对 y 的偏导数.若研究 (x,y) 沿任意方向、任意路径趋于某点 (x_0,y_0) 时二元函数的性质,就要考虑二元函数的可微性.因此,多元函数微分学中的主要概念是:偏导数、可微性、全微分,以及全微分存在的必要条件及充分条件.

求二元函数的偏导数,本质上就是求一元函数的导数.计算上重点是复合函数的求导法,这时复合函数的情形要比一元函数复杂些,它有二元函数与一元函数的复合,二元函数与二元函数的复合,以及二元函数与三元函数的复合等情况. 在计算中要善于作出问题的链式图,利用链式图的关系计算多元复合函数及隐函数的一阶与二阶偏导数或全微分.

多元函数微分学的一个重要应用是多元函数极值、最值问题,包括简单最值问题与条件最值问题,都是通过求驻点来解决的,不同的是,前者求的是目标函数的驻点,而后者求的是辅助函数(拉格朗日乘子)的驻点.

当自变量限制于某直线上变化时,二(三)元函数也转化为一元函数,这时相应的一元函数的导数就是方向导数. 多元函数微分学的另一重要概念是方向导数及与其相应的梯度向量,用复合函数微分法可以导出方向导数的计算公式,求方向导数归结为求偏导数(或梯度向量)及方向余弦.

多元函数微分学的几何应用在于空间曲线的切线和法平面及曲面的切平面与法线的概念,并会求它们的方程,其关键:前者是求切向量,后者是求法向量.

第八章练习题

（满分150分）

一、选择题(每题 4 分,共 32 分)

1. 极限 $\lim\limits_{\substack{x \to 0 \\ y \to 0}} \dfrac{x^2 y}{x^4 + y^2} = ($　　$)$.

A. 0　　　　　　B. 不存在　　　　　　C. $\dfrac{1}{2}$　　　　　　D. 存在且不等于 0 或 $\dfrac{1}{2}$

2. 函数 $f(x,y) = \begin{cases} \dfrac{\sin 2(x^2 + y^2)}{x^2 + y^2}, & (x,y) \neq (0,0), \\ 2, & (x,y) = (0,0), \end{cases}$ 则函数在 $(0,0)$ 处($　　$).

A. 无定义　　　　　　　　　　　　B. 无极限

C. 有极限但不连续　　　　　　　　D. 连续

3. 函数 $z = z(x,y)$ 由方程 $F(xy,z) = x$ 所确定,其中 $F(u,v)$ 具有连续的一阶偏导数,则 $z_x' + z_y' = ($　　$)$.

A. $\dfrac{1 - yF_1' - xF_1'}{F_2'}$　　　　　　　　　　B. $\dfrac{1 - yF_x' - xF_y'}{F_2'}$

C. 0　　　　　　　　　　　　　　D. 1

4. 函数 $z = z(x,y)$ 由方程 $\dfrac{1}{z} = \dfrac{1}{x} - \dfrac{1}{y}$ 所确定,则 $x^2 z_x' + y^2 z_y' = ($　　$)$.

A. 0　　　　　　　　　　　　　　B. $\dfrac{1}{\ln|z|}(x^2 \ln|x| - y^2 \ln|y|)$

C. z^2　　　　　　　　　　　　　D. $2z^2$

5. 曲面 $x\ln(y + 2z) + x^2 y + 3z - \dfrac{3}{2} = 0$ 在点 $\left(-1, 0, \dfrac{1}{2}\right)$ 处的法线方程为($　　$).

A. $\begin{cases} x+1=0 \\ z-\dfrac{1}{2}=0 \end{cases}$ B $\begin{cases} x+1=0 \\ y=0 \end{cases}$ C. $\begin{cases} y=0 \\ z-\dfrac{1}{2}=0 \end{cases}$ D. $x+1=y=z-\dfrac{1}{2}$

6. 曲线 $\begin{cases} x^2+y^2+z^2=6 \\ x+y+z=0 \end{cases}$ 上在点 $M(1,-2,1)$ 处的切线一定平行于(   ).

A. xOy 平面   B. yOz 平面   C. zOx 平面   D. 平面 $x+y=0$

7. 曲线 $x=\arctan t, y=\ln(1+t^2), z=-\dfrac{5}{4(1+t^2)}$ 在 P 点处的切线向量与三个坐标轴的夹角相等,则点 P 对应的 t 值为(   ).

A. 0 B. $\dfrac{\sqrt{5}}{2}$ C. $\dfrac{\sqrt{17}}{4}$ D. $\dfrac{1}{2}$

8. 函数 $u=2xy-z^2$ 在点 $(2,-1,1)$ 处方向导数的最大值为(   ).

A. $2\sqrt{6}$ B. 4 C. $2\sqrt{2}$ D. 24

二、填空题(每题 4 分,共 24 分)

1. 设 $u=\ln(x^3+y^3+z^3-3xyz)$ 则 $du\vert_{(1,2,0)}=$ _____.

2. 设 $z=\dfrac{y^2}{x(1-x)}$,则 $\dfrac{\partial^n z}{\partial x^n}=$ _____.

3. 设 $f(x,y,z)$ 在任意点处可微,且 $w=f(x-y,y-z,t-z)$,则 $\dfrac{\partial w}{\partial x}+\dfrac{\partial w}{\partial y}+\dfrac{\partial w}{\partial z}+\dfrac{\partial w}{\partial t}=$

_____.

4. 设函数 $F(u,v)$ 具有一阶连续偏导数,且 $F_u(2,-6)=4, F_v(2,-6)=2$,则曲面 $F(x+y+z,xyz)=0$ 在点 $(3,-2,1)$ 处的切平面方程为_____.

5. 函数 $f(x,y)=e^{-x}(ax+b-y^2)$,若 $f(-1,0)$ 为极大值,则 a,b 满足_____.

6. 设函数 $f(x,y)$ 的一阶偏导数连续,在点 $(1,0)$ 的某邻域内有

$$f(x,y)=1-x-2y+o\left(\sqrt{(x-1)^2+y^2}\right)$$

成立,记 $z(x,y)=f(e^y,x+y)$,则 $d[z(x,y)]\vert_{(0,0)}=$ _____.

三、计算题(共 94 分)

1. (本题 10 分)设 $z=z(x,y)$ 由方程 $z=x+y\varphi(z)$ 所确定,其中 φ 二阶可导,且 $1-y\varphi'(z)\neq 0$,求 $\dfrac{\partial^2 z}{\partial x^2}$.

2. (本题 10 分)设 $z=x^3 f\left(xy,\dfrac{y}{x}\right)$,其中 f 具有连续的二阶偏导数,求 $\dfrac{\partial^2 z}{\partial x\partial y}, \dfrac{\partial^2 z}{\partial y^2}$.

3. (本题 10 分)$z=z(x,y)$ 满足 $\begin{cases} \dfrac{\partial z}{\partial x}=-\sin y+\dfrac{1}{1-xy} \\ z(1,y)=\sin y \end{cases}$,求 $z(x,y)$.

4. (本题 10 分)求曲面 $z=\dfrac{x^2}{2}+y^2$ 上平行于平面 $2x+2y-z=0$ 的切平面方程.

5. (本题 10 分)设函数 $z=z(x,y)$ 是由方程 $x^2-6xy+10y^2-2yz-z^2+32=0$ 确定,讨论

函数 $z = z(x, y)$ 的极大值与极小值.

6. (本题 11 分)设 $z = z(x, y)$ 可微,且 $x^2 \dfrac{\partial z}{\partial x} + y^2 \dfrac{\partial z}{\partial y} = z^2$,令 $\begin{cases} u = x \\ v = \dfrac{1}{y} - \dfrac{1}{x} \end{cases}$, $\varphi(u, v) = \dfrac{1}{z} - \dfrac{1}{x}$,证明: $\dfrac{\partial \varphi(u, v)}{\partial u} = 0$.

7. (本题 11 分) $\varphi(bz - cy, cx - az, ay - bx) = 0$, φ 具有连续的偏导数, a, b, c 为零常数, $b\varphi_1' - a\varphi_2' \neq 0$,求 $a \dfrac{\partial z}{\partial x} + b \dfrac{\partial z}{\partial y}$.

8. (本题 11 分) $z = z(x, y)$ 有连续二阶偏导数,且

$$\frac{\partial^2 z}{\partial x^2} + 2 \frac{\partial^2 z}{\partial x \partial y} + \frac{\partial^2 z}{\partial y^2} = 1.$$

(1) 作变量替换 $u = x + y$, $v = x - y$,以 u, v 为变量变换上述方程;

(2) 求 $z = z(x, y)$ 的一般表达式.

9. (本题 11 分)在空间坐标系的原点处,有一单位正电荷,设另一个单位负电荷在椭圆 $z = x^2 + y^2$, $x + y + z = 1$ 上移动,求两个点电荷间的最大引力.

数学家介绍

沈括

沈括(1031—1095),字存中,号梦溪丈人,汉族,杭州钱塘县(今浙江杭州)人,北宋官员、科学家。沈括出身于仕宦之家,幼年随父官游各地。嘉祐八年(1063 年),进士及第,授扬州司理参军。宋神宗时参与熙宁变法,受王安石器重,历任太子中允、检正中书刑房、提举司天监、史馆检讨、三司使等职。元丰三年(1080 年),出知延州,兼任鄜延路经略安抚使,驻守边境,抵御西夏,后因永乐城之战牵连被贬。晚年移居润州(今江苏镇江),隐居梦溪园。绍圣二年(1095 年),因病辞世,享年 65 岁。

沈括一生致志于科学研究,在众多学科领域都有很深的造诣和卓越的成就,被誉为"中国整部科学史中最卓越的人物"。其代表作《梦溪笔谈》内容丰富,集前代科学成就之大成,在世界文化史上有着重要的地位,被称为"中国科学史上的里程碑"。

沈括在数学方面也有精湛的研究,他从实际计算需要出发,创立了"隙积术"和"会圆术",沈括通过对酒馆里堆起来的酒坛和垒起来的棋子等有空隙的堆体积的研究,提出了求它们的总数的正确方法,这就是"隙积术",也就是二阶等差级数的求和方法。沈括的研究,发展了自《九章算术》以来的等差级数问题,在我国古代数学史上开辟了高阶等差级数研究的方向。此外,沈括还从计算田亩出发,考察了圆弓形中弧、弦和矢之间的关系,提出了我国数学史上第一个由弦和矢的长度求弧长的比较简单实用的近似公式,这就是"会圆术",这一方法的创立,不仅促进了平面几何学的发展,而且在天文计算中也起了重要的作用,并为我国球面三角学的发展作出了重要贡献。

宋元数学四大家

宋元数学四大家是指秦九韶、李冶、杨辉和朱世杰。中国古代数学在宋元时期达到繁荣的顶点,涌现了一大批卓有成就的数学家。其中秦九韶、李冶、杨辉和朱世杰成就最为突出,被誉为"宋元数学四大家"。

秦九韶

秦九韶(1202—1261),字道古,安岳人。其父秦季栖,进士出身,官至上部郎中、秘书少监。秦九韶聪敏勤学,宋绍定四年(1231 年),考中进士,分别担任县尉、通判、参议官、州守、同农、寺丞等职。先后在湖北、安徽、江苏、浙江等地做官,1261 年左右被贬至梅州,不久死于任所。他在政务之余,对数学进行潜心钻研,并广泛搜集历学、数学、星象、音律、营造等资料,进行分析、研究。宋淳祐四至七年(1244 ~ 1247 年),他在为母亲守孝时,把长期积累的数学知识和研究所得加以编辑,写成了闻名的巨著《数书九章》,并创造了"大衍求一术"。这不仅在当时处于世界领先地位,在近代数学和现代电子计算设计中,也起到了重要作用,被称为"中国剩余定理"。他所论的"正负开方术",被称为"秦九韶程序"。现在,世界各国从小学、中学到大学的数学课程,几乎都接触到他的定理、定律和解题原则。秦九韶在数学方面的研究成果,比英国数学家取得的成果要早800 多年。

李冶

李冶(1192—1279),原名李治,字仁卿,号敬斋,金代真定府栾城县(今河北省栾城县)人。李冶生于大兴(今北京市大兴区),父亲李通为大兴府推官。李冶自幼聪敏,喜爱读书,曾在元氏县(今河北省元氏县)求学,对数学和文学都很感兴趣。《元朝名臣事略》中说:"公(李冶)幼读书,手不释卷,性颖悟,有成人之风。"1230 年,李冶在洛阳考中词赋科进士,任钧州(今河南禹县)知事,为官清廉、正直。

他的研究工作是多方面的,包括数学、文学、历史、天文、哲学、医学。其中最有价值的工作是对天元术进行了全面总结,写成数学史上不朽的名著——《测圆海镜》。他的工作条件十分艰苦,不仅居室狭小,而且常常不得温饱,要为衣食而奔波。但他却以著书为乐,从不间断自己的写作。据《真定府志》记载,李冶"聚书环堵,人所不堪",但却"处之裕如也"。他的学生焦养直说他:"虽饥寒不能自存,亦不恤也",在"流离顿挫"中"亦未尝一日废其业"。经过多年的艰苦奋斗,李冶的《测圆海镜》终于在 1248 年完搞。它是我国现存最早的一部系统讲述天元术的著作。

1279 年,李冶病逝于元氏。李冶在数学上的主要成就是总结并完善了天元术,使之成为中国独特的半符号代数。这种半符号代数的产生,要比欧洲早三百年左右。他的《测圆海镜》是天元术的代表作,而《益古演段》则是一本普及天元术的著作。

杨辉

杨辉,字谦光,汉族,钱塘(今浙江省杭州)人,南宋杰出的数学家。他曾担任过南宋地方行政官员,为政清廉,足迹遍及苏杭一带。他在总结民间乘除捷算法、"垛积术"、纵横图以及数学教育方面,均做出了重大的贡献。他是世界上第一个排出丰富的纵横图和讨论其构成规律的数学家,他提出的"杨辉三角"在西方被称为帕斯卡三角,但帕斯卡的发现比杨辉晚400年。杨辉还曾论证过弧矢公式,时人称为"辉术"。主要著有数学著作5种21卷,即《详解九章算法》12卷(1261年),《日用算法》2卷(1262年),《乘除通变本末》3卷(1274年),《田亩比类乘除捷法》2卷(1275年)和《续古摘奇算法》2卷(1275年)(其中《详解九章算法》和《日用算法》已非完书)。后三种合称为《杨辉算法》。朝鲜、日本等国均有译本出版,流传世界。

朱世杰

朱世杰(1300前后),字汉卿,号松庭,寓居燕山(今北京附近),"以数学名家周游湖海二十余年","踵门而学者云集"。中国元代数学家,对多元高次方程组解法、高阶等差级数求和,高次内插法都有深入研究,他著有《算学启蒙》(1299年)、《四元玉鉴》(1303年)各3卷,在后者中讨论了多达四元的高次联立方程组解法,联系在一起的多项式的表达和运算以及消去法,已接近近现代数学,处于世界领先地位,他通晓高次招差法公式,比西方早四百年,中外数学史家都高度评价朱世杰和他的名著《四元玉鉴》。

第九章 重积分

定积分概念的提出,解决了很多面积、体积、质量等的计算问题,而本章介绍的重积分概念将能处理更一般的问题.

与定积分一样,重积分也是用和式的极限来定义的,但不同的是,重积分的积分区域变为了平面区域或者空间立体区域,本章将介绍重积分的概念、计算方法以及相关应用.

第一节 二重积分的概念与性质

一、二重积分的概念

1. 曲顶柱体的体积

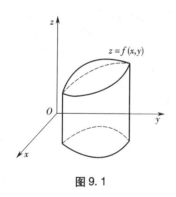

图9.1

设有一立体,它的底是 xOy 面上的闭区域 D,它的侧面是以 D 的边界曲线为准线而母线平行于 z 轴的柱面,它的顶是曲面 $z = f(x, y)$,这里 $f(x, y) \geq 0$ 且在 D 上连续(见图9.1).这种立体称为曲顶柱体.现在讨论如何计算上述曲顶柱体的体积 V.

我们知道平顶柱体的高是不变的,它的体积可以用公式

$$体积 = 高 \times 底面积$$

来计算.关于曲顶柱体,当点 (x, y) 在区域 D 上变动时,高度 $f(x, y)$ 是个变量,因此它的体积不能直接用上式来定义和计算.但若回忆第五章中求曲边梯形面积的问题则不难想到,那里所采用的解决办法,可以用来解决目前的问题.

首先,用一组曲线网把 D 分成 n 个小闭区域

$$\Delta\sigma_1, \Delta\sigma_2, \cdots, \Delta\sigma_n.$$

分别以这些小闭形区域的边界曲线为准线,作母线平行于 z 轴的柱面,这些柱面把原来的曲顶柱体分为 n 个小曲顶柱体.当这些小闭形区域的直径很小时,由于 $f(x, y)$ 连续,对同一个小闭形区域来说,$f(x, y)$ 变化很小,这时小曲顶柱体可以近似看作平顶柱体.我们在每一个 $\Delta\sigma_i$ 中任取一点 (ξ_i, η_i),以 $f(\xi_i, \eta_i)$ 为高而底为 $\Delta\sigma_i$ 的平顶柱体(见图9.2)的体积为

$$f(\xi_i, \eta_i)\Delta\sigma_i (i = 1, 2, \cdots, n).$$

这 n 个平顶柱体的体积之和为

$$\sum_{i=1}^{n} f(\xi_i, \eta_i) \Delta \sigma_i.$$

可以认为它是整个曲顶柱体体积的近似值. 令 n 个小闭区域的直径中的最大值(记作 λ)趋于零, 取上述和的极限, 所得的极限便是曲顶柱体的体积 V, 即

$$V = \lim_{\lambda \to 0} \sum_{i=1}^{n} f(\xi_i, \eta_i) \Delta \sigma_i.$$

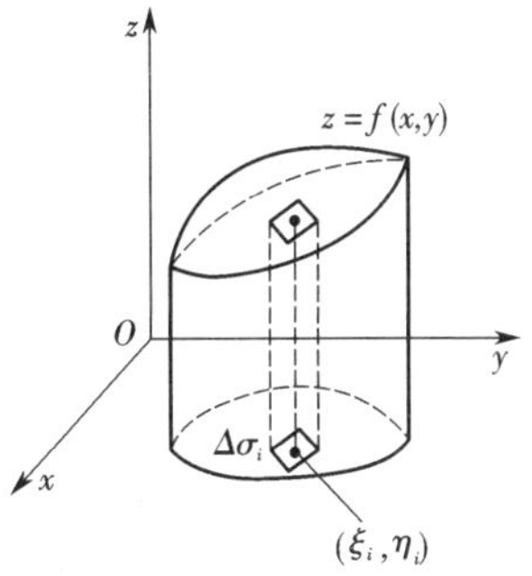

图 9.2

2. 平面薄板质量

设有一平面薄片占有 xOy 面上的闭区域 D, 它在点 (x, y) 处的面密度为 $\mu(x, y)$, 这里 $\mu(x, y) > 0$ 且在 D 上连续. 现在要计算该薄片的质量 M.

我们知道, 如果薄片是均匀的, 即面密度是常数, 那么薄片的质量可以用公式

$$质量 = 面密度 \times 面积$$

来计算. 现在面密度 $\mu(x, y)$ 是变量, 所以薄片的质量不能直接用上面的公式. 但是上面用来处理曲顶柱体问题的方法完全适用于本问题.

由于 $\mu(x, y)$ 连续, 把薄片分成许多小块后, 只要小块所占的小闭区域 $\Delta \sigma_i$ 的直径很小, 这些小块就可以近似地看作均匀薄片. 在 $\Delta \sigma_i$ 上任取一点 (ξ_i, η_i), 则 $\mu(\xi_i, \eta_i) \Delta \sigma_i$ $(i = 1, 2, \cdots, n)$.

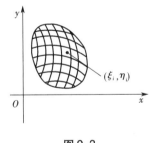

图 9.3

可看作第 i 个小块的质量的近似值(见图 9.3). 通过求和、取极限, 便得出

$$M = \lim_{\lambda \to 0} \sum_{i=1}^{n} \mu(\xi_i, \eta_i) \Delta \sigma_i.$$

上面两个问题的实际意义虽然不同, 但所求量都归结于同一种形式的和式极限. 在物理、力学、几何和工程技术中, 有许多物理量或几何量都可以归结为这一形式的和式极限. 因此我们要一般地研究这种和式极限, 并抽象出二重积分的定义.

定义　设 $f(x, y)$ 是有界区域 D 上的有界函数, 将 D 分成 n 个小区域, 用 $\Delta \sigma_i (i = 1, 2, \cdots, n)$ 表示第 i 个小区域, 也表示它的面积, 在每个 $\Delta \sigma_i$ 上任意取点 (ξ_i, η_i) 作积分和

$$\sum_{i=1}^{n} f(\xi_i, \eta_i) \Delta \sigma_i.$$

记 λ_i 表示 $\Delta \sigma_i$ 的直径, 且 $\lambda = \max\{\lambda_1, \lambda_2, \cdots, \lambda_n\}$. 如果极限

$$\lim_{\lambda \to 0} \sum_{i=1}^{n} f(\xi_i, \eta_i) \Delta \sigma_i$$

存在, 且与 D 的分割方法以及 (ξ_i, η_i) 的取法无关, 则称 $f(x, y)$ 在平面区域 D 上可积, 并称此极限为 $f(x, y)$ 在 D 上的二重积分, 记作 $\iint\limits_{D} f(x, y) \mathrm{d}\sigma$, 即

$$\iint\limits_{D} f(x,y)\,\mathrm{d}\sigma = \lim_{\lambda \to 0} \sum_{i=1}^{n} f(\xi_i, \eta_i)\Delta\sigma_i,$$

其中 $f(x,y)$ 称为被积函数，$\mathrm{d}\sigma$ 称为面积元素，D 称为积分区域，$\sum\limits_{i=1}^{n} f(\xi_i,\eta_i)\Delta\sigma_i$ 叫作积分和，$f(x,y)\mathrm{d}\sigma$ 叫作被积表达式，通常面积元素 $\mathrm{d}\sigma$ 也可记为 $\mathrm{d}x\mathrm{d}y$.

由二重积分的定义可知，曲顶柱体的体积是函数 $f(x,y)$ 在底 D 上的二重积分，即

$$V = \iint\limits_{D} f(x,y)\,\mathrm{d}\sigma.$$

平面薄片的质量是它的面密度 $\mu(x,y)$ 在薄片所占闭区域 D 上的二重积分

$$M = \iint\limits_{D} f(x,y)\,\mathrm{d}\sigma.$$

由此可见二重积分的几何意义是：当 $f(x,y) \geqslant 0$ 时，$\iint\limits_{D} f(x,y)\,\mathrm{d}\sigma$ 的值等于以曲面 $z = f(x,y)$ 为顶、以 D 为底、四侧的母线平行于 z 轴的曲顶柱体的体积；但当 $f(x,y) < 0$ 时，曲面 $z = f(x,y)$ 在 xOy 面的下方，因此时积分为负，故相应的曲顶柱体的体积为 $V = -\iint\limits_{D} f(x,y)\,\mathrm{d}\sigma$.

二、二重积分的性质

由二重积分的定义可知，二重积分是定积分概念向二维空间的推广，因此二重积分也有与定积分类似的性质. 其证明方法可以完全仿照第五章定积分性质的证明.

性质 1　设 α, β 为常数，则

$$\iint\limits_{D} \left[\alpha f(x,y) + \beta g(x,y)\right]\mathrm{d}\sigma = \alpha\iint\limits_{D} f(x,y)\,\mathrm{d}\sigma + \beta\iint\limits_{D} g(x,y)\,\mathrm{d}\sigma.$$

性质 2　如果积分区域 D 可以分解成 D_1, D_2 两个部分，则

$$\iint\limits_{D} f(x,y)\,\mathrm{d}\sigma = \iint\limits_{D_1} f(x,y)\,\mathrm{d}\sigma + \iint\limits_{D_2} f(x,y)\,\mathrm{d}\sigma.$$

这个性质称为二重积分对区域的可加性.

性质 3　当被积函数 $f(x,y) = 1$ 时，二重积分的值等于区域的面积，即区域 D 的面积为

$$\sigma = \iint\limits_{D} \mathrm{d}\sigma.$$

性质 4　如果在 D 上 $f(x,y) \geqslant \varphi(x,y)$，则有

$$\iint\limits_{D} f(x,y)\,\mathrm{d}\sigma \geqslant \iint\limits_{D} \varphi(x,y)\,\mathrm{d}\sigma.$$

由性质 4，显然可以得到：当 $f(x,y) \geqslant 0$ 时，有

$$\iint\limits_{D} f(x,y)\,\mathrm{d}\sigma \geqslant 0,$$

由于 $-|f(x,y)| \leqslant f(x,y) \leqslant |f(x,y)|$，则有

$$-\iint\limits_{D}|f(x,y)|\,\mathrm{d}\sigma \leqslant \left|\iint\limits_{D}f(x,y)\,\mathrm{d}\sigma\right| \leqslant \iint\limits_{D}|f(x,y)|\,\mathrm{d}\sigma,$$

即

$$\left|\iint\limits_{D}f(x,y)\,\mathrm{d}\sigma\right| \leqslant \iint\limits_{D}|f(x,y)|\,\mathrm{d}\sigma.$$

性质5　如果 $f(x,y)$ 在 D 上的最大值和最小值分别为 M 和 m，区域 D 的面积为 σ，则

$$m\sigma \leqslant \iint\limits_{D}f(x,y)\,\mathrm{d}\sigma \leqslant M\sigma.$$

性质6（中值定理）　设 $f(x,y)$ 在 D 上连续，则在 D 上至少存在一点 (ξ,η)，使

$$\iint\limits_{D}f(x,y)\,\mathrm{d}\sigma = f(\xi,\eta)\sigma.$$

证明　由性质5可得

$$m \leqslant \frac{\displaystyle\iint\limits_{D}f(x,y)\,\mathrm{d}\sigma}{\sigma} \leqslant M,$$

由于 $\dfrac{\displaystyle\iint\limits_{D}f(x,y)\,\mathrm{d}\sigma}{\sigma}$ 是介于 m 和 M 之间的数值，由闭区域上连续函数的介值定理可知：在 D 上至少存在一点 (ξ,η)，使 $f(\xi,\eta) = \dfrac{1}{\sigma}\iint\limits_{D}f(x,y)\,\mathrm{d}\sigma$，即

$$\iint\limits_{D}f(x,y)\,\mathrm{d}\sigma = f(\xi,\eta)\sigma.$$

在工程计算中，通常称 $\dfrac{\displaystyle\iint\limits_{D}f(x,y)\,\mathrm{d}\sigma}{\sigma}$ 为 $f(x,y)$ 在 D 上的平均值.

例1　设 D 是由 $y=\sqrt{4-x^2}$ 与 $y=0$ 所围成的区域，求 $\iint\limits_{D}\mathrm{d}\sigma$.

解　$\iint\limits_{D}\mathrm{d}\sigma$ 表示区域 D 的面积，即是以 $(0,0)$ 为中心，2 为半径的上半圆围成的面积，因此 $\iint\limits_{D}\mathrm{d}\sigma = \dfrac{1}{2}\cdot\pi 2^2 = 2\pi$.

例2　求 $f(x,y)=\sqrt{R^2-x^2-y^2}$ 在区域 $D:x^2+y^2\leqslant R^2$ 上的平均值.

解　由二重积分的几何意义可知，$\iint\limits_{D}f(x,y)\,\mathrm{d}\sigma$ 是半个球体的体积，其值为 $\dfrac{2}{3}\pi R^3$，所以 D 的面积 $\sigma=\pi R^2$. 因此在 D 上，$f(x,y)$ 的平均值为

$$\frac{1}{\sigma}\iint\limits_{D}f(x,y)\,\mathrm{d}\sigma = \frac{2}{3}R.$$

习题 9 - 1

1. 比较下列积分的大小.

(1) $\iint\limits_{D} (x^2 + y^2)\mathrm{d}\sigma$ 与 $\iint\limits_{D} (x+y)^3\mathrm{d}\sigma$, 其中 D 是由圆 $(x-2)^2 + (y-1)^2 = 2$ 所围成的区域;

(2) $\iint\limits_{D} \ln(x+y)\mathrm{d}\sigma$ 与 $\iint\limits_{D} [\ln(x+y)]^2\mathrm{d}\sigma$, 其中 D 是矩形闭区域: $3 \le x \le 5,\ 0 \le y \le 1$.

2. 估计积分 $I = \iint\limits_{D} (x^2 + 4y^2 + 9)\mathrm{d}\sigma$ 的值, 其中 D 是圆形区域: $x^2 + y^2 \le 4$.

第二节　二重积分的计算方法

按照二重积分的定义来计算二重积分, 对少数特别简单的被积函数和积分区域来说是可行的, 但对一般的函数和积分区域来说, 这不是一种切实可行的方法. 下面介绍一种比较普遍的方法, 即把二重积分化为两次单积分(即两次定积分)来计算.

一、在直角坐标下计算二重积分

下面用几何的观点来讨论二重积分 $\iint\limits_{D} f(x,y)\mathrm{d}\sigma$ 的计算问题.

在讨论中我们假定 $f(x,y) \ge 0$, 并设积分区域 D 可以用不等式

$$\varphi_1(x) \le y \le \varphi_2(x),\ (a \le x \le b)$$

来表示(见图 9.4), 其中函数 $\varphi_1(x),\ \varphi_2(x)$ 在区间 $[a,b]$ 上连续.

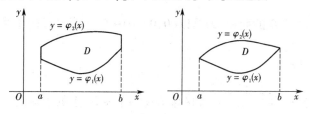

图 9.4

下面计算这个曲顶柱体的体积.

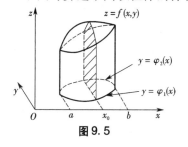

图 9.5

先计算截面面积, 在区间 $[a,b]$ 上任意取定一点 x_0, 作平行于 yOz 面的平面 $x = x_0$. 这平面截曲顶柱体所得截面是一个以区间 $[\varphi_1(x_0), \varphi_2(x_0)]$ 为底、曲线 $z = f(x_0, y)$ 为曲边的曲边梯形(见图 9.5 中阴影部分), 所以这个截面的面积为

$$A(x_0) = \int_{\varphi_1(x_0)}^{\varphi_2(x_0)} f(x_0, y) \, dy.$$

一般地，过区间$[a, b]$上任一点x且平行于yOz面的平面截曲顶柱体所得截面的面积为

$$A(x) = \int_{\varphi_1(x)}^{\varphi_2(x)} f(x, y) \, dy.$$

于是曲顶柱体的体积为

$$V = \int_a^b A(x) \, dx = \int_a^b \left[\int_{\varphi_1(x)}^{\varphi_2(x)} f(x, y) \, dy \right] dx.$$

这个体积也就是所求二重积分的值，从而有等式

$$\iint\limits_D f(x, y) \, d\sigma = \int_a^b \left[\int_{\varphi_1(x)}^{\varphi_2(x)} f(x, y) \, dy \right] dx. \tag{9-1}$$

上式右端的积分叫作先对y、后对x的二次积分. 也就是说，先把x看作常数，把$f(x, y)$只看作y的函数，并对y计算从$\varphi_1(x)$到$\varphi_2(x)$的定积分；然后把算得的结果（是x的函数）再对x计算在区间$[a, b]$上的定积分. 这个先对y、后对x的二次积分也常记作

$$\int_a^b dx \int_{\varphi_1(x)}^{\varphi_2(x)} f(x, y) \, dy.$$

因此等式(9-1)也写成

$$\iint\limits_D f(x, y) \, d\sigma = \int_a^b dx \int_{\varphi_1(x)}^{\varphi_2(x)} f(x, y) \, dy. \tag{9-1$'$}$$

在上述讨论中，我们假定$f(x, y) \geq 0$，但实际上公式(9-1)的成立并不受此条件限制.

类似地，如果积分区域D可以用不等式

$$\psi_1(y) \leq x \leq \psi_2(y), (c \leq y \leq d)$$

来表示（见图9.6），其中函数$\psi_1(y), \psi_2(y)$在区间$[c, d]$上连续，那么就有

$$\iint\limits_D f(x, y) \, d\sigma = \int_c^d \left[\int_{\psi_1(y)}^{\psi_2(y)} f(x, y) \, dx \right] dy. \tag{9-2}$$

上式右端的积分叫作先对x、后对y的二次积分，这个积分也常记作

$$\int_c^d dy \int_{\psi_1(y)}^{\psi_2(y)} f(x, y) \, dx.$$

因此等式(9-2)也写成

$$\iint\limits_D f(x, y) \, d\sigma = \int_c^d dy \int_{\psi_1(y)}^{\psi_2(y)} f(x, y) \, dx. \tag{9-2$'$}$$

这是把二重积分化为先对x、后对y的二次积分的公式.

我们称图9.4所示的积分区域为X-型区域，图9.6所示的积分区域为Y-型区域. 对不同的区域，可以应用不同的公式. 如果积分区域D既不是X-型，也不是Y-型，则可以把D分成几个部分，使每个部分是X-型区域或是Y-型区域. 如果积分区域D既是X-型，又是Y-型，则由公式(9-1$'$)及(9-2$'$)可得

$$\int_a^b dx \int_{\varphi_1(x)}^{\varphi_2(x)} f(x, y) \, dy = \int_c^d dy \int_{\psi_1(y)}^{\psi_2(y)} f(x, y) \, dx. \tag{9-3}$$

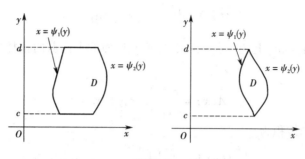

图 9.6

式(9-3)表明,这两个不同次序的二次积分相等,因为它们都等于同一个二重积分

$$\iint\limits_{D} f(x,y)\,\mathrm{d}\sigma.$$

对一个具体的二重积分,若积分区域既可以当作"$X-$型",也可以当作"$Y-$型",那么怎样选择区域的类型来进行积分呢? 这时需要考虑两个因素:

(1)区域的特点. 由于 D 的特点可使两种顺序的积分可能会出现难易上的差别.

(2)被积函数 $f(x,y)$ 的特点. 由于 $f(x,y)$ 的特点有可能按某一种顺序根本无法求出它的原函数(也即所谓的积不出来,其原函数不是初等函数),而按另一种顺序则可以顺利地计算出,因此,正确地选择积分顺序是解决重积分问题的关键,同时也是必须掌握的计算技巧.

例 1 计算 $\iint\limits_{D} xy^2 \mathrm{d}\sigma$,$D$ 是由 $y=x,y=0,x=1$ 围成的闭区域.

解法一 作为"$X-$型",$0 \leqslant y \leqslant x,0 \leqslant x \leqslant 1$,则

$$\iint\limits_{D} xy^2\mathrm{d}\sigma = \int_0^1 \mathrm{d}x \int_0^x xy^2\mathrm{d}y = \int_0^1 \frac{x^4}{3}\mathrm{d}x = \frac{1}{15}.$$

解法二 作为"$Y-$型"有

$$\iint\limits_{D} xy^2\mathrm{d}\sigma = \int_0^1 \mathrm{d}y \int_y^1 xy^2\mathrm{d}x = \int_0^1 \frac{y^2}{2}(1-y^2)\mathrm{d}y = \frac{1}{15}.$$

例 2 计算 $\iint\limits_{D} (x^2+y^2)\mathrm{d}\sigma$,$D = \{(x,y) \mid 0 \leqslant x \leqslant 1, x \leqslant y \leqslant 2x\}$.

解 作为"$X-$型"有

$$\iint\limits_{D} (x^2+y^2)\mathrm{d}\sigma = \int_0^1 \mathrm{d}x \int_x^{2x} (x^2+y^2)\mathrm{d}y = \int_0^1 \frac{10}{3}x^3\mathrm{d}x = \frac{5}{6}.$$

注意:如果作为"$Y-$型",则该二重积分可化为两个二次积分式,即

$$\iint\limits_{D} (x^2+y^2)\mathrm{d}\sigma = \int_0^1 \mathrm{d}y \int_{\frac{y}{2}}^{y} (x^2+y^2)\mathrm{d}x + \int_1^2 \mathrm{d}y \int_{\frac{y}{2}}^{1} (x^2+y^2)\mathrm{d}x.$$

显然这种做法要复杂些.

例 3 计算 $\iint\limits_{D} (2x+y)\mathrm{d}\sigma$,$D$ 是由 $y=\sqrt{x},y=0,x+y=2$ 围成的区域.

解 作为"$Y-$型":$0 \leqslant y \leqslant 1,y^2 \leqslant x \leqslant 2-y$,则有

$$\iint\limits_{D}(2x+y)\,\mathrm{d}\sigma = \int_0^1\mathrm{d}y\int_{y^2}^{2-y}(2x+y)\,\mathrm{d}x = \int_0^1(4-2y-y^3-y^4)\,\mathrm{d}y = \frac{51}{20}.$$

注意:如果作为"$X-$型",则

$$\iint\limits_{D}(2x+y)\,\mathrm{d}\sigma = \int_0^1\mathrm{d}x\int_x^{\sqrt{x}}(2x+y)\,\mathrm{d}y + \int_1^2\mathrm{d}x\int_0^{2-x}(2x+y)\,\mathrm{d}y.$$

由例2、例3可以看出,由于积分区域的特点,选择不同的积分顺序,将使计算过程出现难易程度上的差异. 对某些问题,由于函数的特点,某种积分顺序可能积不出来,换成另一种积分顺序则可迎刃而解.

例4 求 $\iint\limits_{D}\dfrac{\sin y}{y}\,\mathrm{d}\sigma$, D 是由 $y=\sqrt{x}$ 和 $y=x$ 所围成的闭区域.

解 由于 $\int\dfrac{\sin y}{y}\,\mathrm{d}y$ "积不出来",只能作为"$Y-$型"来处理,即

$$\iint\limits_{D}\frac{\sin y}{y}\,\mathrm{d}\sigma = \int_0^1\mathrm{d}y\int_{y^2}^{y}\frac{\sin y}{y}\,\mathrm{d}x = \int_0^1(\sin y - y\sin y)\,\mathrm{d}y = 1-\sin1.$$

特别地,当 D 的边界是与坐标轴平行的矩形:$a\leqslant x\leqslant b, c\leqslant y\leqslant d$ 时,有

$$\iint\limits_{D}f(x,y)\,\mathrm{d}\sigma = \int_a^b\mathrm{d}x\int_c^d f(x,y)\,\mathrm{d}y = \int_c^d\mathrm{d}y\int_a^b f(x,y)\,\mathrm{d}x.$$

进一步,若有 $f(x,y)=\varphi(x)\psi(y)$,则

$$\iint\limits_{D}f(x,y)\,\mathrm{d}\sigma = \left[\int_a^b\varphi(x)\,\mathrm{d}x\right]\cdot\left[\int_c^d\psi(y)\,\mathrm{d}y\right].$$

例5 计算 $\iint\limits_{D}\mathrm{e}^{-(x+y)}\,\mathrm{d}\sigma$, $D:\{(x,y)\,|\,0\leqslant x\leqslant1, 0\leqslant y\leqslant1\}$.

解 原式 $=\left[\int_0^1\mathrm{e}^{-x}\,\mathrm{d}x\right]\cdot\left[\int_0^1\mathrm{e}^{-y}\,\mathrm{d}y\right] = (1-\mathrm{e}^{-1})^2.$

二、在极坐标下计算二重积分

有些二重积分,积分区域 D 的边界曲线用极坐标方程来表示比较方便,且被积函数用极坐标变量 ρ,θ 比较简单,这时,我们可以考虑利用极坐标来计算二重积分 $\iint\limits_{D}f(x,y)\,\mathrm{d}\sigma$.

在极坐标系中,以若干 ρ 为常数,θ 为常数组成的曲线网格来分割区域 D. 取其中一个小区域 $\Delta\sigma$,其由半径为 ρ 和 $\rho+\mathrm{d}\rho$ 的圆弧和极角为 θ 和 $\theta+\mathrm{d}\theta$ 的射线围成,如图9.7所示. 在不计较高阶无穷小时,区域 $\Delta\sigma$ 的面积

$$\Delta\sigma\approx\rho\cdot\mathrm{d}\theta\cdot\mathrm{d}\rho,$$

则得到极坐标系中的面积元素

$$\mathrm{d}\sigma = \rho\mathrm{d}\theta\mathrm{d}\rho.$$

由直角坐标与极坐标的关系

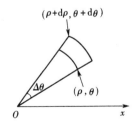

图9.7

$$\begin{cases} x = \rho\cos\theta, \\ y = \rho\sin\theta. \end{cases}$$

可得二重积分的计算公式:

$$\iint\limits_{D} f(x,y)\,\mathrm{d}\sigma = \iint\limits_{D} f(\rho\cos\theta,\rho\sin\theta)\rho\,\mathrm{d}\rho\,\mathrm{d}\theta. \tag{9-4}$$

公式(9-4)表明,要把二重积分中的变量从直角坐标变换为极坐标,只要把被积函数中的 x, y 分别换成 $\rho\cos\theta, \rho\sin\theta$,并把直角坐标系中的面积元素 $\mathrm{d}\sigma$ 换成极坐标系中的面积元素 $\rho\,\mathrm{d}\rho\,\mathrm{d}\theta$ 即可.

极坐标系中的二重积分,同样可以化为二次积分来计算. 在图 9.8 中,二重积分化为二次积分的公式为

$$\iint\limits_{D} f(\rho\cos\theta,\rho\sin\theta)\rho\,\mathrm{d}\rho\,\mathrm{d}\theta = \int_{\alpha}^{\beta} \Big[\int_{\varphi_1(\theta)}^{\varphi_2(\theta)} f(\rho\cos\theta,\rho\sin\theta)\rho\,\mathrm{d}\rho \Big]\mathrm{d}\theta. \tag{9-5}$$

上式也写成

$$\iint\limits_{D} f(\rho\cos\theta,\rho\sin\theta)\rho\,\mathrm{d}\rho\,\mathrm{d}\theta = \int_{\alpha}^{\beta}\mathrm{d}\theta \int_{\varphi_1(\theta)}^{\varphi_2(\theta)} f(\rho\cos\theta,\rho\sin\theta)\rho\,\mathrm{d}\rho. \tag{9-5'}$$

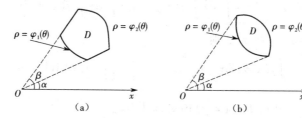

图9.8

特别地,如果积分区域 D 是图 9.9 所示的曲边扇形,那么它相当于图 9.8 中的 $\varphi_1(x) \equiv 0, \varphi_2(x) = \varphi(\theta)$. 这时闭区域 D 可以用不等式

$$0 \leqslant \rho \leqslant \varphi(\theta), \alpha \leqslant \theta \leqslant \beta$$

来表示,而公式(9-5')成为

$$\iint\limits_{D} f(\rho\cos\theta,\rho\sin\theta)\rho\,\mathrm{d}\rho\,\mathrm{d}\theta = \int_{\alpha}^{\beta}\mathrm{d}\theta \int_{0}^{\varphi(\theta)} f(\rho\cos\theta,\rho\sin\theta)\rho\,\mathrm{d}\rho.$$

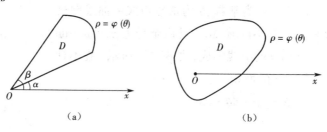

图9.9

如果积分区域 D 如图 9.9 所示,极点在 D 的内部,那么相当于图 9.9 中 $\alpha = 0, \beta = 2\pi$ 时的特例. 这时闭区域 D 可以用不等式

$$0 \leqslant \rho \leqslant \varphi(\theta), 0 \leqslant \theta \leqslant 2\pi$$

来表示，而公式(9-5′)成为

$$\iint\limits_{D} f(\rho\cos\theta,\rho\sin\theta)\rho\mathrm{d}\rho\mathrm{d}\theta = \int_{0}^{2\pi}\mathrm{d}\theta\int_{0}^{\varphi(\theta)} f(\rho\cos\theta,\rho\sin\theta)\rho\mathrm{d}\rho.$$

由二重积分的性质 3，闭区域 D 的面积 σ 可以表示为

$$\sigma = \iint\limits_{D}\mathrm{d}\sigma.$$

在极坐标系中，面积元素 $\mathrm{d}\sigma = \rho\mathrm{d}\rho\mathrm{d}\theta$，上式成为

$$\sigma = \iint\limits_{D}\rho\mathrm{d}\rho\mathrm{d}\theta.$$

如果闭区域 D 如图 9.8(a)所示，由公式(9-5′)则有

$$\sigma = \iint\limits_{D}\rho\mathrm{d}\rho\mathrm{d}\theta = \int_{\alpha}^{\beta}\mathrm{d}\theta\int_{\varphi_1(\theta)}^{\varphi_2(\theta)}\rho\mathrm{d}\rho = \frac{1}{2}\int_{\alpha}^{\beta}\left[\varphi_2^2(\theta)-\varphi_1^2(\theta)\right]\mathrm{d}\theta.$$

特别地，如果闭区域 D 如图 9.9 所示，则 $\varphi_1(x)\equiv 0, \varphi_2(x)=\varphi(\theta)$，于是

$$\sigma = \frac{1}{2}\int_{\alpha}^{\beta}\varphi^2(\theta)\mathrm{d}\theta.$$

例 6　求 $\displaystyle\iint\limits_{D}(x^4+y^4)\mathrm{d}x\mathrm{d}y,\ D=\{(x,y)\mid x^2+y^2\leqslant a^2, a>0\}.$

解　由于区域是圆域，显然用极坐标较好. 极点在区域内，边界的曲线方程为 $\rho=a$，则

$$\iint\limits_{D}(x^4+y^4)\mathrm{d}x\mathrm{d}y = \int_{0}^{2\pi}\mathrm{d}\theta\int_{0}^{a}(\rho^4\cos^4\theta+\rho^4\sin^4\theta)\rho\mathrm{d}\rho$$

$$= \frac{a^6}{6}\int_{0}^{2\pi}\left(\frac{3}{4}+\frac{1}{4}\cos 4\theta\right)\mathrm{d}\theta = \frac{\pi a^6}{4}.$$

例 7　求 $\displaystyle\iint\limits_{D}\mathrm{e}^{x^2+y^2}\mathrm{d}x\mathrm{d}y,\ D=\{(x,y)\mid x^2+y^2\leqslant 1, x\geqslant 0, y\geqslant 0\}.$

解　极点在区域的边界上，显然 D 内的点满足：

$$0\leqslant\theta\leqslant\frac{\pi}{2}, 0\leqslant\rho\leqslant 1,$$

则

$$\iint\limits_{D}\mathrm{e}^{x^2+y^2}\mathrm{d}x\mathrm{d}y = \int_{0}^{\frac{\pi}{2}}\mathrm{d}\theta\int_{0}^{1}\mathrm{e}^{\rho^2}\rho\mathrm{d}\rho = \frac{1}{2}(\mathrm{e}-1)\int_{0}^{\frac{\pi}{2}}\mathrm{d}\theta = \frac{\pi}{4}(\mathrm{e}-1).$$

例 8　求 $\displaystyle\iint\limits_{D}xy\mathrm{d}x\mathrm{d}y,\ D=\{(x,y)\mid 1\leqslant x^2+y^2\leqslant 4, 0\leqslant y\leqslant x\}.$

解　极点在区域外，区域上的点满足：

$$0\leqslant\theta\leqslant\frac{\pi}{4}, 1\leqslant\rho\leqslant 2,$$

则

$$\iint\limits_{D}xy\mathrm{d}x\mathrm{d}y = \int_{0}^{\frac{\pi}{4}}\mathrm{d}\theta\int_{1}^{2}\rho^3\cos\theta\sin\theta\mathrm{d}\rho = \frac{15}{4}\int_{0}^{\frac{\pi}{4}}\cos\theta\sin\theta\mathrm{d}\theta = \frac{15}{16}.$$

例 9 求 $\iint\limits_{D} \arctan \dfrac{y}{x}\mathrm{d}x\mathrm{d}y$，$D$ 为由直线 $y=x$，$y=0$ 和 $x=2$ 所围成的三角形区域.

解 虽然从区域的特点看，似乎适合在直角坐标系中计算，但考虑到被积函数的特点，则更适合在极坐标中计算. 由于直线 $x=2$ 的极坐标方程为 $\rho\cos\theta=2$，则极坐标中 D 的点满足

$$0\leqslant\theta\leqslant\frac{\pi}{4},0\leqslant\rho\leqslant\frac{2}{\cos\theta},$$

则

$$\iint\limits_{D}\arctan\frac{y}{x}\mathrm{d}x\mathrm{d}y=\int_0^{\frac{\pi}{4}}\mathrm{d}\theta\int_0^{\frac{2}{\cos\theta}}\theta\rho\mathrm{d}\rho=\int_0^{\frac{\pi}{4}}\theta\frac{2}{\cos^2\theta}\mathrm{d}\theta$$

$$=2\left[\theta\tan\theta\Big|_0^{\frac{\pi}{4}}-\int_0^{\frac{\pi}{4}}\frac{\sin\theta}{\cos\theta}\mathrm{d}\theta\right]=2\int_0^{\frac{\pi}{4}}\theta\mathrm{d}(\tan\theta)=\frac{\pi}{2}-\ln 2.$$

习题 9-2

1. 画出积分区域，并计算下列二重积分.

$(1)\iint\limits_{D}\mathrm{e}^{x+y}\mathrm{d}\sigma$，其中 D 是由 $|x|+|y|\leqslant 1$ 所确定的闭区域；

$(2)\iint\limits_{D}(x^2+y^2-x)\mathrm{d}\sigma$，其中 D 是由直线 $y=2$，$y=x$ 及 $y=2x$ 所围成的闭区域；

$(3)\iint\limits_{D}\sqrt{|y-x^2|}\mathrm{d}x\mathrm{d}y$，其中 D：$-1\leqslant x\leqslant 1$，$0\leqslant y\leqslant 2$.

2. 计算下列二重积分.

$(1)\iint\limits_{D}\ln(1+x^2+y^2)\mathrm{d}\sigma$，其中 D 是由圆周 $x^2+y^2=1$ 及坐标轴所围成的在第一象限内的区域；

$(2)\iint\limits_{D}(x^2+y^2)\mathrm{d}\sigma$，其中 D 是由直线 $y=x$，$y=x+a$，$y=a$，$y=3a(a>0)$ 所围成的区域；

$(3)\iint\limits_{D}\sqrt{R^2-x^2-y^2}\mathrm{d}\sigma$，其中 D 是由圆周 $x^2+y^2=Rx$ 所围成的区域；

$(4)\iint\limits_{D}|x^2+y^2-2|\mathrm{d}\sigma$，其中 D：$x^2+y^2\leqslant 3$.

第三节 二重积分的几何应用

在二重积分的应用中，有许多求总量的问题可以用元素法来处理. 如果所要计算的某个量对于闭区域 D 具有可加性(也就是说，当闭区域 D 分成许多小闭区域时，所求量 U 相应地分成许多部分量，且 U 等于部分量之和)，并且在闭区域 D 内任取一个直径很小的闭区域 $\mathrm{d}\sigma$ 时，$\mathrm{d}\sigma$ 也表示面积，则相应的部分量

$$\Delta U \approx f(x, y) \mathrm{d}\sigma,$$

其中 (x, y) 在 $\mathrm{d}\sigma$ 内,且误差充分小. 这个 $f(x, y)\mathrm{d}\sigma$ 称为所求量 U 的元素,记作 $\mathrm{d}U$. 以它为被积表达式,且在闭区域 D 上积分为

$$U = \iint\limits_{D} f(x, y)\mathrm{d}\sigma.$$

这就是所求量的积分表达式.

一、立体体积与平面面积

根据二重积分的几何意义,曲顶柱体 $\Omega : 0 \leqslant z \leqslant f(x, y), (x, y) \in D$,其中 $f(x, y)$ 在 D 上连续,那么它的体积为

$$V = \iint\limits_{D} f(x, y)\mathrm{d}\sigma.$$

如果曲顶柱体的曲顶面在 xOy 面下方,即曲顶柱体 $\Omega : f(x, y) \leqslant z \leqslant 0, (x, y) \in D$,则其体积为

$$V = -\iint\limits_{D} f(x, y)\mathrm{d}\sigma.$$

例 1　求曲面 $z = \sqrt{5 - x^2 - y^2}$ 及 $x^2 + y^2 = 4z$ 所围成的立体的体积.

解　根据二重积分的几何意义有

$$V = \iint\limits_{D} \left(\sqrt{5 - x^2 - y^2} - \frac{x^2 + y^2}{4} \right)\mathrm{d}\sigma.$$

由方程组 $\begin{cases} z = \sqrt{5 - x^2 - y^2}, \\ 4z = x^2 + y^2, \end{cases}$ 得到积分区域 $D : x^2 + y^2 \leqslant 4$,于是

$$\iint\limits_{D} \left(\sqrt{5 - x^2 - y^2} - \frac{x^2 + y^2}{4} \right)\mathrm{d}\sigma = \int_0^{2\pi}\mathrm{d}\theta \int_0^2 \left(\rho\sqrt{5 - \rho^2} - \frac{\rho^3}{4} \right)\mathrm{d}\rho$$

$$= 2\pi \left[\left(-\frac{1}{2} \right) \cdot \frac{2}{3}(5 - \rho^2)^{\frac{3}{2}} - \frac{\rho^4}{16} \right]\Bigg|_0^2$$

$$= \pi \cdot \left(\frac{2}{3}5^{\frac{3}{2}} - \frac{8}{3} \right).$$

例 2　计算 $\iint\limits_{D} \sqrt{R^2 - x^2 - y^2}\mathrm{d}\sigma$,其中 $D : x^2 + y^2 \leqslant R^2$.

解　根据二重积分的几何意义,$\iint\limits_{D} \sqrt{R^2 - x^2 - y^2}\mathrm{d}\sigma$ 表示以 $(0, 0, 0)$ 为中心,R 为半径的上半球体的体积,从而

$$\iint\limits_{D} \sqrt{R^2 - x^2 - y^2}\mathrm{d}\sigma = \frac{1}{2} \cdot \frac{4}{3}\pi R^3 = \frac{2}{3}\pi R^3.$$

设 D 为平面有界闭区域,边界按段光滑,那么它的面积为

$$A = \iint\limits_{D} \mathrm{d}\sigma.$$

这是利用二重积分计算平面面积的方法.

例3　求曲线 $y = x^2 - 2$ 与直线 $y = x$ 所围成的面积.

解　由方程组 $\begin{cases} y = x^2 - 2, \\ y = x, \end{cases}$ 得到交点 $(-1, -1)$，$(2, 2)$，那么面积

$$A = \iint\limits_{D} \mathrm{d}\sigma = \int_{-1}^{2} \mathrm{d}x \int_{x^2-2}^{x} \mathrm{d}y = \int_{-1}^{2} (x - x^2 + 2)\mathrm{d}x = \frac{9}{2}.$$

二、曲面面积

如图 9.10 所示，设曲面 Σ 由方程 $z = f(x, y)$ 给出，D 为曲面 Σ 在 xOy 面上的投影区域，函数 $f(x, y)$ 在 D 上具有连续偏导数 $f_x(x, y)$ 和 $f_y(x, y)$，下面要计算曲面 Σ 的面积 A.

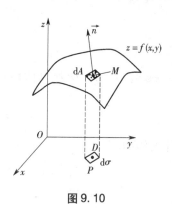

图 9.10

在闭区域 D 上任取一直径很小的闭区域 $\mathrm{d}\sigma$（这小闭区域的面积也记作 $\mathrm{d}\sigma$）. 在 $\mathrm{d}\sigma$ 上取一点 $P(x, y)$，过与点 P 对应的曲面 Σ 上的点 $M(x, y, f(x, y))$ 作切平面，则 $\mathrm{d}\sigma$ 在曲面 Σ 上对应的小面块的面积

$$\Delta A \approx \mathrm{d}A = \frac{\mathrm{d}\sigma}{\cos \gamma},$$

其中 $\mathrm{d}A$ 为 $\mathrm{d}\sigma$ 在切平面上对应的小平面块，误差充分小，$\cos \gamma$ 为在点 $M(x, y, f(x, y))$ 的向上的法向量与 z 轴夹角的余弦，且

$$\cos \gamma = \frac{1}{\sqrt{1 + f_x^2(x, y) + f_y^2(x, y)}},$$

从而 A 的面积元素

$$\mathrm{d}A = \sqrt{1 + f_x^2(x, y) + f_y^2(x, y)}\,\mathrm{d}\sigma.$$

由关于二重积分的元素法得

$$A = \iint\limits_{D} \sqrt{1 + f_x^2(x, y) + f_y^2(x, y)}\,\mathrm{d}\sigma = \iint\limits_{D} \sqrt{1 + \left(\frac{\partial z}{\partial x}\right)^2 + \left(\frac{\partial z}{\partial y}\right)^2}\,\mathrm{d}\sigma.$$

这就是计算曲面面积的公式.

设曲面的方程为 $x = g(y, z)$ 或 $y = h(z, x)$，可分别把曲面投影到 yOz 面上（投影区域记作 D_{yz}）或 zOx 面上（投影区域记作 D_{zx}），类似地可得

$$A = \iint\limits_{D_{yz}} \sqrt{1 + \left(\frac{\partial x}{\partial y}\right)^2 + \left(\frac{\partial x}{\partial z}\right)^2}\,\mathrm{d}\sigma \quad 或 \quad A = \iint\limits_{D_{zx}} \sqrt{1 + \left(\frac{\partial y}{\partial z}\right)^2 + \left(\frac{\partial y}{\partial x}\right)^2}\,\mathrm{d}\sigma.$$

例4　求半径为 a 的球的表面积.

解　取上半球面的方程为 $z = \sqrt{a^2 - x^2 - y^2}$，则它在 xOy 面上的投影区域

$$D = \{(x, y) \mid x^2 + y^2 \leqslant a^2\}.$$

由 $\dfrac{\partial z}{\partial x} = \dfrac{-x}{\sqrt{a^2 - x^2 - y^2}}, \dfrac{\partial z}{\partial y} = \dfrac{-y}{\sqrt{a^2 - x^2 - y^2}}$，得

$$\sqrt{1 + \left(\frac{\partial z}{\partial x}\right)^2 + \left(\frac{\partial z}{\partial y}\right)^2} = \frac{a}{\sqrt{a^2 - x^2 - y^2}}.$$

因为这函数在闭区域 D 上无界,所以不能直接应用曲面面积公式.因此先取区域

$$D_1:x^2+y^2\leqslant b^2,(0<b<a)$$

为积分区域,算出相应于 D_1 上的球面面积 A_1 后,令 $b\to a$ 取 A_1 的极限,就得半球面的面积

$$A_1=\iint\limits_{D_1}\frac{a}{\sqrt{a^2-x^2-y^2}}\mathrm{d}\sigma.$$

利用极坐标,得

$$A_1=\iint\limits_{D_1}\frac{a}{\sqrt{a^2-\rho^2}}\rho\mathrm{d}\rho\mathrm{d}\theta=a\int_0^{2\pi}\mathrm{d}\theta\int_0^b\frac{\rho}{\sqrt{a^2-\rho^2}}\mathrm{d}\rho$$

$$=2\pi a\int_0^b\frac{\rho}{\sqrt{a^2-\rho^2}}\mathrm{d}\rho=2\pi a(a-\sqrt{a^2-b^2}).$$

于是

$$\lim_{b\to a}A_1=\lim_{b\to a}2\pi a(a-\sqrt{a^2-b^2})=2\pi a^2.$$

这就是半个球面的面积,因此整个球面的面积为 $A=4\pi a^2$.

习题 9 – 3

1. 求由平面 $x=0,y=0,x+y=1,z=0$ 及抛物面 $x^2+y^2=6-z$ 所围成的立体体积.

2. 求由曲面 $z=x^2+2y^2$ 及 $z=6-2x^2-y^2$ 所围成的立体体积.

3. 求抛物线 $x^2=6y$ 由 $x=0$ 至 $x=4$ 的一段弧绕 x 轴旋转一周得到的旋转曲面的面积.

4. 求抛物面 $z=x^2+y^2$ 在平面 $z=1$ 下面的面积.

5. 求锥面 $z=\sqrt{x^2+y^2}$ 被柱面 $z^2=2x$ 所割下部分的曲面面积.

第四节　三重积分及其计算

一、三重积分的概念及性质

定积分和二重积分作为和的极限的概念可以很自然地推广到三重积分.

定义　设 $f(x,y,z)$ 是定义在空间闭区域 Ω 上的有界函数,用任意的方法把 Ω 分成 n 份,用 Δv_i 表示第 i 个小区域,也表示它的体积 $(i=1,2,\cdots,n)$,在 Δv_i 内任意取一点 (ξ_i,η_i,ζ_i),并作积分和

$$\sum_{i=1}^n f(\xi_i,\eta_i,\zeta_i)\Delta v_i.$$

设 λ_i 为 Δv_i 的直径,令 λ 为 $\lambda_1,\lambda_2,\cdots,\lambda_n$ 的最大值,当 $\lambda\to 0$ 时,如果积分和的极限存在,且与 Δv_i 的分法及 (ξ_i,η_i,ζ_i) 的取法无关,则称此极限为 $f(x,y,z)$ 在 Ω 上的三重积分,记作

$$\iiint\limits_{\Omega} f(x,y,z)\,\mathrm{d}v,\ 即$$

$$\iiint\limits_{\Omega} f(x,y,z)\,\mathrm{d}v = \lim_{\lambda\to 0}\sum_{i=1}^{n} f(\xi_i,\eta_i,\zeta_i)\,\Delta v_i.$$

用若干分别垂直于 x 轴，y 轴，z 轴的平面把 Ω 分割成若干个小的长方体区域，则第 i 个小区域的体积 $\Delta v_i = \Delta x_j \cdot \Delta y_k \cdot \Delta z_s$，因在空间直角坐标系中体积元素的表达式为 $\mathrm{d}v = \mathrm{d}x\mathrm{d}y\mathrm{d}z$，相应地三重积分的表达式为

$$\iiint\limits_{\Omega} f(x,y,z)\,\mathrm{d}x\mathrm{d}y\mathrm{d}z.$$

从二重积分与三重积分概念上的联系，我们可以把二重积分的所有性质类推至三重积分，在此不再叙述.

二、三重积分的计算

1. 在直角坐标系中的计算

在直角坐标系中计算的方法是将三重积分转化为定积分和二重积分，而这种转化可以按照两种方式来实现，即投影法和切片法.

（1）投影法

设空间区域

$$\Omega:\begin{cases}\varphi_1(x,y)\leqslant z\leqslant\varphi_2(x,y),\\(x,y)\in D_{xy},\end{cases}$$

即区域 Ω 所占有的空间是处于两个曲面 $z=\varphi_1(x,y)$，$z=\varphi_2(x,y)$ 之间，且 D_{xy} 是区域 Ω 在 xOy 面的投影，如图 9.11 所示. 那么

$$\iiint\limits_{\Omega} f(x,y,z)\,\mathrm{d}x\mathrm{d}y\mathrm{d}z = \iint\limits_{D_{xy}}\left[\int_{z_1(x,y)}^{z_2(x,y)} f(x,y,z)\,\mathrm{d}z\right]\mathrm{d}x\mathrm{d}y.$$

按照这种先算关于 z 的定积分，再算关于 x,y 的二重积分的方法称为投影法.

如果 D_{xy} 是 X-型区域：$a\leqslant x\leqslant b$，$y_1(x)\leqslant y\leqslant y_2(x)$，则有

$$\iiint\limits_{\Omega} f(x,y,z) = \int_a^b\mathrm{d}x\int_{y_1(x)}^{y_2(x)}\mathrm{d}y\int_{z_1(x,y)}^{z_2(x,y)} f(x,y,z)\,\mathrm{d}z.$$

这样可将三重积分转化为三次积分.

对于 D_{xy} 是 Y-型区域可以类似地处理.

（2）切片法

设空间区域

$$\Omega:\begin{cases}c\leqslant z\leqslant d,\\(x,y)\in D_z,\end{cases}$$

即区域 Ω 介于两个平面 $z=c$，$z=d$ 之间，D_z 是过点 $(0,0,z)$ 且垂直于 z 轴的平面通过区域 Ω 所截得的闭区域，如图 9.12 所示. 那么

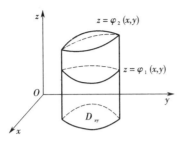

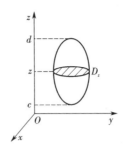

图 9.11　　　　　　　　　图 9.12

$$\iiint\limits_{\Omega} f(x,y,z)\mathrm{d}x\mathrm{d}y\mathrm{d}z = \int_{c}^{d}\left[\iint\limits_{D_z} f(x,y,z)\mathrm{d}x\mathrm{d}y\right]\mathrm{d}z.$$

按照这种先算关于 x,y 的二重积分，再算关于 z 的定积分的方法称为切片法.

例 1　求 $\iiint\limits_{\Omega}(x+y+z)\mathrm{d}v$，$\Omega$ 由 $x+y+z=2$ 和坐标平面所围成.

解　Ω 在 xOy 面上的投影为

$$D_{xy}:0\leqslant x\leqslant 2,\ 0\leqslant y\leqslant 2-x.$$

在 Ω 内，上表面为 $z=2-x-y$，下表面为 $z=0$，所以

$$\iiint\limits_{\Omega}(x+y+z)\mathrm{d}v = \int_{0}^{2}\mathrm{d}x\int_{0}^{2-x}\mathrm{d}y\int_{0}^{2-x-y}(x+y+z)\mathrm{d}z = 2.$$

例 2　求 $\iiint\limits_{\Omega}z\mathrm{d}x\mathrm{d}y\mathrm{d}z$，$\Omega$ 是由曲面 $z=x^2+y^2$ 与平面 $x=0,x=1,y=0,y=1$ 和 $z=0$ 所围成.

解　Ω 在 xOy 面上的投影 $D=\{(x,y)\mid 0\leqslant x\leqslant 1,0\leqslant y\leqslant 1\}$，$\Omega$ 的下表面、上表面分别为 $z=0$ 和 $z=x^2+y^2$，那么

$$\iiint\limits_{\Omega}z\mathrm{d}x\mathrm{d}y\mathrm{d}z = \int_{0}^{1}\mathrm{d}x\int_{0}^{1}\mathrm{d}y\int_{0}^{x^2+y^2}z\mathrm{d}z = \int_{0}^{1}\mathrm{d}x\int_{0}^{1}\frac{1}{2}(x^4+2x^2y^2+y^4)\mathrm{d}y$$

$$= \frac{1}{2}\int_{0}^{1}\left(x^4+\frac{2}{3}x^2+\frac{1}{5}\right)\mathrm{d}x = \frac{14}{45}.$$

2. 在柱面坐标系下计算三重积分

设 $M(x,y,z)$ 为空间内一点，并设点 M 在 xOy 面上的投影 P 的极坐标为 ρ,θ，则这样的三个数 ρ,θ,z 就叫作点 M 的柱面坐标（见图 9.13），这里规定 ρ,θ,z 的变化范围为

$$0\leqslant\rho<+\infty,0\leqslant\theta\leqslant 2\pi,-\infty<z<+\infty.$$

三组坐标面分别为：

$\rho=$ 常数，即以 z 轴为轴的圆柱面；

$\theta=$ 常数，即过 z 轴的半平面；

$z=$ 常数，即与 xOy 面平行的平面.

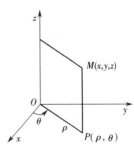

图 9.13

显然, 点 M 的直角坐标与柱面坐标的关系为

$$\begin{cases} x = \rho\cos\theta, \\ y = \rho\sin\theta, \\ z = z. \end{cases} \tag{9-6}$$

现在要把三重积分 $\iiint\limits_{\Omega} f(x,y,z)\mathrm{d}v$ 中的变量变换为柱面坐标. 为此, 用三组坐标面

$$\rho = 常数, \quad \theta = 常数, \quad z = 常数$$

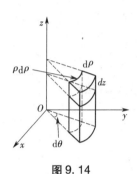

把 Ω 分成许多小闭区域, 除了含 Ω 的边界的一些不规则小闭区域外, 这种小闭区域都是柱体. 考虑由 ρ, θ, z 各取得微小增量 $\mathrm{d}\rho$, $\mathrm{d}\theta$, $\mathrm{d}z$ 所成的柱体的体积(见图 9.14), 柱体的高为 $\mathrm{d}z$, 底面积在不计高阶无穷小时为 $\rho\mathrm{d}\rho\mathrm{d}\theta$(即极坐标系中的面积元素), 于是得

$$\mathrm{d}v = \rho\mathrm{d}\rho\mathrm{d}\theta\mathrm{d}z.$$

这就是柱面坐标中的体积元素. 再注意到关系式(9-6)则有

图 9.14

$$\iiint\limits_{\Omega} f(x,y,z)\mathrm{d}x\mathrm{d}y\mathrm{d}z = \iiint\limits_{\Omega} F(\rho,\theta,z)\rho\mathrm{d}\rho\mathrm{d}\theta\mathrm{d}z, \tag{9-7}$$

其中 $F(\rho,\theta,z) = f(\rho\cos\theta,\rho\sin\theta,z)$. 式(9-7)就是把三重积分的变量从直角坐标变换为柱面坐标的公式. 至于变量变换为柱面坐标后的三重积分的计算, 则可化为三次积分来进行. 化为三次积分时, 积分限是根据 ρ, θ, z 在积分区域 Ω 中的变化范围来确定的. 下面通过例子来说明.

例 3 利用柱面坐标计算三重积分 $\iiint\limits_{\Omega} z\mathrm{d}x\mathrm{d}y\mathrm{d}z$, 其中 Ω 是由曲面 $z = x^2 + y^2$ 与平面 $z = 4$ 所围成的闭区域.

解 把闭区域 Ω 投影到 xOy 面上, 得半径为 2 的圆形闭区域

$$D_{xy} = \{(r,\theta) \mid 0 \leq r \leq 2, 0 \leq \theta \leq 2\pi\}.$$

在 D_{xy} 内任取一点 (r,θ), 过此点作平行于 z 轴的直线, 此直线通过曲面 $z = x^2 + y^2$ 穿入 Ω 内, 然后通过平面 $z = 4$ 穿出 Ω 外. 因此闭区域 Ω 可用不等式

$$\rho^2 \leq z \leq 4, \quad 0 \leq \rho \leq 2, \quad 0 \leq \theta \leq 2\pi$$

来表示, 于是

$$\iiint\limits_{\Omega} z\mathrm{d}x\mathrm{d}y\mathrm{d}z = \iiint\limits_{\Omega} z\rho\mathrm{d}\rho\mathrm{d}\theta\mathrm{d}z = \int_0^{2\pi} \mathrm{d}\theta \int_0^2 \rho\mathrm{d}\rho \int_{\rho^2}^4 z\mathrm{d}z$$

$$= \frac{1}{2} \int_0^{2\pi} \mathrm{d}\theta \int_0^2 \rho(16 - \rho^4)\mathrm{d}\rho = \frac{1}{2} \cdot 2\pi \left[8\rho^2 - \frac{1}{6}\rho^6 \right]\Big|_0^2 = \frac{64}{3}\pi.$$

3. 在球面坐标系下计算三重积分

设 $M(x,y,z)$ 为空间内一点, 则点 M 也可用这样三个有次序的数 r, φ, θ 来确定, 其中 r 为原点 O 与点 M 间的距离, φ 为有向线段 $\overrightarrow{OM}$ 与 z 轴正向所夹的角, θ 为从正 z 轴来看自 x

轴按逆时针方向转到有向线段 $\overrightarrow{OP}$ 的角,这里 P 为点 M 在 xOy 面上的投影(见图 9.15). 这样的三个数 r,φ,θ 叫作点 M 的球面坐标,这里 r,φ,θ 的变化范围为

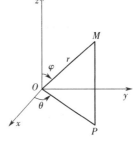

$$0 \leqslant r \leqslant +\infty, \quad 0 \leqslant \varphi \leqslant \pi, \quad 0 \leqslant \theta \leqslant 2\pi.$$

三组坐标面分别为:

r = 常数,即以原点为心的球面;

φ = 常数,即以原点为顶点、z 轴为轴的圆锥面;

θ = 常数,即过 z 轴的半平面.

图 9.15

点 M 的直角坐标与球面坐标的关系为

$$\begin{cases} x = OP\cos\theta = r\sin\varphi\cos\theta, \\ y = OP\sin\theta = r\sin\varphi\sin\theta, \\ z = r\cos\varphi. \end{cases} \tag{9-8}$$

为了把三重积分中的变量从直角坐标变换为球面坐标,用三组坐标面

$$r = 常数, \quad \varphi = 常数, \quad \theta = 常数,$$

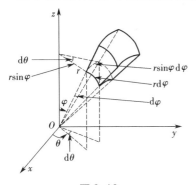

把积分区域 Ω 分成许多小闭区域. 考虑由 r,φ,θ 各取得微小增量 $dr,d\varphi,d\theta$ 所成的六面体的体积(见图 9.16),不计高阶无穷小,可把这个六面体看作长方体,其经线方向的长为 $rd\varphi$,纬线方向的宽为 $r\sin\varphi d\theta$,向径方向的高为 dr,于是得

$$dv = r^2\sin\varphi dr d\varphi d\theta.$$

这就是球面坐标系中的体积元素. 再注意到关系式 (9-8) 有

图 9.16

$$\iiint\limits_{\Omega} f(x,y,z)\,dxdydz = \iiint\limits_{\Omega} F(r,\varphi,\theta)r^2\sin\varphi dr d\varphi d\theta, \tag{9-9}$$

其中 $F(r,\varphi,\theta) = f(r\sin\varphi\cos\theta, r\sin\varphi\sin\theta, r\cos\varphi)$. 式 (9-9) 就是把三重积分的变量从直角坐标变换为球面坐标的公式.

要计算变量变换为球面坐标后的三重积分,可把它化为对 r,φ,θ 的三次积分.

若积分区域 Ω 的边界曲面是一个包围原点在内的闭曲面,其球面坐标方程为 $r = r(\varphi,\theta)$,则

$$\begin{aligned} I &= \iiint\limits_{\Omega} F(r,\varphi,\theta)r^2\sin\varphi dr d\varphi d\theta \\ &= \int_0^{2\pi}d\theta\int_0^{\pi}d\varphi\int_0^{r(\varphi,\theta)} F(r,\varphi,\theta)r^2\sin\varphi dr. \end{aligned}$$

当积分区域 Ω 为球面 $r = a$ 所围成时,有

$$I = \int_0^{2\pi}d\theta\int_0^{\pi}d\varphi\int_0^{a} F(r,\varphi,\theta)r^2\sin\varphi dr.$$

特别地,当 $F(r,\varphi,\theta) = 1$ 时,由上式即得球的体积公式

$$V = \int_0^{2\pi} \mathrm{d}\theta \int_0^{\pi} \sin \varphi \mathrm{d}\varphi \int_0^a r^2 \mathrm{d}r = 2\pi \cdot 2 \cdot \frac{a^3}{3} = \frac{4}{3}\pi a^3.$$

这是我们所熟知的.

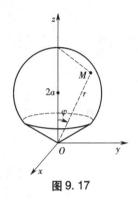

图 9.17

例 4 求半径为 a 的球面与半顶角为 α 的内接锥面所围成的立体(见图 9.17)的体积.

解 设球面通过原点 O,球心在 z 轴上,又内接锥面的顶点在原点 O,其轴与 z 轴重合,则球面方程为

$$r = 2a\cos \varphi.$$

锥面方程为

$$\varphi = \alpha.$$

因为立体所占有的空间闭区域 Ω 可用不等式

$$0 \leqslant r \leqslant 2a\cos \varphi, 0 \leqslant \varphi \leqslant \alpha, 0 \leqslant \theta \leqslant 2\pi$$

来表示,所以

$$V = \iiint_{\Omega} r^2 \sin \varphi \mathrm{d}r\mathrm{d}\varphi\mathrm{d}\theta = \int_0^{2\pi} \mathrm{d}\theta \int_0^{\alpha} \mathrm{d}\varphi \int_0^{2a\cos \varphi} r^2 \sin \varphi \mathrm{d}r$$

$$= 2\pi \int_0^{\alpha} \sin \varphi \mathrm{d}\varphi \int_0^{2a\cos \varphi} r^2 \mathrm{d}r = \frac{16\pi a^3}{3} \int_0^{\alpha} \cos^3 \varphi \sin \varphi \mathrm{d}\varphi$$

$$= \frac{4\pi a^3}{3}(1 - \cos^4 \alpha).$$

习题 9 - 4

1. 计算 $\iiint\limits_{\Omega} x\mathrm{d}v$,其中 Ω 是三个坐标面及平面 $x + y + 2z = 2$ 所围成的闭区域.

2. 计算 $\iiint\limits_{\Omega} xy^2z^3\mathrm{d}x\mathrm{d}y\mathrm{d}z$,其中 Ω 是由曲面 $z = xy$ 与平面 $y = x, x = 1$ 和 $z = 0$ 所围成的闭区域.

3. 计算 $\iiint\limits_{\Omega} (x^2 + y^2)\mathrm{d}v$,其中 Ω 是由曲面 $4z^2 = 25(x^2 + y^2)$ 及平面 $z = 5$ 所围成的闭区域.

4. 计算 $\iiint\limits_{\Omega} (x^2 + y^2)\mathrm{d}v$,其中 Ω 是由不等式 $0 < a \leqslant \sqrt{x^2 + y^2 + z^2} \leqslant A, z \geqslant 0$ 所确定的闭区域.

第五节 重积分应用模块

本节将在重积分的元素法基础上讨论重积分在各个领域的应用.

一、二重积分应用模块

1. 平面薄片的质心问题

设有一平面薄片,占有 xOy 面上的闭区域 D,在点 (x,y) 处的面密度为 $\rho(x,y)$,假定 $\rho(x,y)$ 在 D 上连续,现在要找该薄片的重心的坐标.

在闭区域 D 上任取一直径很小的闭区域 $\mathrm{d}\sigma$(这小闭区域的面积也记作 $\mathrm{d}\sigma$),(x,y) 是这小闭区域上的一个点. 由于 $\mathrm{d}\sigma$ 的直径很小,且 $\rho(x,y)$ 在 D 上连续,所以薄片中相应于 $\mathrm{d}\sigma$ 的部分的质量近似等于 $\rho(x,y)\mathrm{d}\sigma$,这部分质量可近似看作集中在点 (x,y) 上,于是可写出静矩元素 $\mathrm{d}M_y$ 和 $\mathrm{d}M_x$:

$$\mathrm{d}M_y = x\rho(x,y)\mathrm{d}\sigma, \ \mathrm{d}M_x = y\rho(x,y)\mathrm{d}\sigma,$$

以这些元素为被积表达式,在闭区域 D 上的积分,便得

$$M_y = \iint\limits_{D} x\rho(x,y)\mathrm{d}\sigma, M_x = \iint\limits_{D} y\rho(x,y)\mathrm{d}\sigma.$$

又由第八章第九节知道,薄片的质量为

$$M = \iint\limits_{D} \rho(x,y)\mathrm{d}\sigma,$$

所以薄片的重心坐标为

$$\bar{x} = \frac{M_y}{M} = \frac{\iint\limits_{D} x\rho(x,y)\mathrm{d}\sigma}{\iint\limits_{D} \rho(x,y)\mathrm{d}\sigma}, \ \bar{y} = \frac{M_x}{M} = \frac{\iint\limits_{D} y\rho(x,y)\mathrm{d}\sigma}{\iint\limits_{D} \rho(x,y)\mathrm{d}\sigma}.$$

如果薄片是均匀的,即面密度为常量,则上式中可把 ρ 提到积分记号外面,并从分子、分母中约去,这样便得均匀薄片重心的坐标

$$\bar{x} = \frac{1}{A}\iint\limits_{D} x\mathrm{d}\sigma, \bar{y} = \frac{1}{A}\iint\limits_{D} y\mathrm{d}\sigma, \tag{9-10}$$

其中 $A = \iint\limits_{D} \mathrm{d}\sigma$ 为闭区域 D 的面积. 这时薄片的重心完全由闭区域 D 的形状所决定. 我们把均匀平面薄片的重心叫作这平面薄片所占的平面图形的形心. 因此,平面图形 D 的形心就可用公式(9-10)计算.

例 1 求位于两圆 $r = 2\sin\theta$ 和 $r = 4\sin\theta$ 之间的均匀薄片的重心(见图 9.18).

解 因为闭区域 D 对称于 y 轴,所以重心 $C(\bar{x},\bar{y})$ 必位于 y 轴上,于是 $\bar{x}=0$,再按公式

$$\bar{y} = \frac{1}{A}\iint\limits_{D} y\mathrm{d}\sigma$$

计算 $\bar{y}$. 由于闭区域 D 位于半径为 1 与半径为 2 的两圆之间,所以它的面积等于这两个圆的面积之差,即 $A = 3\pi$. 再利用极坐标计算积分:

$$\iint\limits_{D} y\mathrm{d}\sigma = \iint\limits_{D} \rho^2\sin\theta\mathrm{d}\rho\mathrm{d}\theta = \int_0^\pi \sin\theta\mathrm{d}\theta \int_{2\sin\theta}^{4\sin\theta} \rho^2\mathrm{d}\rho$$

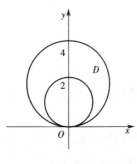

图 9.18

$$= \frac{56}{3} \int_0^\pi \sin^4 \theta \mathrm{d}\theta = 7\pi.$$

因此 $\bar{y} = \frac{7\pi}{3\pi} = \frac{7}{3}$，所求重心是 $C\left(0, \frac{7}{3}\right)$.

2. 平面薄片的转动惯量

设有一薄片,占有 xOy 面上的闭区域 D,在点 (x,y) 处的面密度为 $\rho(x,y)$,假定 $\rho(x,y)$ 在 D 上连续,现在要求该薄片对于 x 轴的转动惯量 I_x 以及对于 y 轴的转动惯量 I_y.

应用元素法,在闭区域 D 上任取一直径很小的闭区域 $\mathrm{d}\sigma$ (这小闭区域的面积也记作 $\mathrm{d}\sigma$),(x,y) 是这小闭区域上的一个点. 由于 $\mathrm{d}\sigma$ 的直径很小,且 $\rho(x,y)$ 在 D 上连续,所以薄片中相应于 $\mathrm{d}\sigma$ 的部分的质量近似等于 $\rho(x,y)\mathrm{d}\sigma$. 这部分质量可近似看作集中在点 (x,y) 上,于是可写出薄片对于 x 轴以及对于 y 轴的转动惯量元素:

$$\mathrm{d}I_x = y^2 \rho(x,y)\mathrm{d}\sigma, \mathrm{d}I_y = x^2 \rho(x,y)\mathrm{d}\sigma.$$

以这些元素为被积表达式,在闭区域 D 上积分,便得

$$I_x = \iint_D y^2 \rho(x,y)\mathrm{d}\sigma, \quad I_y = \iint_D x^2 \rho(x,y)\mathrm{d}\sigma.$$

例 2 求半径为 a 的均匀半圆薄片(面密度为常量 μ)对于其直径边的转动惯量.

解 取坐标系如图 9.19 所示,则薄片所占闭区域 D 可表示为

$$x^2 + y^2 \leqslant a^2 \quad (y \geqslant 0).$$

而所求转动惯量,即半圆薄片对于 x 轴的转动惯量为

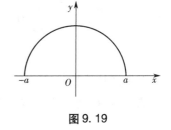

图 9.19

$$I_x = \iint_D \mu y^2 \mathrm{d}\sigma = \mu \iint_D \rho^3 \sin^2 \theta \mathrm{d}\rho \mathrm{d}\theta$$

$$= \mu \int_0^\pi \mathrm{d}\theta \int_0^a \rho^3 \sin^2 \theta \mathrm{d}\rho = \mu \frac{a^4}{4} \int_0^\pi \sin^2 \theta \mathrm{d}\theta$$

$$= \frac{1}{4}\mu a^4 \cdot \frac{\pi}{2} = \frac{1}{4}Ma^2.$$

其中 $M = \frac{1}{2}\pi\mu a^2$ 为半圆薄片的质量.

3. 平面薄片对质点的引力

设平面对薄片有 xOy 平面上的闭区域 D,其面密度为 $\rho(x,y)$,且 $\rho(x,y)$ 在 D 上连续,求点 $M(0,0,a)$ 与该薄片间的引力.

设 $\mathrm{d}\sigma$ 为 D 上直径无穷小的一块区域,则 $\mathrm{d}\sigma$ 对点 M 的引力大小为

$$\triangle F \approx G \cdot \frac{\rho(x,y)\mathrm{d}\sigma}{r^2},$$

其方向与向量 $(x,y,-a)$ 一致,其中 $r^2 = x^2 + y^2 + a^2$. 那么平面薄片对该点的引力在三个坐

标轴上的投影 F_x,F_y,F_Z 的元素为：

$$\mathrm{d}F_x = \frac{x}{r} \cdot \triangle F, \mathrm{d}F_y = \frac{y}{r} \cdot \triangle F, \mathrm{d}F_z = \frac{-z}{r} \cdot \triangle F.$$

从而薄片对该点引力在坐标轴上的投影为：

$$F_x = G\iint\limits_{D} \frac{\rho(x,y)x}{r^3}\mathrm{d}\sigma, F_y = G\iint\limits_{D} \frac{\rho(x,y)y}{r^3}\mathrm{d}\sigma, F_z = -G\iint\limits_{D} \frac{\rho(x,y)a}{r^3}\mathrm{d}\sigma$$

例3　均匀薄片 $x^2 + y^2 = R^2$，求薄片对单位质点 $(0,0,c)$，$c>0$ 的引力.

解　由对称性有 $F_x = 0, F_y = 0$ 而

$$\begin{aligned}
F_z &= -G\iint\limits_{D} \frac{\rho c}{(x^2 + y^2 + c^2)^{\frac{3}{2}}}\mathrm{d}\sigma \\
&= -G\rho c \cdot \int_0^{2\pi}\mathrm{d}\theta\int_0^R \frac{r}{(r^2 + c^2)^{\frac{3}{2}}}\mathrm{d}r \\
&= -2G\pi\rho\left(1 - \frac{c}{\sqrt{R^2 + c^2}}\right).
\end{aligned}$$

所以薄片对点的引力为

$$F = \left(0,0,-2G\pi\rho\left(1 - \frac{c}{\sqrt{R^2 + C^2}}\right)\right).$$

二、三重积分应用模块

与二重积分应用类似，三重积分也可以在质心、转动惯量、引力等方面有常见的应用.

设物体占有空间闭区域 Ω，在点 (x,y,z) 处的密度为 $\rho(x,y,z)$，假定这函数在 Ω 上连续，利用三重积分的元素法，可以得到该物体的重心的坐标和转动惯量分别为

$$\bar{x} = \frac{1}{M}\iiint\limits_{\Omega} x\rho\mathrm{d}v, \quad \bar{y} = \frac{1}{M}\iiint\limits_{\Omega} y\rho\mathrm{d}v, \quad \bar{z} = \frac{1}{M}\iiint\limits_{\Omega} z\rho\mathrm{d}v.$$

$$I_x = \iiint\limits_{\Omega}(y^2 + z^2)\rho\mathrm{d}v, \quad I_y = \iiint\limits_{\Omega}(z^2 + x^2)\rho\mathrm{d}v, \quad I_z = \iiint\limits_{\Omega}(x^2 + y^2)\rho\mathrm{d}v.$$

其中 $M = \iiint\limits_{\Omega}\rho\mathrm{d}v$ 为物体的质量.

例4　求均匀半球体的重心.

解　取半球体的对称轴为 z 轴，原点取在球心上，又设球半径为 a，则半球体所占空间的闭区域 Ω 为

$$x^2 + y^2 + z^2 \leqslant a^2, \ z \geqslant 0.$$

显然，重心在 z 轴上，故 $\bar{x} = \bar{y} = 0$.

根据公式 $\bar{z} = \frac{1}{M}\iiint\limits_{\Omega} z\rho\mathrm{d}v = \frac{1}{V}\iiint\limits_{\Omega} z\mathrm{d}v$，其中 $V = \frac{2}{3}\pi a^3$ 为半球体的体积，则

$$\iiint\limits_{\Omega} z\mathrm{d}v = \iiint\limits_{\Omega} r\cos\varphi\, r^2\sin\varphi\,\mathrm{d}r\mathrm{d}\varphi\mathrm{d}\theta = \int_0^{2\pi}\mathrm{d}\theta\int_0^{\frac{\pi}{2}}\cos\varphi\sin\varphi\,\mathrm{d}\varphi\int_0^a r^3\mathrm{d}r$$

$$= 2\pi \left[\frac{\sin^2 \varphi}{2} \right]_0^{\frac{\pi}{2}} \cdot \frac{a^4}{4} = \frac{\pi a^4}{4}.$$

因此 $\bar{z} = \dfrac{3}{8}a$,所以重心为 $\left(0, 0, \dfrac{3}{8}a \right)$.

例5 求密度为 1 的均匀圆柱体 $\Omega : x^2 + y^2 \leqslant a^2, |z| \leqslant h$,对于直线 $l : x = y = z$ 的转动惯量.

解 $\forall$ 点 (x, y, z) 到 l 的距离的平方为

$$\left[\frac{(1,1,1) \times (x, y, z)}{\sqrt{3}} \right]^2 = \frac{1}{3} \left[(z - y)^2 + (x + y)^2 \right].$$

则圆柱体对 l 的转动惯量为:

$$I_\rho = \iiint_\Omega \frac{1}{3} \left[(y - z)^2 + (x - z)^2 + (x - y)^2 \right] \mathrm{d}v$$

$$= \frac{2}{3} \iiint_\Omega (x^2 + y^2 + z^2) \mathrm{d}v - \frac{2}{3} \iiint_\Omega (yz + zx + xy) \mathrm{d}v$$

$$= \frac{2}{3} \iiint_\Omega (x^2 + y^2) \mathrm{d}v - \frac{2}{3} \iiint_\Omega z^2 \mathrm{d}v$$

$$= \frac{4h}{3} \iint_{x^2 + y^2 \leqslant a^2} (x^2 + y^2) \mathrm{d}x \mathrm{d}y + \frac{2}{3} \int_{-h}^h \pi a^2 z^2 \mathrm{d}z$$

$$= \frac{2}{3} \pi h a^4 + \frac{4}{9} \pi a^2 h^2.$$

习题 9-5

1. 半径为 R 的球形行星的大气密度为 $\mu = \mu_0 \mathrm{e}^{-ch}$,其中 h 是行星表面上方的高度,μ_0 是在海平面的大气密度,c 为正的常数. 求该行星大气质量.

2. 设直线 L_c 穿过平面区域上质量为 m 的薄板的质心,直线 L 平行于 L_c,且与 L_c 的距离为 h.

(1)证明:(平行轴定理)薄板关于 L 和关于 L_c 的转动惯量 I_L, I_{L_c} 满足关系

$$I_L = I_{L_c} + mh^2.$$

(2)设薄板所占的区域为 $0 \leqslant y \leqslant 2x, 0 \leqslant x \leqslant 1$,其面密度 $\mu(x, y) = 6x + 6y + 6$,求薄板关于过其质心的水平线和垂直线的转动惯量.

3. 求立体的质量,该立体由 $z = 16 - x^2 - y^2$ 以及 $z = 2x^2 + 2y^2$ 所围成,其体密度为 $\mu(x, y, z) = \sqrt{x^2 + y^2}$.

4. 一容器为正方体,其边界是由坐标面以及 $x = 1, y = 1, z = 1$ 等围成,里面装满了密度为 $\mu(x, y, z) = x + y + z + 1$ 的液体,现在将该液体缓慢地从容器中抽取出来,问要做多少功?

第九章小结

1. 知识结构

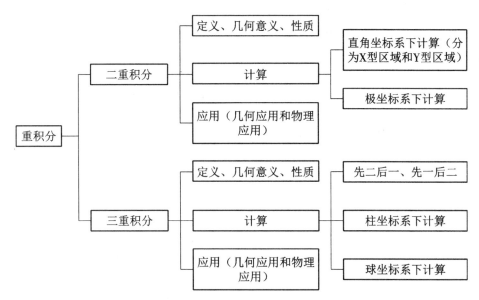

2. 内容概要

　　重积分是一元函数的定积分的推广,在定义的方式上不管是二重积分还是三重积分都与定积分是类似的,即都是某种和式的极限。这样导致二重积分、三重积分在性质上都可以看作是定积分的平行推广。

　　本章的重点是重积分的计算,二重积分与三重积分的计算公式都是要转化为定积分来处理,体现了降维的数学思想,即把高维的积分转化为低维的积分来处理。重积分的计算要考虑积分区域的类型以及被积函数的表达式,再选取合适的积分次序以及坐标来计算。在计算中要注意"作图—定边界—选坐标—转为定积分"的计算步骤。另外还要注意积分的对称性,包括几何对称以及轮换对称,恰当地使用对称性能够对重积分的计算起到简化作用。

　　在应用中,分为几何应用和物理应用。几何应用包括计算曲面面积、空间体积等问题,物理应用包括质量的计算、转动惯量的计算、功的计算、压力和引力的计算等问题,在各种应用中,关键是要掌握各种量的微元计算,即元素法的应用。

第九章练习题

（满分 150 分）

一、选择题（每题 4 分，共 32 分）

1. 若区域 D 为 $|x| \leq 1$，$|y| \leq 1$，则 $\iint\limits_{D} x \mathrm{e}^{\cos(xy)} \sin(xy) \mathrm{d}x \mathrm{d}y = ($ 　　 $)$.

A. e 　　　　　　　B. e -1 　　　　　　C. 0 　　　　　　D. π

2. 设 $I_1 = \iint\limits_{D} \cos \sqrt{x^2 + y^2} \, \mathrm{d}\sigma$，$I_2 = \iint\limits_{D} \cos(x^2 + y^2) \mathrm{d}\sigma$，$I_3 = \iint\limits_{D} \cos(x^2 + y^2)^2 \mathrm{d}\sigma$，其中 $D = \{(x, y) \mid x^2 + y^2 \leq 1\}$，则（ 　　 ）.

A. $I_3 > I_2 > I_1$ 　　　　　　　　　　B. $I_1 > I_2 > I_3$

C. $I_2 > I_1 > I_3$ 　　　　　　　　　　D. $I_3 > I_1 > I_2$

3. $\displaystyle\int_0^{\frac{\pi}{2}} \mathrm{d}\theta \int_0^{\cos\theta} f(r\cos\theta, r\sin\theta) r \mathrm{d}r = ($ 　　 $)$.

A. $\displaystyle\int_0^1 \mathrm{d}y \int_0^{\sqrt{y-y}} f(xy) \mathrm{d}x$ 　　　　　　B. $\displaystyle\int_0^1 \mathrm{d}y \int_0^{\sqrt{1-y^2}} f(xy) \mathrm{d}x$

C. $\displaystyle\int_0^1 \mathrm{d}y \int_0^1 f(xy) \mathrm{d}x$ 　　　　　　　　D. $\displaystyle\int_0^1 \mathrm{d}x \int_0^{\sqrt{x-x^2}} f(x, y) \mathrm{d}y$

4. 设 $f(x, y)$ 为连续函数，则积分 $\displaystyle\int_0^1 \mathrm{d}x \int_0^{x^2} f(x, y) \mathrm{d}y + \int_1^2 \mathrm{d}x \int_0^{2-x} f(x, y) \mathrm{d}y$ 可交换积分次序为（ 　　 ）.

A. $\displaystyle\int_0^1 \mathrm{d}y \int_0^y f(x, y) \mathrm{d}x + \int_1^2 \mathrm{d}y \int_0^{2-y} f(x, y) \mathrm{d}x$

B. $\displaystyle\int_0^1 \mathrm{d}y \int_0^{x^2} f(x, y) \mathrm{d}x + \int_1^2 \mathrm{d}y \int_0^{2-x} f(x, y) \mathrm{d}x$

C. $\displaystyle\int_0^1 \mathrm{d}y \int_{\sqrt{y}}^{2-y} f(x, y) \mathrm{d}x$

D. $\displaystyle\int_0^1 \mathrm{d}y \int_{x^2}^{2-x} f(x, y) \mathrm{d}x$

5. 由 $x^2 + y^2 + z^2 = 2$，$z = x^2 + y^2$ 所围立体的体积是（ 　　 ）.

A. $\displaystyle\int_0^{2\pi} \mathrm{d}\theta \int_\rho^1 \rho \mathrm{d}\rho \int_{\rho^2}^{\sqrt{2-\rho^2}} \mathrm{d}z$ 　　　　B. $\displaystyle\int_0^{2\pi} \mathrm{d}\theta \int_0^\rho \rho \mathrm{d}\rho \int_1^{\sqrt{2-\rho^2}} \mathrm{d}z$

C. $\displaystyle\int_0^{2\pi} \mathrm{d}\theta \int_0^1 \rho \mathrm{d}\rho \int_{-\sqrt{2-\rho^2}}^{\rho^2} \mathrm{d}z$ 　　　　D. $\displaystyle\int_0^{2\pi} \mathrm{d}\theta \int_0^1 \rho \mathrm{d}\rho \int_{\rho^2}^{\sqrt{2-\rho^2}} \mathrm{d}z$

6. 设区域 $D = \{(x, y) \mid x^2 + y^2 \leq 4, x \geq 0, y \geq 0\}$，$f(x)$ 为 D 上的正值连续函数，a, b 为常数，则 $I = \iint\limits_{D} \dfrac{a \sqrt{f(x)} + b \sqrt{f(y)}}{\sqrt{f(x)} + \sqrt{f(y)}} \mathrm{d}\sigma = ($ 　　 $)$.

A. $ab\pi$　　　　　　B. $\dfrac{ab}{2}\pi$　　　　　　C. $(a+b)\pi$　　　　D. $\dfrac{a+b}{2}\pi$

7. Ω 为单位球：$x^2+y^2+z^2\leqslant1$，则 $\iiint\limits_{\Omega}\sqrt{x^2+y^2+z^2}\,\mathrm{d}x\mathrm{d}y\mathrm{d}z=$（　　　）.

A. $\iiint\limits_{\Omega}\mathrm{d}x\mathrm{d}y\mathrm{d}z$　　　　　　　　　　B. $\int_0^{2\pi}\mathrm{d}\theta\int_0^{\pi}\mathrm{d}\varphi\int_0^1\rho^3\sin\varphi\,\mathrm{d}\rho$

C. $\int_0^{2\pi}\mathrm{d}\theta\int_0^{\pi}\mathrm{d}\varphi\int_0^1\rho^3\sin\theta\,\mathrm{d}\rho$　　　　D. $\int_0^{2\pi}\mathrm{d}\theta\int_0^{2\pi}\mathrm{d}\varphi\int_0^1\rho^3\sin\varphi\,\mathrm{d}\rho$

8. 设有空间闭区域：

$\Omega_1=\{(x,y,z)\,|\,x^2+y^2+z^2\leqslant R^2,z\geqslant0\}$，

$\Omega_2=\{(x,y,z)\,|\,x^2+y^2+z^2\leqslant R^2,x\geqslant0,y\geqslant0,z\geqslant0\}$，则有（　　　）.

A. $\iiint\limits_{\Omega_1}x\mathrm{d}v=4\iiint\limits_{\Omega_2}x\mathrm{d}v$　　　　　　B. $\iiint\limits_{\Omega_1}y\mathrm{d}v=4\iiint\limits_{\Omega_2}y\mathrm{d}v$

C. $\iiint\limits_{\Omega_1}z\mathrm{d}v=4\iiint\limits_{\Omega_2}z\mathrm{d}v$　　　　　　D. $\iiint\limits_{\Omega_1}xyz\mathrm{d}v=4\iiint\limits_{\Omega_2}xyz\mathrm{d}v$

二、填空题（每题 4 分，共 24 分）

1. 设 $f(x,y)$ 为连续函数，则二次积分 $\int_0^a\mathrm{d}x\int_0^xf(x,y)\,\mathrm{d}y$ 交换积分次序后为

_____.

2. 若 $f(x,y)$ 在关于 y 轴对称的有界闭区域 D 上连续，且 $f(-x,y)=-f(x,y)$，则 $\iint\limits_{D}f(x,y)\mathrm{d}x\mathrm{d}y=$ _____.

3. 设积分区域 D 的面积为 S，(ρ,θ) 为 D 中点的极坐标，则 $\iint\limits_{D}\rho\mathrm{d}\rho\mathrm{d}\theta=$ _____.

4. 设积分区域 D：$x^2+y^2\leqslant a^2$，则 $\iint\limits_{D}[x\sin(x^2+y^2)+1]\mathrm{d}x\mathrm{d}y=$ _____.

5. 二次积分 $\int_{-1}^1\mathrm{d}x\int_0^{\sqrt{1-x^2}}f(x,y)\,\mathrm{d}y$ 在极坐标系下的二次积分为_____.

6. 设 Ω：$|x|\leqslant1,|y|\leqslant1,|z|\leqslant1$，则 $\iiint\limits_{\Omega}(3^{x^2}\sin y^3+z^2\tan x+3)\mathrm{d}v=$ _____.

三、计算题（共 94 分）

1.（本题 10 分）计算二重积分 $\iint\limits_{D}xy^2\mathrm{d}x\mathrm{d}y$，其中 D：$x^2+y^2\leqslant5,x-1\geqslant y^2$.

2.（本题 10 分）计算二重积分 $\iint\limits_{D}\dfrac{\mathrm{d}x\mathrm{d}y}{(1+x^2+y^2)^{\frac{3}{2}}}$，其中 D：$0\leqslant x\leqslant1,0\leqslant y\leqslant1$ 围成的区域.

3.（本题 10 分）计算二重积分 $\iint\limits_{D}y\mathrm{d}x\mathrm{d}y$，其中 D：$x=-2,y=0,y=2,x=-\sqrt{2y-y^2}$ 围成的区域.

4.（本题 10 分）计算二重积分 $\iint\limits_{D}\dfrac{1}{\sqrt{2a-x}}\mathrm{d}\sigma$，$a>0$，其中 D 为圆心在点 (a,a)，半径为 a，

且与坐标轴相切的圆周较短一弧和坐标轴围成的区域.

5. (本题 10 分)设 $f(x) > 0$, 在 $[a,b]$ 连续, 证明:

$$\int_a^b f(x) \mathrm{d}x \int_a^b \frac{1}{f(x)} \mathrm{d}x \geqslant (b-a)^2.$$

6. (本题 11 分)将极坐标变换后的二重积分 $\int_{-\frac{\pi}{4}}^{\frac{\pi}{2}} \mathrm{d}\theta \int_0^{2a\cos\theta} F(r,\theta) \mathrm{d}r$ 交换次序, 其中, $F(r,\theta) = f(r\cos\theta, r\sin\theta) r$.

7. (本题 11 分)计算二重积分 $\iint\limits_D (|x+y| - 2) \mathrm{d}\sigma$, 其中 $D: 0 \leqslant x \leqslant 2$, $-2 \leqslant y \leqslant 2$.

8. (本题 11 分)计算三重积分 $\iiint\limits_\Omega \frac{1}{\sqrt{x^2 + y^2 + (z-h)^2}} \mathrm{d}v$, 其中 Ω 是球体 $x^2 + y^2 + z^2 \leqslant R^2$, 其中, $0 < R < h$.

9. (本题 11 分)计算三重积分 $\iiint\limits_\Omega z \mathrm{e}^{(x+y)^2} \mathrm{d}v$, 其中 $\Omega: 1 \leqslant x+y \leqslant 2, x \geqslant 0, y \geqslant 0, 0 \leqslant z \leqslant 3$.

数学家介绍

徐光启

　　徐光启(1562—1633), 字子先, 号玄扈, 谥文定, 上海人, 万历进士, 官至崇祯朝礼部尚书兼文渊阁大学士、内阁次辅。1603 年, 入天主教, 教名保禄。较早师从利玛窦学习西方的天文、历法、数学、测量和水利等科学技术, 毕生致力于科学技术的研究, 勤奋著述, 是介绍和吸收欧洲科学技术的积极推动者, 为 17 世纪中西文化交流作出了重要贡献。

　　徐光启在数学方面的最大贡献当推和利玛窦共同翻译了《几何原本》(前 6 卷)。徐光启提出了实用的"度数之学"的思想, 同时还撰写了《勾股义》和《测量异同》两书。徐光启首先把"几何"一词作为数学的专业名词来使用。《几何原本》的翻译极大地影响了中国原有的数学学习和研究的习惯, 改变了中国数学发展的方向, 是中国数学史上的一件大事。但直到 20 世纪初, 中国废科举、兴学校, 以《几何原本》为主要内容的初等几何学方才成为中等学校必修科目。徐光启在修改历法的疏奏中, 详细论述了数学在天文历法、水利工程、音律、兵器兵法及军事工程、会计理财、建筑工程、机械制造、舆地测量、医药、制造沙漏计时器等十个方面应用。还建议开展这些方面的分科研究。

苏步青

苏步青(1902—2003),浙江温州平阳人,祖籍福建省泉州市,中国科学院院士,中国著名的数学家、教育家,中国微分几何学派创始人,被誉为"东方国度上灿烂的数学明星""东方第一几何学家""数学之王"。

1927年毕业于日本东北帝国大学数学系,1931年获该校理学博士学位,1948年当选为中央研究院院士,1955年被选聘为中国科学院学部委员,1959年加入中国共产党,1978年后任复旦大学校长、数学研究所所长,复旦大学名誉校长、教授。从1927年起在国内外发表数学论文160余篇,出版了10多部专著,他创立了国际公认的浙江大学微分几何学学派。

苏步青主要从事微分几何学和计算几何学等方面的研究,在仿射微分几何学和射影微分几何学研究方面取得出色成果,在一般空间微分几何学、高维空间共轭理论、几何外型设计、计算机辅助几何设计等方面取得突出成就。

第十章　曲线积分与曲面积分

第九章讨论了重积分,但在实际问题中,还需要讨论沿曲线和曲面(即以曲线或曲面为积分区域)的积分问题. 解决这些问题的基本思想和定积分、重积分的基本思想一致,我们将看到,它的计算可以归结到定积分或重积分的计算上来.

第一节　对弧长的曲线积分

一、对弧长的曲线积分的概念与性质

1. 对弧长的曲线积分的概念

下面先讨论非均匀分布曲线的质量.

设在 xOy 平面上有一曲线段 $\overparen{AB}$(见图 10.1),且在该曲线上分布着质量,即在曲线 $\overparen{AB}$ 上的点 (x,y) 处的线密度是 $\rho(x,y)$,现求曲线段的质量.

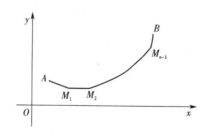

图 10.1

设在曲线段 $\overparen{AB}$ 上的点 $M_1,M_2,\cdots,M_{n-1}$,把 $\overparen{AB}$ 分成 n 个小段,取其中一小段 $\overparen{M_{i-1}M_i}$,在线密度连续变化的前提下,只要小段充分短,就可以用这小段上任一点 (ξ_i,η_i) 处的线密度代替这小段上其他各点处的线密度,从而得到该小段质量的近似值

$$\rho(\xi_i,\eta_i)\Delta s_i,$$

其中 Δs_i 表示 $\overparen{M_{i-1}M_i}$ 的长度. 于是得整个线段的质量

$$M \approx \sum_{i=1}^{n} \rho(\xi_i,\eta_i)\Delta s_i.$$

用 λ 表示 n 个小弧段中的最大长度,为了计算 M 的精确值,取上式右端之和当 $\lambda \to 0$ 时的极限,从而得

$$M = \lim_{\lambda \to 0} \sum_{i=1}^{n} \rho(\xi_i, \eta_i) \Delta s_i.$$

将上述曲线段$\overset{\frown}{AB}$的质量问题抽去具体的物理意义,可以引进下面的定义.

定义1　设L为xOy面上的一条光滑曲线弧,函数$f(x,y)$在L上有界,在L上任意插入一点列$M_1, M_2, \cdots, M_{n-1}$把$L$分成$n$个小段. 设第$i$个小段的长为$\Delta s_i$,$(\xi_i, \eta_i)$为第$i$个小段上任意取定的一点,作和式

$$\sum_{i=1}^{n} f(\xi_i, \eta_i) \Delta s_i.$$

如果当各小弧段长度的最大值$\lambda \to 0$时,上述和的极限总存在,则称此极限为函数$f(x,y)$在曲线弧L上对弧长的曲线积分或第一类曲线积分,记作$\int_L f(x,y) \mathrm{d}s$,即

$$\int_L f(x,y) \mathrm{d}s = \lim_{\lambda \to 0} \sum_{i=1}^{n} f(\xi_i, \eta_i) \Delta s_i,$$

其中$f(x,y)$叫作被积函数,L叫作积分弧段.

上述定义可以类似地推广到积分弧段为空间弧Γ的情形,即$f(x,y,z)$在曲线弧Γ上对曲线积分:

$$\int_\Gamma f(x,y,z) \mathrm{d}s = \lim_{\lambda \to 0} \sum_{i=1}^{n} f(\xi_i, \eta_i, \zeta_i) \Delta s_i.$$

如果曲线L是封闭的,那么函数$f(x,y)$在闭曲线L上对弧长的曲线积分记为

$$\oint_L f(x,y) \mathrm{d}s.$$

根据定义,当线密度$\rho(x,y)$在L上连续时,曲线弧的质量是

$$M = \int_L \rho(x,y) \mathrm{d}s.$$

容易知道,当$f(x,y)$在光滑曲线弧L上连续时,$\int_L f(x,y) \mathrm{d}s$是存在的,因此以后总假定$f(x,y)$在$L$上是连续的.

2. 对弧长曲线积分的性质

$(1) \displaystyle\int_L [f(x,y) \pm g(x,y)] \mathrm{d}s = \int_L f(x,y) \mathrm{d}s \pm \int_L g(x,y) \mathrm{d}s.$

$(2) \displaystyle\int_L kf(x,y) \mathrm{d}s = k \int_L f(x,y) \mathrm{d}s.$

(3)如果L可分为两段光滑曲线L_1及L_2(记作$L = L_1 + L_2$),则有

$$\int_{L_1 + L_2} f(x,y) \mathrm{d}s = \int_{L_1} f(x,y) \mathrm{d}s + \int_{L_2} f(x,y) \mathrm{d}s.$$

(4)设在L上有$f(x,y) \leqslant g(x,y)$,则

$$\int_L f(x,y) \mathrm{d}s \leqslant \int_L g(x,y) \mathrm{d}s.$$

特别地,有

$$\left| \int_L f(x,y)\,\mathrm{d}s \right| \leqslant \int_L |f(x,y)|\,\mathrm{d}s.$$

二、对弧长的曲线积分的计算

对弧长的曲线积分, 通常的办法是将第一型线积分化为定积分来计算.

(1)设曲线 L 的参数方程为

$$\begin{cases} x = \varphi(t), \\ y = \psi(t), \end{cases} \alpha \leqslant t \leqslant \beta,$$

其中 $\varphi'(t), \psi'(t)$ 在区间 $[\alpha, \beta]$ 内连续, 且不同时为 0. $t = \alpha, t = \beta$ 分别对应于曲线的两个端点 A, B, 则有

$$\int_L f(x,y)\,\mathrm{d}s = \int_\alpha^\beta f[\varphi(t),\psi(t)] \sqrt{\varphi'^2(t) + \psi'^2(t)}\,\mathrm{d}t. \tag{10-1}$$

这个公式的证明从略.

应用时应注意: 定积分的下限 α 一定要小于上限 β. 从形式上看, 第一型线积分中的 $\mathrm{d}s$ 恰好是曲线 L 的弧微分 $\mathrm{d}s = \sqrt{\varphi'^2(t) + \psi'^2(t)}\,\mathrm{d}t$.

(2)如果曲线 L 的方程为 $y = y(x), a \leqslant x \leqslant b$, 此时将这个方程视为特殊的参数方程即可, 即

$$\begin{cases} x = x, \\ y = y(x), \end{cases} a \leqslant x \leqslant b,$$

从而式(10-1)可变为

$$\int_L f(x,y)\,\mathrm{d}s = \int_a^b f[x, y(x)] \sqrt{1 + y'^2(x)}\,\mathrm{d}x.$$

(3)如果曲线 L 为 $x = x(y), c \leqslant y \leqslant d$, 则有

$$\int_L f(x,y)\,\mathrm{d}s = \int_c^d f[x(y), y] \sqrt{1 + x'^2(y)}\,\mathrm{d}y.$$

(4)如果曲线 Γ 为空间曲线弧, 其参数方程为

$$\begin{cases} x = \varphi(t), \\ y = \psi(t) \quad, \alpha \leqslant t \leqslant \beta, \\ z = \omega(t), \end{cases}$$

则有

$$\int_\Gamma f(x,y,z)\,\mathrm{d}s = \int_\alpha^\beta f[\varphi(t), \psi(t), \omega(t)] \sqrt{\varphi'^2(t) + \psi'^2(t) + \omega'^2(t)}\,\mathrm{d}t.$$

例 1 计算: $\int_L \sqrt{y}\,\mathrm{d}s$, 其中 L 是抛物线 $y = x^2$ 上 $O(0,0)$ 与 $B(1,1)$ 之间的一段弧(见图 10.2).

解 因为 L 由方程 $y = x^2, 0 \leqslant x \leqslant 1$ 给出, 因此有参数方程

$$\begin{cases} x = x, \\ y = x^2, \end{cases} 0 \leqslant x \leqslant 1,$$

所以

$$\int_L \sqrt{y}\,\mathrm{d}s = \int_0^1 \sqrt{x^2}\sqrt{1+(x^2)'^2}\,\mathrm{d}x = \int_0^1 x\sqrt{1+4x^2}\,\mathrm{d}x = \frac{1}{12}(5\sqrt{5}-1).$$

例2　计算：$I = \int_L xy\,\mathrm{d}s$，其中 L 由方程 $\begin{cases} x=a\cos t, \\ y=a\sin t, \end{cases}$ $0 \leqslant t \leqslant \dfrac{\pi}{2}$ 给出（见图 10.3）.

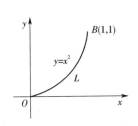

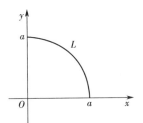

图 10.2　　　　　　　　　　　　　　图 10.3

解　因为 $\mathrm{d}s = \sqrt{x'^2+y'^2}\,\mathrm{d}t = \sqrt{a^2(-\sin t)^2 + a^2\cos^2 t}\,\mathrm{d}t = a\mathrm{d}t$，因此

$$I = \int_L xy\,\mathrm{d}s = \int_0^{\frac{\pi}{2}} a\cos t a\sin t a\mathrm{d}t = a^3 \int_0^{\frac{\pi}{2}} \cos t\sin t\,\mathrm{d}t = \frac{a^3}{2}.$$

例3　计算：$\int_L \dfrac{\mathrm{d}s}{x^2+y^2+z^2}$，其中 L 是螺线 $x=a\cos t, y=a\sin t, z=bt$ 的第一圈（$0 \leqslant t \leqslant 2\pi$）.

解　因为 $\mathrm{d}s = \sqrt{x'^2+y'^2+z'^2}\,\mathrm{d}t = \sqrt{a^2+b^2}\,\mathrm{d}t$，所以

$$\int_L \frac{\mathrm{d}s}{x^2+y^2+z^2} = \int_0^{2\pi} \sqrt{a^2+b^2}\frac{\mathrm{d}t}{a^2+b^2t^2} = \sqrt{a^2+b^2}\int_0^{2\pi} \frac{\mathrm{d}t}{a^2+b^2t^2}$$

$$= \frac{\sqrt{a^2+b^2}}{ab}\arctan\frac{2\pi b}{a}.$$

习题 10-1

1. 计算 $\oint_L (x^2+y^2)\,\mathrm{d}s$，其中 L 为圆 $x=a\cos t, y=a\sin t, 0 \leqslant t \leqslant 2\pi$；

2. 计算 $\int_L (x+y)\,\mathrm{d}s$，其中 L 为连接 $(1,0)$ 及 $(0,1)$ 两点的直线段；

3. 计算 $\oint_L x\,\mathrm{d}s$，其中 L 是由直线 $y=x$ 及抛物线 $y=x^2$ 围成区域的整个边界；

4. 计算 $\oint_L e^{\sqrt{x^2+y^2}}\,\mathrm{d}s$，其中 L 为圆周 $x^2+y^2=a^2$，直线 $y=x$ 及 x 轴在第一象限围成的扇形的整个边界；

5. 计算 $\int_L (x^2+y^2+z^2)\,\mathrm{d}s$，其中 L 为螺线 $x=a\cos t, y=a\sin t, z=bt$ 的一段（$0 \leqslant t \leqslant 2\pi$）.

第二节　对坐标的曲线积分

一、对坐标的曲线积分的概念与性质

1. 对坐标的曲线积分的概念

下面先讨论变力沿曲线所做的功. 设有一质点在 xOy 面内从点 A 沿光滑曲线弧移动到点 B. 移动过程中, 质点受到力

$$\boldsymbol{F}(x,y) = P(x,y)\boldsymbol{i} + Q(x,y)\boldsymbol{j}$$

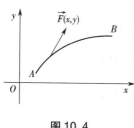

图 10.4

的作用, 其中 $P(x,y), Q(x,y)$ 在曲线 $L = \widehat{AB}$ 上连续. 下面求上述移动过程中变力 $\boldsymbol{F}(x,y)$ 所做的功(见图 10.4).

应用元素法计算. 在曲线 L 上取微小弧段 Δs, 任意取点 $(x,y) \in \Delta s$, 用在点 (x,y) 对应的力 $\boldsymbol{F}(x,y)$ 代替 Δs 上各点处的力, 则 $\boldsymbol{F}$ 在 Δs 上所做的功为

$$\Delta W \approx \boldsymbol{F}(x,y) \cdot \boldsymbol{e} \cdot \Delta s, (x,y) \in \Delta s,$$

其中 $\boldsymbol{e}$ 为曲线 L 在点 (x,y) 处的单位切向量, 方向与 L 的方向一致, Δs 为小弧段的长度, 则力 $\boldsymbol{F}$ 的功元素为

$$dW = \boldsymbol{F}(x,y) \cdot \boldsymbol{e} \cdot ds.$$

根据元素法, 所求的功为

$$W = \int_L \boldsymbol{F}(x,y) \cdot \boldsymbol{e} \cdot ds.$$

设 $\boldsymbol{F}(x,y) = (P(x,y), Q(x,y)), \boldsymbol{e} = (\cos \alpha, \cos \beta)$, α, β 为 $\boldsymbol{e}$ 与坐标轴的夹角, 则

$$W = \int_L (P\cos \alpha + Q\cos \beta) ds = \int_L P\cos \alpha ds + \int_L Q\cos \beta ds.$$

若记 $\cos \alpha ds = dx, \cos \beta ds = dy$, 则

$$W = \int_L P dx + \int_L Q dy.$$

抽去物理意义, 可有如下的定义:

定义　设 L 为 xOy 面内从点 A 到点 B 的一条有向按段光滑曲线, 函数 $P(x,y)$, $Q(x,y)$ 在 L 上有界, 则积分

$$\int_L (P\cos \alpha + Q\cos \beta) ds$$

存在, 其中 $(\cos \alpha, \cos \beta)$ 为 L 在点 (x,y) 处的单位切向量, 方向与 L 一致. 记 $dx = \cos \alpha ds$, $dy = \cos \beta ds$, 则称

$$\int_L P dx = \int_L P\cos \alpha ds \ 及 \int_L Q dy = \int_L Q\cos \beta ds$$

分别为 $P(x,y), Q(x,y)$ 在有向曲线 L 上的第二型线积分或者对坐标的线积分, 通常记

$$\int_L P\mathrm{d}x + Q\mathrm{d}y = \int_L P\mathrm{d}x + \int_L Q\mathrm{d}y.$$

上述概念可类似地推广到积分弧段为空间曲线弧 Γ 上，记

$$\int_\Gamma P(x,y,z)\mathrm{d}x + Q(x,y,z)\mathrm{d}y + R(x,y,z)\mathrm{d}z$$

$$= \int_\Gamma P(x,y,z)\mathrm{d}x + \int_\Gamma Q(x,y,z)\mathrm{d}y + \int_\Gamma R(x,y,z)\mathrm{d}z.$$

其中 $\int_\Gamma P(x,y,z)\mathrm{d}x$，$\int_\Gamma Q(x,y,z)\mathrm{d}y$，$\int_\Gamma R(x,y,z)\mathrm{d}z$ 分别代表函数 $P(x,y,z)$，$Q(x,y,z)$，$R(x,y,z)$ 对 x 轴、y 轴、z 轴的曲线积分.

若曲线 L（或 Γ）为封闭曲线，则记为

$$\oint_L P\mathrm{d}x + Q\mathrm{d}y \quad 或 \quad \oint_\Gamma P\mathrm{d}x + Q\mathrm{d}y + R\mathrm{d}z.$$

2. 对坐标的线积分的性质

（1）如果把 L 分成 L_1 和 L_2，即 $L = L_1 + L_2$，则

$$\int_L P\mathrm{d}x + Q\mathrm{d}y = \int_{L_1} P\mathrm{d}x + Q\mathrm{d}y + \int_{L_2} P\mathrm{d}x + Q\mathrm{d}y.$$

（2）设 L 是有向曲线弧，$-L$ 是与 L 方向相反的有向曲线弧，则

$$\int_{-L} P\mathrm{d}x = -\int_L P\mathrm{d}x, \quad \int_{-L} Q\mathrm{d}y = -\int_L Q\mathrm{d}y.$$

即当积分弧段方向改变时，对坐标的线积分，我们必须注意积分弧段的方向.

二、对坐标的线积分的计算

显然，从对坐标的线积分的定义可知两类曲线积分的关系如下：

$$\int_L P\mathrm{d}x + Q\mathrm{d}y = \int_L P\cos\alpha\,\mathrm{d}s + \int_L Q\cos\beta\,\mathrm{d}s.$$

于是对坐标的线积分可以转化为对弧长的线积分来计算，但通常是直接转化为定积分来计算.

（1）$P(x,y)$，$Q(x,y)$ 在有向曲线弧 L 上有定义且连续，L 的参数方程为

$$\begin{cases} x = \varphi(t), \\ y = \psi(t), \end{cases} \alpha \leqslant t \leqslant \beta.$$

当参数 t 单调地由 α 变到 β 时，$M(x,y)$ 从 L 的起点 A 沿 L 运动到终点 B，$\varphi(t)$，$\psi(t)$ 在以 α 及 β 为端点的闭区间上具有一阶连续导数，且 $\varphi'^2(t) + \psi'^2(t) \neq 0$，则积分 $\int_L P\mathrm{d}x + Q\mathrm{d}y$ 存在，且

$$\int_L P(x,y)\mathrm{d}x + Q(x,y)\mathrm{d}y = \int_\alpha^\beta \{P[\varphi(t),\psi(t)]\varphi'(t) + Q[\varphi(t),\psi(t)]\psi'(t)\}\mathrm{d}t$$

若曲线弧 Γ 为空间曲线弧，其参数方程为 $\begin{cases} x = \varphi(t), \\ y = \psi(t), \alpha \leqslant t \leqslant \beta, \\ z = \omega(t), \end{cases}$ 则有

$$\int_{\Gamma} P(x,y,z)\,\mathrm{d}x + Q(x,y,z)\,\mathrm{d}y + R(x,y,z)\,\mathrm{d}z$$

$$= \int_{\alpha}^{\beta} \{ P[\varphi(t),\psi(t),\omega(t)]\varphi'(t) + Q[\varphi(t),\psi(t),\omega(t)]\psi'(t) +$$

$$R[\varphi(t),\psi(t),\omega(t)]\omega'(t) \}\,\mathrm{d}t.$$

(2)若 L 为直角坐标方程，即 $y=y(x),a\leqslant x\leqslant b$，则将其视为以 x 为参数的参数方程

$$\begin{cases} x=x, \\ y=y(x), \end{cases} a\leqslant x\leqslant b,$$

其中曲线弧 L 的起点 A 对应 x 的值为 a，终点 B 对应 x 值的为 b，因此有

$$\int_{L} P(x,y)\,\mathrm{d}x + Q(x,y)\,\mathrm{d}y = \int_{a}^{b} \{ P[x,y(x)] + Q[x,y(x)]y'(x) \}\,\mathrm{d}x.$$

值得注意的是，将第二型线积分转化为定积分时，定积分的下限对应于曲线弧的起点，上限对应于曲线弧的终点．很多例子能够表明虽然两个曲线积分的被积函数相同，起点和终点也相同，但不同的路径得出的值不一定相同．

例 1　计算 $\int_{L} xy\,\mathrm{d}x$，其中 L 为抛物线 $y^2=x$ 上从点 $A(1,-1)$ 到点 $B(1,1)$ 的一段弧(见图 10.5)．

解法一　将积分化为对 x 的定积分来计算，由 $y^2=x$ 可知 $y=\pm\sqrt{x}$ 不是单值函数，所以将 L 分为 $\overset{\frown}{AO}$ 和 $\overset{\frown}{OB}$ 两个部分：在 $\overset{\frown}{AO}$ 上，$y=-\sqrt{x}$，x 从 1 变到 0；在 $\overset{\frown}{OB}$ 上，$y=\sqrt{x}$，x 从 0 变到 1，因此

$$\int_{L} xy\,\mathrm{d}x = \int_{\overset{\frown}{AO}} xy\,\mathrm{d}x + \int_{\overset{\frown}{OB}} xy\,\mathrm{d}x$$

$$= \int_{1}^{0} x(-\sqrt{x})\,\mathrm{d}x + \int_{0}^{1} x\sqrt{x}\,\mathrm{d}x = 2\int_{0}^{1} x^{\frac{3}{2}}\,\mathrm{d}x = \frac{4}{5}.$$

解法二　将所给积分化为对 y 的积分来计算，则 $x=y^2$，即视为参数方程

$$\begin{cases} x=y^2, \\ y=y, \end{cases} (y \text{ 为参数，从} -1 \text{ 变到} 1),$$

因此

$$\int_{L} xy\,\mathrm{d}x = \int_{-1}^{1} y^2 \cdot y \cdot (y^2)'\,\mathrm{d}y = 2\int_{-1}^{1} y^4\,\mathrm{d}y = \frac{4}{5}.$$

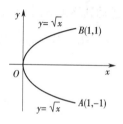

图 10.5

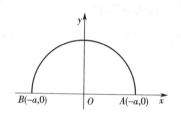

图 10.6

例2 计算$\int_L y^2 \mathrm{d}x$，其中L为（见图 10.6）

（1）半径为a，圆心为原点，按逆时针方向绕行的上半圆.

（2）从点$A(a,0)$沿x轴到点$B(-a,0)$的直线段.

解（1）将L化为参数方程

$$\begin{cases} x = a\cos\theta, \\ y = a\sin\theta, \end{cases} \quad 0 \leqslant \theta \leqslant \pi.$$

则有

$$\int_L y^2 \mathrm{d}x = \int_0^\pi a^2 \sin^2\theta(-a\sin\theta)\mathrm{d}\theta = -\frac{4}{3}a^3.$$

（2）将L视为参数方程

$$\begin{cases} x = x, \\ y = 0, \end{cases} \quad (x \text{ 从 } a \text{ 变到 } -a),$$

则有

$$\int_L y^2 \mathrm{d}x = \int_a^{-a} 0\mathrm{d}x = 0.$$

例3 计算$\int_\Gamma x^3\mathrm{d}x + 3zy^2\mathrm{d}y - x^2y\mathrm{d}z$，其中$\Gamma$是从点$A(3,2,1)$到点$B(0,0,0)$的直线段$AB$.

解 因为AB的方程是$\dfrac{x}{3} = \dfrac{y}{2} = \dfrac{z}{1}$，化为参数方程得

$$\begin{cases} x = 3t, \\ y = 2t, \quad (t \text{ 从 } 1 \text{ 变到 } 0), \\ z = t, \end{cases}$$

所以

$$\int_\Gamma x^3\mathrm{d}x + 3zy^2\mathrm{d}y - x^2y\mathrm{d}z = \int_1^0 \left[(3t)^3 \cdot 3 + 3t(2t)^2 \cdot 2 - (3t)^2 \cdot 2t \right] \mathrm{d}t$$

$$= 87 \int_1^0 t^3\mathrm{d}t = -\frac{87}{4}.$$

习题 10−2

1. 计算下列对坐标的曲线积分.

（1）$\int_L (x^2 - y^2)\mathrm{d}x$，其中$L$为抛物线$y = x^2$从点$(0,0)$到点$(2,4)$的一段弧；

（2）$\oint_L xy\mathrm{d}x$，其中L为圆周$(x-a)^2 + y^2 = a^2(a>0)$及x轴所围成的在第一象限内区域的整个边界（按逆时针方向绕行）；

（3）$\int_L y\mathrm{d}x + x\mathrm{d}y$，其中$L$为圆周$x = R\cos\theta, y = R\sin\theta$上对应$\theta$从$0$到$\dfrac{\pi}{2}$的弧段；

(4) $\int_{\Gamma} \mathrm{d}x - \mathrm{d}y + y\mathrm{d}z$, 其中 Γ 为有向闭折线 $ABCA$, 这里 A, B, C 依次为 $(1,0,0)$, $(0,1,0)$, $(0,0,1)$.

2. 设 z 轴与重力的方向一致, 求质量为 m 的质点从位置点 (x_1, y_1, z_1) 沿直线移动到点 (x_2, y_2, z_2) 时, 重力所做的功.

第三节　格林公式及其应用

格林公式是讨论平面闭区域 D 上的二重积分与沿闭区域 D 的边界曲线 L 上的第二型曲线积分关系的公式.

一、格林公式

1. 平面单连通区域的概念

设 D 为平面区域, 如果 D 内任一闭曲线所围的部分都属于 D, 则称 D 为平面单连通区域, 否则称为复连通区域. 简单地说, 单连通区域就是不含有"洞"(包括点"洞")的区域. 复连通区域是含有洞(包括点"洞")的区域. 如区域 $\{(x,y) \mid x^2 + y^2 < 1\}$ 为单连通区域, $\{(x,y) \mid 0 < x^2 + y^2 < 2\}$ 为复连通区域.

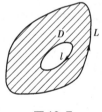

图 10.7

2. 平面区域的边界曲线

设平面区域 D 的边界为曲线 L, 我们规定 L 的正向为: 当观察者沿 L 的这个方向行走时, 左手始终在区域 D 内. 如图 10.7 所示, D 的边界为 L 和 l, 显然 L 的正向是逆时针方向, l 的正方向是顺时针方向.

3. 格林公式

定理 1　设闭区域 D 由分段光滑曲线 L 围成, 函数 $P(x,y)$, $Q(x,y)$ 在 D 上具有一阶连续偏导数, 则有

$$\iint\limits_{D} \left(\frac{\partial Q}{\partial x} - \frac{\partial P}{\partial y} \right) \mathrm{d}x\mathrm{d}y = \oint_{L} P\mathrm{d}x + Q\mathrm{d}y.$$

其中 L 是 D 的取正方向的边界曲线.

该公式称为格林公式.

对于应用格林公式时要注意以下几点:

(1) 公式右边的积分曲线 L 必须是封闭曲线, 公式左边的区域 D 是 L 围成的封闭区域.

(2) L 分段光滑是指在 L 上仅有有限个不可导点.

(3) 对于复连通区域 D, 格林公式的右端应包括沿区域 D 的全部边界的曲线积分, 且边界的方向对区域 D 都取正向.

4. 格林公式的应用

(1)计算封闭区域的面积

在格林公式中取 $P = -y, Q = x$ 即得

$$2\iint\limits_{D} \mathrm{d}x\mathrm{d}y = \oint_{L} x\mathrm{d}y - y\mathrm{d}x,$$

从而区域 D 的面积为

$$A = \frac{1}{2}\oint_{L} x\mathrm{d}y - y\mathrm{d}x.$$

例1 求椭圆 $\begin{cases} x = a\cos\theta, \\ y = b\sin\theta, \end{cases} 0 \leqslant \theta \leqslant 2\pi$ 围成的图形面积 A.

解 根据面积计算公式有

$$A = \frac{1}{2}\oint_{L} x\mathrm{d}y - y\mathrm{d}x = \frac{1}{2}\int_{0}^{2\pi}(ab\cos^2\theta + ab\sin^2\theta)\mathrm{d}\theta = \pi ab.$$

(2)将线积分的计算转化为二重积分的计算

例2 设 L 是任意一条分段光滑的闭曲线,证明:

$$\oint_{L} 2xy\mathrm{d}y + x^2\mathrm{d}x = 0.$$

证明 因为 $P = 2xy, Q = x^2$, 则 $\dfrac{\partial Q}{\partial x} - \dfrac{\partial P}{\partial y} = 2x - 2x = 0$,所以

$$\oint_{L} 2xy\mathrm{d}x + x^2\mathrm{d}y = \pm\iint\limits_{D} 0\mathrm{d}x\mathrm{d}y = 0.$$

例3 计算 $\oint_{L} \dfrac{x\mathrm{d}y - y\mathrm{d}x}{x^2 + y^2}$, 其中 L 为一条无重点、分段光滑且不经过原点的连续闭曲线, L 的方向为逆时针方向(见图10.8).

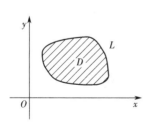

图 10.8

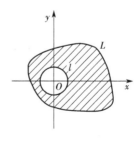

图 10.9

解 令 $P = \dfrac{-y}{x^2 + y^2}, Q = \dfrac{x}{x^2 + y^2}$, 则当 $x^2 + y^2 \neq 0$ 时有

$$\frac{\partial Q}{\partial x} = \frac{y^2 - x^2}{(x^2 + y^2)^2} = \frac{\partial P}{\partial y},$$

记 L 围成的区域为 D, 则当 $(0,0) \notin D$ 时,

$$\oint_L \frac{x\mathrm{d}y - y\mathrm{d}x}{x^2 + y^2} = \iint\limits_D 0\mathrm{d}x\mathrm{d}y = 0.$$

当$(0,0) \in D$时,选取适当小的$r > 0$,作位于D内的圆周$l: x^2 + y^2 = r^2$,记L和l所围成的区域为D_1(见图10.9),对复连通区域D_1应用格林公式得

$$\oint_L \frac{x\mathrm{d}y - y\mathrm{d}x}{x^2 + y^2} - \oint_l \frac{x\mathrm{d}y - y\mathrm{d}x}{x^2 + y^2} = 0.$$

其中l的方向取逆时针方向,于是

$$\oint_L \frac{x\mathrm{d}y - y\mathrm{d}x}{x^2 + y^2} = \oint_l \frac{x\mathrm{d}y - y\mathrm{d}x}{x^2 + y^2}$$

$$= \int_0^{2\pi} \frac{r^2 \cos^2\theta + r^2 \sin^2\theta}{r^2}\mathrm{d}\theta = 2\pi.$$

(3)将二重积分的计算转化为线积分的计算

例4　计算$\iint\limits_D \mathrm{e}^{-y^2}\mathrm{d}x\mathrm{d}y$,其中$D$是以$O(0,0)$,$A(1,1)$为顶点的三角形闭区域(见图10.10).

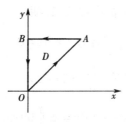

图 10.10

解　令$P = 0$,$Q = x\mathrm{e}^{-y^2}$,则

$$\frac{\partial Q}{\partial x} - \frac{\partial P}{\partial y} = \mathrm{e}^{-y^2},$$

因此

$$\iint\limits_D \mathrm{e}^{-y^2}\mathrm{d}x\mathrm{d}y = \oint_{OA+AB+BC} x\mathrm{e}^{-y^2}\mathrm{d}y$$

$$= \int_{OA} x\mathrm{e}^{-y^2}\mathrm{d}y = \int_0^1 y\mathrm{e}^{-y^2}\mathrm{d}y$$

$$= \frac{1}{2}(1 - \mathrm{e}^{-1}).$$

二、平面上曲线积分与路径无关的条件

从本章第二节例2可知,对于起点、终点相同的曲线L,若路径不同,一般来说线积分的值不同,然而在某种条件下也可以相同. 现在我们计算下例:

例5　计算曲线积分$\int_L (x+y)\mathrm{d}x + (x-y)\mathrm{d}y$,路径$L$是(1)圆弧$\overset{\frown}{AB}$,(2)折线$AOB$(见图10.11).

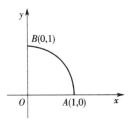

图 10. 11

解　（1）L 为弧 $\overset{\frown}{AB}$，其参数方程为

$$x = \cos \theta, y = \sin \theta, 0 \le \theta \le \frac{\pi}{2},$$

那么

$$\int_{\overset{\frown}{AB}} (x + y) \mathrm{d}x + (x - y) \mathrm{d}y$$

$$= \int_0^{\frac{\pi}{2}} \big[(\cos \theta + \sin \theta)(-\sin \theta) + (\cos \theta - \sin \theta) \cos \theta \big] \mathrm{d}\theta$$

$$= \int_0^{\frac{\pi}{2}} (\cos 2\theta - \sin 2\theta) \mathrm{d}\theta = -1.$$

（2）L 为折线 AOB，则有

$$\int_{AOB} (x + y) \mathrm{d}x + (x - y) \mathrm{d}y$$

$$= \int_{AO} (x + y) \mathrm{d}x + (x - y) \mathrm{d}y + \int_{OB} (x + y) \mathrm{d}x + (x - y) \mathrm{d}y$$

$$= \int_{AO} (x + y) \mathrm{d}x + \int_{OB} (x - y) \mathrm{d}y$$

$$= \int_1^0 x \mathrm{d}x + \int_0^1 -y \mathrm{d}y = -1.$$

例 5 说明，沿两条不同的路线积分，所得到积分值相同，因此我们有以下定义：

定义 1　对于区域 D 内任意两点 A, B，如果沿着任何一条含于 D 内的分段光滑曲线 $\overset{\frown}{AB}$ 积分，$\int_{\overset{\frown}{AB}} P \mathrm{d}x + Q \mathrm{d}y$ 都等于同一个值（此值只随 A, B 而定，与 $\overset{\frown}{AB}$ 的形状无关），则称曲线积分 $\int_{\overset{\frown}{AB}} P \mathrm{d}x + Q \mathrm{d}y$ 与路径无关.

那么函数 $P(x, y), Q(x, y)$ 满足什么条件时，曲线积分与路径无关？

定理 2　设开区域 G 是一个单连通区域，函数 $P(x, y), Q(x, y)$ 在 G 内具有一阶连续偏导数，则以下结论等价：

（1）$\int_{\overset{\frown}{AB}} P \mathrm{d}x + Q \mathrm{d}y$ 在 G 内与路径无关.

（2）在 G 内对任意分段光滑封闭曲线 L，有 $\oint_L P \mathrm{d}x + Q \mathrm{d}y = 0$.

（3）在 G 内，等式$\frac{\partial P}{\partial y} = \frac{\partial Q}{\partial x}$恒成立（见图 10.12）.

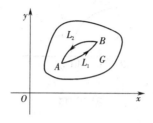

图 10.12

例如，曲线积分$\int_L 2xy\mathrm{d}x + x^2\mathrm{d}y$，$P = 2xy$，$Q = x^2$，显然有

$$\frac{\partial Q}{\partial x} = 2x = \frac{\partial P}{\partial y}$$

在全平面内恒成立，而整个 xOy 面是单连通区域，因此曲线积分$\int_L 2xy\mathrm{d}x + x^2\mathrm{d}y$与路径无关.

在定理中要求区域 G 是单连通区域，且函数 $P(x,y)$，$Q(x,y)$ 在 G 内具有一阶连续偏导数，如果这两个条件不能同时满足，那么结论不一定成立. 如例 3 中当 L 所围区域含有原点时，虽然除去原点恒有$\frac{\partial P}{\partial y} = \frac{\partial Q}{\partial x}$，但$\int_L P\mathrm{d}x + Q\mathrm{d}y \neq 0$. 其原因在于区域内含有破坏函数 P，Q 及$\frac{\partial Q}{\partial x}$，$\frac{\partial P}{\partial y}$连续性条件的点 O，这种点通常称为奇点.

三、二元函数的全微分积分

现在讨论函数 $P(x,y)$，$Q(x,y)$ 满足什么条件时，$P\mathrm{d}x + Q\mathrm{d}y$ 是某个二元函数 $u(x,y)$ 的全微分，并且求出这个二元函数.

定理 3　设开区域 G 是一个单连通区域，函数 $P(x,y)$，$Q(x,y)$ 在 G 内具有一阶连续偏导数，则 $P(x,y)\mathrm{d}x + Q(x,y)\mathrm{d}y$ 在 G 内为某一函数 $u(x,y)$ 的全微分的充分必要条件是等式$\frac{\partial P}{\partial y} = \frac{\partial Q}{\partial x}$在 G 内恒成立.

证明从略.

当 $P(x,y)\mathrm{d}x + Q(x,y)\mathrm{d}y$ 在 G 内$\frac{\partial P}{\partial y} = \frac{\partial Q}{\partial x}$恒成立，可以通过下面的式子

$$u(x,y) = \int_A^B P\mathrm{d}x + Q\mathrm{d}y$$

来计算函数 $u(x,y)$ 使得 $\mathrm{d}u = P(x,y)\mathrm{d}x + Q(x,y)\mathrm{d}y$，其中 $A(x_0,y_0)$ 为 G 内任意的一个固定点，$B(x,y)$ 为 G 内任意一点，$\int_A^B P\mathrm{d}x + Q\mathrm{d}y$ 表示从 A 到 B 的任意一条曲线的第二型线积分.

例 6　试证$(2x + \sin y)\mathrm{d}x + x\cos y\mathrm{d}y$ 是某函数 $u(x,y)$ 的全微分，并求出 $u(x,y)$.

解　令 $P = 2x + \sin y, Q = x\cos y$，则

$$\frac{\partial P}{\partial y} = \cos y = \frac{\partial Q}{\partial x},$$

所以原式在整个平面区域上是某函数的全微分.

因为线积分与路径无关，因此取 (x_0, y_0) 为 $(0, 0)$，如图 10.13 所示，则

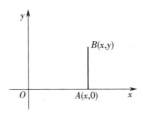

图 10.13

$$u(x, y) = \int_{\overline{OA}} (2x + \sin y)\,dx + x\cos y\,dy + \int_{\overline{AB}} (2x + \sin y)\,dx + x\cos y\,dy$$

$$= \int_{(0,0)}^{(x,0)} 2x\,dx + \int_{(x,0)}^{(x,y)} x\cos y\,dy$$

$$= \int_0^x 2x\,dx + \int_0^y x\cos y\,dy$$

$$= x^2 + x\sin y.$$

显然，$u(x, y)$ 加上任何常数的全微分仍是 $P\,dx + Q\,dy$.

例 7　验证：在整个 xOy 面内 $xy^2\,dx + x^2 y\,dy$ 是某个函数的全微分，并求出这个函数.

解　由于 $P = xy^2, Q = x^2 y$ 且

$$\frac{\partial P}{\partial y} = 2xy = \frac{\partial Q}{\partial x}$$

在整个 xOy 面内恒成立，因此在 xOy 面内 $xy^2\,dx + x^2 y\,dy$ 是某个函数的全微分.

我们不妨设 $du = \frac{\partial u}{\partial x}dx + \frac{\partial u}{\partial y}dy$，因此有 $\frac{\partial u}{\partial x} = xy^2$，故

$$u = \int xy^2\,dx = \frac{x^2 y^2}{2} + \varphi(y),$$

其中 $\varphi(y)$ 是 y 的待定函数. 由此得 $\frac{\partial u}{\partial y} = x^2 y + \varphi'(y)$，又 u 必须满足 $\frac{\partial u}{\partial y} = x^2 y$，那么

$$x^2 y + \varphi'(y) = x^2 y.$$

从而 $\varphi'(y) = 0$，所以 $\varphi(y) = C$，所求函数为

$$u = \frac{x^2 y^2}{2} + C.$$

习题 10－3

1. 计算曲线积分 $\oint_L (2xy - x^2)\,dx + (x + y^2)\,dy$，其中 L 是由抛物线 $y = x^2$ 和 $y^2 = x$ 所围

成的区域正向边界曲线，并验证格林公式的正确性.

2. 利用曲线积分计算椭圆 $9x^2 + 16y^2 = 144$ 的面积.

3. 计算曲线积分 $\oint_L \dfrac{y\mathrm{d}x - x\mathrm{d}y}{2(x^2 + y^2)}$，其中 L 为圆周 $(x-1)^2 + y^2 = 2$，L 的方向为逆时针方向.

4. 证明：曲线积分 $\displaystyle\int_{(1,0)}^{(2,1)} (2xy - y^4 + 3)\mathrm{d}x + (x^2 - 4xy^3)\mathrm{d}y$ 在整个 xOy 面内与路径无关，并计算积分值.

5. 利用格林公式计算下列曲线积分.

(1) $\oint_L (2x - y + 4)\mathrm{d}x + (5y + 3x - 6)\mathrm{d}y$，其中 L 为三顶点分别为 $(0,0)$，$(3,0)$ 和 $(3,2)$ 的三角形正向边界；

(2) $\displaystyle\int_L (x^2 - y)\mathrm{d}x - (x + \sin^2 y)\mathrm{d}y$，其中 L 是在圆周 $y = \sqrt{2x - x^2}$ 上由点 $(0,0)$ 到点 $(1,1)$ 的一段弧.

6. 验证下列 $P\mathrm{d}x + Q\mathrm{d}y$ 在整个 xOy 面内是某个函数 $u(x,y)$ 的全微分，并求出这样的一个 $u(x,y)$.

(1) $2xy\mathrm{d}x + x^2\mathrm{d}y$；

(2) $4\sin x\sin 3y\cos x\mathrm{d}x - 3\cos 3y\cos 2x\mathrm{d}y$.

第四节　对面积的曲面积分

一、对面积的曲面积分的概念和性质

1. 引例

设非均匀曲面 Σ，其质量的分布密度为 $\rho(x,y,z)$，求这块曲面 Σ 的质量.

实际上，我们只需将前面对弧长的线积分中的曲线改为曲面，相应地，把线密度 $\rho(x,y)$ 改为面密度 $\rho(x,y,z)$，小段曲线弧长 Δs_i 改为小块曲面上一点 ΔS_i，那么在面密度 $\rho(x,y,z)$ 连续的前提下，所求曲面 Σ 的质量为

$$\lim_{\lambda \to 0} \sum_{i=1}^{n} \rho(\xi_i, \eta_i, \zeta_i) \Delta S_i,$$

其中 λ 表示 n 个小块中曲面直径的最大者. 抽去其具体意义，就得出对曲面积分的概念.

2. 对面积的曲面积分的定义

定义　设曲面 Σ 是光滑的，函数 $f(x,y,z)$ 在 Σ 上有界. 把 Σ 任意分成 n 小块：ΔS_1，ΔS_2，$\cdots$，ΔS_n（ΔS_i 也代表曲面的面积），设 (ξ_i, η_i, ζ_i) 为 ΔS_i 上任意一点，作乘积 $f(\xi_i, \eta_i, \zeta_i)\Delta S_i$，

并作和 $\sum_{i=1}^{n} \rho(\xi_i, \eta_i, \zeta_i) \Delta S_i$，如果当各小块曲面的直径的最大值 $\lambda \to 0$ 时，这个和的极限总存在，则此极限为函数 $f(x, y, z)$ 在曲面 Σ 上对面积的曲面积分或第一类曲面积分，记作 $\iint\limits_{\Sigma} f(x, y, z) \mathrm{d}S$，即

$$\iint\limits_{\Sigma} f(x, y, z) \mathrm{d}S = \lim_{\lambda \to 0} \sum_{i=1}^{n} \rho(\xi_i, \eta_i, \zeta_i) \Delta S_i,$$

其中 $f(x, y, z)$ 叫作被积函数，Σ 叫作积分曲面.

注意：当 $f(x, y, z)$ 在光滑曲面 Σ 上连续时，对面积的曲面积分是存在的. 今后总假定 $f(x, y, z)$ 在 Σ 上连续.

3. 对面积的曲面积分的运算性质

（1）由定义可知它具有与对弧长的曲线积分相类似的性质.

（2）如果 Σ 是分片光滑的，且 $\Sigma = \Sigma_1 + \Sigma_2$，则

$$\iint\limits_{\Sigma_1 + \Sigma_2} f(x, y, z) \mathrm{d}S = \iint\limits_{\Sigma_1} f(x, y, z) \mathrm{d}S + \iint\limits_{\Sigma_2} f(x, y, z) \mathrm{d}S.$$

二、对面积的曲面积分的计算

对面积的曲面积分可化为二重积分来计算.

定理 设光滑曲面 Σ 的方程为

$$z = z(x, y), \quad (x, y) \in D_{xy},$$

其中 D_{xy} 为 Σ 在 xOy 面上的投影区域，且函数 $f(x, y, z)$ 在 Σ 上连续，则

$$\iint\limits_{\Sigma} f(x, y, z) \mathrm{d}S = \iint\limits_{D_{xy}} f(x, y, z(x, y)) \sqrt{1 + z_x^2 + z_y^2} \, \mathrm{d}x \mathrm{d}y.$$

定理的证明从略.

从形式上看，对面积的曲面积分中的 $\mathrm{d}S$ 恰为曲面 Σ 的面积元素

$$\mathrm{d}S = \sqrt{1 + z_x^2 + z_y^2} \, \mathrm{d}x \mathrm{d}y.$$

如果积分曲面 Σ 的方程为 $x = x(y, z)$ 或 $y = y(z, x)$ 给出，则有

$$\iint\limits_{\Sigma} f(x, y, z) \mathrm{d}S = \iint\limits_{D_{yz}} f[x(y, z), y, z] \sqrt{1 + x_y^2 + x_z^2} \, \mathrm{d}y \mathrm{d}z.$$

$$\iint\limits_{\Sigma} f(x, y, z) \mathrm{d}S = \iint\limits_{D_{zx}} f[x, y(x, z), z] \sqrt{1 + y_x^2 + y_z^2} \, \mathrm{d}z \mathrm{d}x.$$

例1 计算曲面积分 $\iint\limits_{\Sigma} \dfrac{\mathrm{d}S}{z}$，其中 Σ 是球面 $x^2 + y^2 + z^2 = a^2$ 被平面 $z = h(0 < h < a)$ 截出的顶部（见图 10.14）.

解 Σ 的方程为 $z = \sqrt{a^2 - x^2 - y^2}$，且在 xOy 面上的投影区域 D_{xy} 为圆形闭区域

$$x^2 + y^2 \leqslant a^2 - h^2.$$

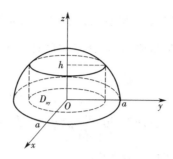

图 10.14

又因为 $\sqrt{1 + z_x^2 + z_y^2} = \dfrac{a}{\sqrt{a^2 - x^2 - y^2}}$，因此 $\iint\limits_{\Sigma} \dfrac{dS}{z} = \iint\limits_{D_{xy}} \dfrac{a dx dy}{a^2 - x^2 - y^2}$，利用极坐标代换有

$$\iint\limits_{\Sigma} \dfrac{dS}{z} = \iint\limits_{D_{xy}} \dfrac{a dx dy}{a^2 - x^2 - y^2} = a \int_0^{2\pi} d\theta \int_0^{\sqrt{a^2 - h^2}} \dfrac{r dr}{a^2 - r^2}$$

$$= 2\pi a \left[-\dfrac{1}{2} \ln(a^2 - r^2) \right]_0^{\sqrt{a^2 + h^2}} = 2\pi a \ln \dfrac{a}{h}.$$

例 2　计算 $\oiint\limits_{\Sigma} xyz dS$，其中 Σ 是由平面 $x = 0, y = 0, z = 0$ 及 $x + y + z = 1$ 所围成的四面体的整个边界(见图 10.15).

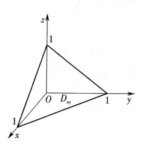

图 10.15

解　整个边界曲面 Σ 在平面 $x = 0, y = 0, z = 0$ 及 $x + y + z = 1$ 上的部分依次记为 $\Sigma_1, \Sigma_2, \Sigma_3, \Sigma_4$，于是

$$\oiint\limits_{\Sigma} xyz dS = \iint\limits_{\Sigma_1} xyz dS + \iint\limits_{\Sigma_2} xyz dS + \iint\limits_{\Sigma_3} xyz dS + \iint\limits_{\Sigma_4} xyz dS.$$

由于在 $\Sigma_1, \Sigma_2, \Sigma_3$ 上被积函数均为零，所以

$$\iint\limits_{\Sigma_1} xyz dS = \iint\limits_{\Sigma_2} xyz dS = \iint\limits_{\Sigma_3} xyz dS = 0.$$

在 Σ_4 上 $z = 1 - x - y$，所以

$$\sqrt{1 + z_x^2 + z_y^2} = \sqrt{1 + (-1)^2 + (-1)^2} = \sqrt{3}.$$

从而

$$\oiint_{\Sigma} xyz \mathrm{d}S = \iint_{\Sigma_4} xyz \mathrm{d}S = \iint_{D_{xy}} \sqrt{3} xy(1-x-y) \mathrm{d}x\mathrm{d}y.$$

由图 10.15 可知 D_{xy} 是 Σ_4 在 xOy 面上的投影区域,因此

$$
\begin{aligned}
\oiint_{\Sigma} xyz \mathrm{d}S &= \iint_{\Sigma_4} xyz \mathrm{d}S = \iint_{D_{xy}} \sqrt{3} xy(1-x-y) \mathrm{d}x\mathrm{d}y. \\
&= \sqrt{3} \int_0^1 x\mathrm{d}x \int_0^{1-x} y(1-x-y)\mathrm{d}y \\
&= \sqrt{3} \int_0^1 x \left[(1-x)\frac{y^2}{2} - \frac{y^3}{3} \right]_0^{1-x} \mathrm{d}x \\
&= \frac{\sqrt{3}}{6} \int_0^1 (x - 3x^2 + 3x^3 - x^4) \mathrm{d}x = \frac{\sqrt{3}}{120}.
\end{aligned}
$$

在计算第一型面积分时,通常按以下步骤来计算:

(1)先作出积分区域 Σ 的图形.

(2)将 Σ 投影在 xOy 面(或 xOz 面,或 yOz 面)上,确定二重积分的积分区域 D_{xz}(或 D_{xz} 或 D_{yz}).

(3)利用第一型曲面积分的计算公式,将第一型曲面积分转化为平面区域上的二重积分.

(4)计算出这个二重积分的值,就是所求曲面积分的值.

习题 10-4

1. 计算下列曲面积分.

(1) $\displaystyle\iint_{\Sigma} (x^2 + y^2) \mathrm{d}S$,其中 Σ 为抛物面 $z = 2 - (x^2 + y^2)$ 在 xOy 面上方的部分;

(2) $\displaystyle\iint_{\Sigma} (x^2 + y^2) \mathrm{d}S$,其中 Σ 为锥面 $z = \sqrt{x^2 + y^2}$ 及平面 $z = 1$ 围成的区域的整个边界曲面;

(3) $\displaystyle\iint_{\Sigma} (2xy - 2x^2 - x + z) \mathrm{d}S$,其中 Σ 为平面 $2x + 2y + z = 6$ 在第一卦限的部分;

(4) $\displaystyle\iint_{\Sigma} (xy + yz + zx) \mathrm{d}S$,其中 Σ 为锥面 $z = \sqrt{x^2 + y^2}$ 被柱面 $x^2 + y^2 = 2ax$ 所截得的有限部分.

2. 求抛物面壳 $z = \dfrac{1}{2}(x^2 + y^2)$, $0 \leqslant z \leqslant 1$ 的质量,其面壳的面密度为 $\rho(x,y,z) = z$.

第五节　对坐标的曲面积分

一、对坐标的曲面积分的概念与性质

1. 有向曲面

在曲面上任意找一点 M_0，以 M_0 为端点作法向量 n，当 n 从 M_0 出发沿着属于曲面上任意曲线运动，最后再回到 M_0 时，n 的方向与原来的方向始终相同，这样的曲面就是双侧曲面，本节讨论的曲面都是双侧曲面．例如，由方程 $z = z(x,y)$ 表示的曲面可分为上侧与下侧，封闭曲面(即包围某一定空间区域的曲面)则有内侧与外侧之分．

在讨论对坐标的曲面积分时，需要指定曲面的侧，通常可以通过曲面上法向量的指向来定出曲面的侧．例如，曲面 $z = z(x,y)$，如果取它的法向量 n 的指向朝上，我们就认为取定曲面的上侧；又如闭曲面，如果取它的法向量 n 的指向朝外，我们就认为取定曲面的外侧．这种取定了法向量亦选定了侧的曲面就称为有向曲面．

2. 流向曲面一侧的流量

下面讨论流体通过曲面的流量计算问题．

设流体在空间点 (x,y,z) 处的流速由

$$v(x,y,z) = P(x,y,z)i + Q(x,y,z)j + R(x,y,z)k$$

给出，Σ 是有向分片光滑曲面，函数 $P(x,y,z),Q(x,y,z),R(x,y,z)$ 都在 Σ 上连续．假定流体的密度为1，其体积不可压缩，求单位时间流向 Σ 指定侧的流体的质量，即流量 Φ．

分成下面两种情况计算：

(1)如果 Σ 是一个平面上的闭区域，其面积为 A，且流体在这个闭区域上各点处的流速 v 为常量，设 n 为该平面的单位法向量(见图 10.16)，那么在单位时间内流过闭区域的流体组成一个底面积为 A，斜高为 $|v|$ 的斜柱体．

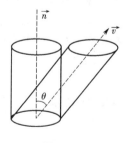

图 10.16

此时流量为 $\Phi = Av \cdot n$．并且可以看到流量的符号与夹角 $<v,n>$ 是有关系的，即当

$<v,n> \in \left[0, \dfrac{\pi}{2}\right)$ 时，$\Phi > 0$；当 $<v,n> = \dfrac{\pi}{2}$ 时，$\Phi = 0$；当 $<v,n> \in \left(\dfrac{\pi}{2}, \pi\right]$ 时，$\Phi < 0$.

　　（2）如果 Σ 是一般的曲面，且流速 v 也不是常向量，则所求流量就不能用上述方法计算，而用元素法计算.

　　在曲面 Σ 上取微小面块 ΔS，任意取点 $(x,y,z) \in \Delta S$，用流体在点 (x,y,z) 处的速度 $v(x,y,z)$ 代替 ΔS 上各点处的速度，则流体在 ΔS 上的流量为

$$\Delta\Phi \approx v(x,y,z) \cdot n \cdot \Delta S, \quad (x,y,z) \in \Delta S,$$

其中 n 为曲面 Σ 在 (x,y,z) 处的单位法向量，方向与 Σ 一致，ΔS 表示小面块的面积. 因此流量元素为

$$\mathrm{d}\Phi = v(x,y,z)n\mathrm{d}S.$$

　　由元素法得所求流量

$$\Phi = \iint\limits_{\Sigma} v(x,y,z)n\mathrm{d}S.$$

　　设 $v(x,y,z) = (P,Q,R)$，$n = (\cos\alpha, \cos\beta, \cos\gamma)$，则

$$\Phi = \iint\limits_{\Sigma} (P\cos\alpha + Q\cos\beta + R\cos\gamma)\mathrm{d}S$$

$$= \iint\limits_{\Sigma} P\cos\alpha\mathrm{d}S + \iint\limits_{\Sigma} Q\cos\beta\mathrm{d}S + \iint\limits_{\Sigma} R\cos\gamma\mathrm{d}S.$$

若记 $\cos\alpha\mathrm{d}S = \mathrm{d}y\mathrm{d}z$，$\cos\beta\mathrm{d}S = \mathrm{d}z\mathrm{d}x$，$\cos\gamma\mathrm{d}S = \mathrm{d}x\mathrm{d}y$，则

$$\Phi = \iint\limits_{\Sigma} P\mathrm{d}y\mathrm{d}z + \iint\limits_{\Sigma} Q\mathrm{d}z\mathrm{d}x + \iint\limits_{\Sigma} R\mathrm{d}x\mathrm{d}y.$$

　　抽去物理意义，可得对坐标的曲面积分的定义.

3. 对坐标的曲面积分的定义

　　定义　设 Σ 为光滑的有向曲面，函数 $P(x,y,z)$，$Q(x,y,z)$，$R(x,y,z)$ 在 Σ 上有界，若积分 $\iint\limits_{\Sigma} (P\cos\alpha + Q\cos\beta + R\cos\gamma)\mathrm{d}S$ 存在，其中 $(\cos\alpha, \cos\beta, \cos\gamma)$ 为曲面 Σ 在 (x,y,z) 处的单位法向量，方向与 Σ 一致. 记

$$\mathrm{d}y\mathrm{d}z = \cos\alpha\mathrm{d}S, \mathrm{d}z\mathrm{d}x = \cos\beta\mathrm{d}S, \mathrm{d}x\mathrm{d}y = \cos\gamma\mathrm{d}S.$$

则称

$$\iint\limits_{\Sigma} P\mathrm{d}y\mathrm{d}z = \iint\limits_{\Sigma} P\cos\alpha\mathrm{d}S, \iint\limits_{\Sigma} Q\mathrm{d}z\mathrm{d}x = \iint\limits_{\Sigma} Q\cos\beta\mathrm{d}S, \iint\limits_{\Sigma} R\mathrm{d}x\mathrm{d}y = \iint\limits_{\Sigma} R\cos\gamma\mathrm{d}S$$

分别为 P, Q, R 在 Σ 上的第二型曲面积分或者对坐标的曲面积分，通常记为

$$\iint\limits_{\Sigma} P\mathrm{d}y\mathrm{d}z + Q\mathrm{d}z\mathrm{d}x + R\mathrm{d}x\mathrm{d}y = \iint\limits_{\Sigma} P\mathrm{d}y\mathrm{d}z + \iint\limits_{\Sigma} Q\mathrm{d}z\mathrm{d}x + \iint\limits_{\Sigma} R\mathrm{d}x\mathrm{d}y.$$

其中 $\mathrm{d}y\mathrm{d}z = \cos\alpha\mathrm{d}S$ 为面积元素 $\mathrm{d}S$ 在 yOz 面上的投影，$\mathrm{d}z\mathrm{d}x = \cos\beta\mathrm{d}S$ 为面积元素 $\mathrm{d}S$ 在 zOx 面上的投影，$\mathrm{d}x\mathrm{d}y = \cos\gamma\mathrm{d}S$ 为面积元素 $\mathrm{d}S$ 在 xOy 面上的投影.

4. 对坐标的曲面积分的性质

(1)如果 Σ 是分片光滑的有向曲面,且 Σ 可分为 Σ_1 和 Σ_2,则

$$\iint\limits_{\Sigma} P\mathrm{d}y\mathrm{d}z + Q\mathrm{d}z\mathrm{d}x + R\mathrm{d}x\mathrm{d}y$$

$$= \iint\limits_{\Sigma_1} P\mathrm{d}y\mathrm{d}z + Q\mathrm{d}z\mathrm{d}x + R\mathrm{d}x\mathrm{d}y + \iint\limits_{\Sigma_2} P\mathrm{d}y\mathrm{d}z + Q\mathrm{d}z\mathrm{d}x + R\mathrm{d}x\mathrm{d}y.$$

(2)设 Σ 是有向曲面, $-\Sigma$ 表示与 Σ 取向反侧的有向曲面,则

$$\iint\limits_{-\Sigma} P(x,y,z)\mathrm{d}y\mathrm{d}z = -\iint\limits_{\Sigma} P(x,y,z)\mathrm{d}y\mathrm{d}z,$$

$$\iint\limits_{-\Sigma} Q(x,y,z)\mathrm{d}z\mathrm{d}x = -\iint\limits_{\Sigma} Q(x,y,z)\mathrm{d}z\mathrm{d}x,$$

$$\iint\limits_{-\Sigma} R(x,y,z)\mathrm{d}x\mathrm{d}y = -\iint\limits_{\Sigma} R(x,y,z)\mathrm{d}x\mathrm{d}y.$$

上式表示,当积分曲面改变为相反侧时,对坐标的曲面积分要改变符号,因此计算对坐标的曲面积分时,必须注意积分曲面所取的侧.

二、对坐标的曲面积分的计算法

根据定义有

$$\iint\limits_{\Sigma} P\mathrm{d}y\mathrm{d}z + Q\mathrm{d}z\mathrm{d}x + R\mathrm{d}x\mathrm{d}y = \iint\limits_{\Sigma} (P\cos\alpha + Q\cos\beta + R\cos\gamma)\mathrm{d}S,$$

可将对坐标的曲面积分转化为对面积的积分,但通常是将对坐标的曲面积分转化为二重积分计算.

定理 设积分曲面 Σ 是由方程 $z = z(x,y)$ 给出的曲面上侧, Σ 在 xOy 面上的投影区域为 D_{xy},函数 $z = z(x,y)$ 在 D_{xy} 上具有一阶连续偏导数,$R(x,y,z)$ 在 Σ 上连续,则

$$\iint\limits_{\Sigma} R(x,y,z)\mathrm{d}x\mathrm{d}y = \iint\limits_{D_{xy}} R[x,y,z(x,y)]\mathrm{d}x\mathrm{d}y.$$

定理的证明从略.

实际上,计算对坐标的曲面积分就是将其转化为对于平面区域上的二重积分,并考虑曲面的侧即可. 推广上述结论,有

$$\iint\limits_{\Sigma} R(x,y,z)\mathrm{d}x\mathrm{d}y = \pm\iint\limits_{D_{xy}} R(x,y,z(x,y))\mathrm{d}x\mathrm{d}y,$$

$$\iint\limits_{\Sigma} P(x,y,z)\mathrm{d}y\mathrm{d}z = \pm\iint\limits_{D_{yz}} P(x(y,z),y,z)\mathrm{d}y\mathrm{d}z,$$

$$\iint\limits_{\Sigma} Q(x,y,z)\mathrm{d}z\mathrm{d}x = \pm\iint\limits_{D_{zx}} Q(x,y(z,x),z)\mathrm{d}z\mathrm{d}x.$$

上式中的符号可以根据曲面上点的法向量与相应坐标轴正向夹角大小确定:当夹角在 $\left(0, \dfrac{\pi}{2}\right)$ 时取正,当夹角在 $\left(\dfrac{\pi}{2}, \pi\right)$ 时取负.

例1 计算曲面积分 $\iint\limits_{\Sigma} x^2 \mathrm{d}y\mathrm{d}z + y^2 \mathrm{d}z\mathrm{d}x + z^2 \mathrm{d}x\mathrm{d}y$，其中 Σ 是长方体 Ω 的整个表面的外侧，$\Omega = \{(x,y,z) | 0 \le x \le a, 0 \le y \le b, 0 \le z \le c\}$.

解 把有向曲面 Ω 分成以下六个部分：

Σ_1：$z = c(0 \le x \le a, 0 \le y \le b)$ 的上侧；

Σ_2：$z = 0(0 \le x \le a, 0 \le y \le b)$ 的下侧；

Σ_3：$x = a(0 \le y \le b, 0 \le z \le c)$ 的前侧；

Σ_4：$x = 0(0 \le y \le b, 0 \le z \le c)$ 的后侧；

Σ_5：$y = 0(0 \le x \le a, 0 \le z \le c)$ 的左侧；

Σ_6：$y = b(0 \le x \le a, 0 \le z \le c)$ 的右侧.

除 Σ_3, Σ_4 外，其余四片曲面在 yOz 面上的投影均为零. 因此

$$\iint\limits_{\Sigma} x^2 \mathrm{d}y\mathrm{d}z = \iint\limits_{\Sigma_3} x^2 \mathrm{d}y\mathrm{d}z + \iint\limits_{\Sigma_4} x^2 \mathrm{d}y\mathrm{d}z$$

$$= \iint\limits_{D_{yz}} a^2 \mathrm{d}y\mathrm{d}z - \iint\limits_{D_{yz}} 0^2 \mathrm{d}y\mathrm{d}z = a^2 bc.$$

类似地，可得

$$\iint\limits_{\Sigma} y^2 \mathrm{d}z\mathrm{d}x = b^2 ac, \quad \iint\limits_{\Sigma} z^2 \mathrm{d}x\mathrm{d}y = c^2 ab.$$

于是所求曲面积分为 $(a + b + c)abc$.

例2 计算曲面积分 $\iint\limits_{\Sigma} xyz\mathrm{d}x\mathrm{d}y$，其中 Σ 是球面 $x^2 + y^2 + z^2 = 1$ 外侧在 $x \ge 0$，$y \ge 0$ 的部分.

解 如图 10.17 所示，将 Σ 分为 Σ_1 和 Σ_2 两部分，即

$$\Sigma_1 : z = -\sqrt{1 - x^2 - y^2},$$

$$\Sigma_2 : z = \sqrt{1 - x^2 - y^2},$$

则

$$\iint\limits_{\Sigma} xyz\mathrm{d}x\mathrm{d}y = \iint\limits_{\Sigma_1} xyz\mathrm{d}x\mathrm{d}y + \iint\limits_{\Sigma_2} xyz\mathrm{d}x\mathrm{d}y.$$

因为 Σ_1 取上侧，其上任一点的法向量与 z 轴夹角为锐角，因此取正；Σ_2 取下侧，其上任一点的法向量与 z 轴夹角为钝角，因此取负，所以

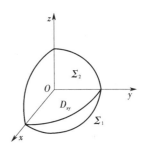

图 10.17

$$\iint\limits_{\Sigma} xyz\mathrm{d}x\mathrm{d}y = \iint\limits_{D_{xy}} xy(\sqrt{1 - x^2 - y^2})\mathrm{d}x\mathrm{d}y - \iint\limits_{D_{xy}} xy(-\sqrt{1 - x^2 - y^2})\mathrm{d}x\mathrm{d}y$$

$$= 2\iint\limits_{D_{xy}} xy(\sqrt{1 - x^2 - y^2})\mathrm{d}x\mathrm{d}y$$

$$= 2\iint\limits_{D_{xy}} r^2 \sin\theta\cos\theta \sqrt{1 - r^2} r\mathrm{d}r\mathrm{d}\theta$$

$$= \int_0^{\frac{\pi}{2}} \sin 2\theta \mathrm{d}\theta \int_0^1 r^3 \sqrt{1-r^2} \mathrm{d}r = \frac{2}{15}.$$

习题 10-5

计算下列对坐标的曲面积分.

$(1) \iint\limits_{\Sigma} x^2 y^2 z \mathrm{d}x\mathrm{d}y$, 其中 Σ 是球面 $x^2+y^2+z^2=R^2$ 的下半部分的下侧;

$(2) \iint\limits_{\Sigma} z\mathrm{d}x\mathrm{d}y + x\mathrm{d}y\mathrm{d}z + y\mathrm{d}z\mathrm{d}x$, 其中 Σ 是柱面 $x^2+y^2=1$ 被平面 $z=0$ 及 $z=3$ 所截得的在第一卦限部分的前侧;

$(3) \oiint\limits_{\Sigma} xz\mathrm{d}x\mathrm{d}y + xy\mathrm{d}y\mathrm{d}z + yz\mathrm{d}z\mathrm{d}x$, 其中 Σ 是平面 $x=0,y=0,z=0$ 及 $x+y+z=1$ 围成空间区域的整个边界曲面外侧.

第六节　高斯公式和斯托克斯公式

一、高斯公式

格林公式解决了平面闭区域上的二重积分与其边界曲线积分之间的关系, 而高斯公式将解决空间闭区域上的三重积分与其边界积分之间的关系.

定理 1(高斯公式)　设空间闭区域 Ω 由分片光滑的闭曲面 Σ 所围成, 函数 $P(x,y,z)$, $Q(x,y,z)$, $R(x,y,z)$ 在 Ω 上具有一阶连续偏导数, 则有

$$\iiint\limits_{\Omega} \left(\frac{\partial P}{\partial x} + \frac{\partial Q}{\partial y} + \frac{\partial R}{\partial z} \right) \mathrm{d}x\mathrm{d}y\mathrm{d}z = \oiint\limits_{\Sigma} P\mathrm{d}y\mathrm{d}z + Q\mathrm{d}z\mathrm{d}x + R\mathrm{d}x\mathrm{d}y,$$

或

$$\iiint\limits_{\Omega} \left(\frac{\partial P}{\partial x} + \frac{\partial Q}{\partial y} + \frac{\partial R}{\partial z} \right) \mathrm{d}x\mathrm{d}y\mathrm{d}z = \iint\limits_{\Sigma} (P\cos\alpha + Q\cos\beta + R\cos\gamma)\mathrm{d}S.$$

证明从略.

例 1　利用高斯公式计算曲面积分

$$\oiint\limits_{\Sigma} (x-y)\mathrm{d}x\mathrm{d}y + (y-z)x\mathrm{d}y\mathrm{d}z,$$

其中 Σ 为柱面 $x^2+y^2=1$ 及平面 $z=0, z=3$ 所围成的空间闭区域 Ω 的整个边界曲面的外侧 (见图 10.18).

解　因为 $P=(y-z)x, Q=0, R=x-y$, 则

$$\frac{\partial P}{\partial x} = y-z, \frac{\partial Q}{\partial y} = 0, \frac{\partial R}{\partial z} = 0.$$

由高斯公式, 并利用柱面坐标代换有

$$\oiint_{\Sigma} (x-y)\,\mathrm{d}x\mathrm{d}y + (y-z)x\,\mathrm{d}y\mathrm{d}z$$

$$= \iiint_{\Omega} (y-z)\,\mathrm{d}x\mathrm{d}y\mathrm{d}z$$

$$= \int_0^{2\pi}\mathrm{d}\theta \int_0^1 \rho\,\mathrm{d}\rho \int_0^3 (\rho\sin\theta - z)\,\mathrm{d}z$$

$$= -\frac{9\pi}{2}.$$

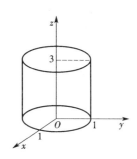

图 10.18

例 2　利用高斯公式计算

$$\iint_{\Sigma} (x^2\cos\alpha + y^2\cos\beta + z^2\cos\gamma)\,\mathrm{d}S,$$

其中 Σ 为锥面 $x^2 + y^2 = z^2$ 介于平面 $z = 0$ 及 $z = h(h > 0)$ 之间部分的下侧，$\cos\alpha, \cos\beta, \cos\gamma$ 是 Σ 上点 (x, y, z) 处的法向量的方向余弦.

解　因 Σ 不是封闭的，故不能直接用高斯公式. 设 Σ_1 表示 $z = h(x^2 + y^2 \leqslant h)$ 的上侧，则 Σ 与 Σ_1 一起构成一个封闭曲面，且它围成的空间闭区域为 Ω，由高斯公式得

$$\iint_{\Sigma + \Sigma_1} (x^2\cos\alpha + y^2\cos\beta + z^2\cos\gamma)\,\mathrm{d}S$$

$$= 2\iiint_{\Omega} (x + y + z)\,\mathrm{d}x\mathrm{d}y\mathrm{d}z$$

$$= 2\iint_{D_{xy}} \mathrm{d}x\mathrm{d}y \int_{\sqrt{x^2+y^2}}^{h} (x + y + z)\,\mathrm{d}z.$$

而 $\displaystyle\iint_{D_{xy}} \mathrm{d}x\mathrm{d}y \int_{\sqrt{x^2+y^2}}^{h} (x + y)\,\mathrm{d}z = 0$，所以

$$\iint_{\Sigma + \Sigma_1} (x^2\cos\alpha + y^2\cos\beta + z^2\cos\gamma)\,\mathrm{d}S$$

$$= 2\iiint_{\Omega} z\,\mathrm{d}v$$

$$= 2\int_0^{2\pi}\mathrm{d}\theta \int_0^h \rho\,\mathrm{d}\rho \int_{\sqrt{x^2+y^2}}^{h} z\,\mathrm{d}z = \frac{1}{2}\pi h^4.$$

因为 $\displaystyle\iint_{\Sigma_1} (x^2\cos\alpha\cos\alpha + y^2\cos\beta + z^2\cos\gamma)\,\mathrm{d}S = \iint_{\Sigma_1} z^2\,\mathrm{d}S = \iint_{D_{xy}} h^2\,\mathrm{d}x\mathrm{d}y = \pi h^4$，所以

$$\iint_{\Sigma} (x^2\cos\alpha + y^2\cos\beta + z^2\cos\gamma)\,\mathrm{d}S = \frac{1}{2}\pi h^4 - \pi h^4 = = -\frac{1}{2}\pi h^4.$$

二、斯托克斯公式

斯托克斯公式是格林公式的推广，它实现了把曲面 Σ 上的曲面积分转化为沿 Σ 边界曲线的曲线积分.

定理 2（斯托克斯公式）　设 Γ 为分段光滑的空间有向闭曲线，Σ 是以 Γ 为边界的分片光滑的有向曲面，Γ 的正向与 Σ 的侧向符合右手规则，函数 $P(x, y, z), Q(x, y, z), R(x, y, z)$

在包含曲面 Σ 在内的一个空间区域内具有一阶连续偏导数，则有

$$\iint\limits_{\Sigma}\left(\frac{\partial R}{\partial y}-\frac{\partial Q}{\partial z}\right)\mathrm{d}y\mathrm{d}z+\left(\frac{\partial P}{\partial z}-\frac{\partial R}{\partial x}\right)\mathrm{d}z\mathrm{d}x+\left(\frac{\partial Q}{\partial x}-\frac{\partial P}{\partial y}\right)\mathrm{d}x\mathrm{d}y=\oint_{\Gamma}P\mathrm{d}x+Q\mathrm{d}y+R\mathrm{d}z.$$

证明从略.

例3　利用斯托克斯公式计算曲线积分：

$$\oint_{\Gamma}z\mathrm{d}x+x\mathrm{d}y+y\mathrm{d}z,$$

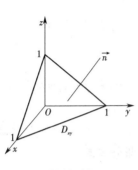

图 10.19

其中 Γ 为平面 $x+y+z=1$ 被三个坐标面所截成的三角形的整个边界，它的正向与这个三角形上侧的法向量之间符合右手规则（见图 10.19）.

解　按斯托克斯公式有

$$\oint_{\Gamma}P\mathrm{d}x+Q\mathrm{d}y+R\mathrm{d}z=\iint\limits_{\Sigma}\mathrm{d}y\mathrm{d}z+\mathrm{d}z\mathrm{d}x+\mathrm{d}x\mathrm{d}y.$$

由于 Σ 的法向量的三个方向余弦都为正，又由对称性，所以上式为 $3\iint\limits_{D_{xy}}\mathrm{d}\sigma$，其中 D_{xy} 为 xOy 面上由直线 $x+y=1$ 及两坐标轴围成的三角形闭区域，由此得

$$\oint_{\Gamma}z\mathrm{d}x+x\mathrm{d}y+y\mathrm{d}z=\frac{3}{2}.$$

习题 10-6

1. 利用高斯公式计算曲面积分：

（1）$\oiint\limits_{\Sigma}x^2\mathrm{d}x\mathrm{d}y+y^2\mathrm{d}z\mathrm{d}x+z^2\mathrm{d}x\mathrm{d}y$，其中 Σ 为平面 $x=0,y=0,z=0,x=a,y=a,z=a$ 围成立体表面的外侧；

（2）$\oiint\limits_{\Sigma}x^3\mathrm{d}x\mathrm{d}y+y^3\mathrm{d}z\mathrm{d}x+z^3\mathrm{d}x\mathrm{d}y$，其中 Σ 为球面 $x^2+y^2+z^2=a^2$ 的外侧；

（3）$\oiint\limits_{\Sigma}x\mathrm{d}y\mathrm{d}z+y\mathrm{d}z\mathrm{d}x+z\mathrm{d}x\mathrm{d}y$，其中 Σ 是介于 $z=0$ 和 $z=3$ 之间的圆柱体 $x^2+y^2\leqslant9$ 的整个表面的外侧.

2. 利用斯托克斯公式计算：

（1）$\oint_{L}z\mathrm{d}x+x\mathrm{d}y+y\mathrm{d}z$，其中 Γ 为圆周 $x^2+y^2+z^2=a^2$，$x+y+z=0$ 从 x 轴的正向看去，圆周取逆时针方向；

（2）$\oint_{L}z\mathrm{d}x+x\mathrm{d}y+y\mathrm{d}z$，其中 Γ 为圆周 $x^2+y^2=2z$，$z=2$ 从 z 轴的正向看去，圆周取逆时针方向.

第七节 线、面积分应用模块

如果讨论的问题与线、面有关,那么往往需要在曲线或者曲面上应用元素法.本节将会把重积分的元素法推广到曲面和曲线上,从而产生线面积分的应用.

设某整体量 U 的取值关于平面曲线 L 具有可加性.若对 L 上任意一段弧长为无穷小的弧段 ds, U 在 ds 上对应的值为

$$\Delta U \approx f(x,y)\,ds,$$

其中 ds 既表示小段弧,又表示那段弧的长度,点 $(x,y) \in ds$,误差为 $o(ds)$,则有

$$U = \int_L f(x,y)\,ds.$$

这便是平面曲线上的元素法,还可以将其推广到曲面上去,就是曲面上的元素法,在此不再叙述.

一、第一型线、面积分的应用

设光滑曲线 L,其线密度函数为 $\rho(x,y)$,则其质量为 $m = \int_L \rho(x,y)\,ds$.质心坐标为

$$\bar{x} = \frac{\int_L x\rho(x,y)\,ds}{m}, \bar{y} = \frac{\int_L y\rho(x,y)\,ds}{m}.$$

关于坐标轴的转动惯量分别为

$$I_x = \int_L y^2\rho(x,y)\,ds, I_y = \int_L x^2\rho(x,y)\,ds.$$

对于空间光滑曲面 Σ,其面密度函数为 $\rho(x,y,z)$,则其质量为 $m = \iint_\Sigma \rho(x,y,z)\,dS$,其质心坐标为

$$\bar{x} = \frac{\iint_\Sigma x\rho(x,y,z)\,dS}{m}, \bar{y} = \frac{\iint_\Sigma y\rho(x,y,z)\,dS}{m}, \bar{z} = \frac{\iint_\Sigma z\rho(x,y,z)\,dS}{m}.$$

关于坐标轴的转动惯量分别为

$$I_x = \iint_\Sigma (y^2 + z^2)\rho(x,y,z)\,dS,$$

$$I_y = \iint_\Sigma (x^2 + z^2)\rho(x,y,z)\,dS,$$

$$I_z = \iint_\Sigma (x^2 + y^2)\rho(x,y,z)\,dS.$$

例 1 一螺状弹簧置于螺旋线

$$x = \cos 4t, y = \sin 4t, z = t, 0 \leq t \leq 2\pi,$$

其线密度为常数 $\rho = 1$.求该弹簧的质量,质心和关于 z 轴的转动惯量.

解　由于相关的对称性，可知质心位于 z 轴上点 $(0,0,\pi)$，先求

$$ds = \sqrt{\left(\frac{dx}{dt}\right)^2 + \left(\frac{dy}{dt}\right)^2 + \left(\frac{dz}{dt}\right)^2}\,dt$$

$$= \sqrt{(-4\sin 4t)^2 + (4\cos 4t)^2 + 1} = \sqrt{17}\,dt.$$

那么有

$$m = \int_L \rho\,ds = \int_0^{2\pi} 1 \cdot \sqrt{17}\,dt = 2\pi\sqrt{17}.$$

$$I_z = \int_L (x^2 + y^2)\rho\,ds$$

$$= \int_0^{2\pi} (\cos^2 4t + \sin^2 4t) \cdot 1 \cdot \sqrt{17}\,dt$$

$$= \int_0^{2\pi} \sqrt{17}\,dt = 2\pi\sqrt{17}.$$

例2　求半径为 a，密度为常数 ρ 的薄半球壳的质心.

解　建立球壳的方程为

$$x^2 + y^2 + z^2 = a^2, z \geqslant 0.$$

设质心坐标为 $(\bar{x}, \bar{y}, \bar{z})$，由于球面关于 x 轴和 y 轴对称，则 $\bar{x} = \bar{y} = 0$. 球壳的质量为

$$m = \iint_\Sigma \rho\,dS = \rho\iint_\Sigma dS = 2\pi a^2 \rho.$$

则

$$\bar{z} = \frac{\displaystyle\iint_\Sigma z\rho\,dS}{m} = \frac{\rho\displaystyle\iint_{\Sigma_{xy}} z\frac{a}{z}dx\,dy}{m} = \frac{\rho\pi a^3}{2\pi a^2 \rho} = \frac{a}{2}.$$

即求得球壳的质心在点 $\left(0,0,\dfrac{a}{2}\right)$ 处.

例3　设上半球面 $\Sigma: x^2 + y^2 + z^2 = a^2, z \geqslant 0$，其面密度为 $\rho = 1$，求上半球面 Σ 对原点处单位质点的引力.

解　设所求引力为 $F = (F_x, F_y, F_z)$，由对称性可知 $F_x = 0, F_y = 0$.

任取一小块曲面 $dS \subseteq \Sigma$，则 dS 对原点产生的引力大小为

$$dF = G \cdot \frac{1 \cdot 1 \cdot dS}{r^2}, \text{其中 } r = \sqrt{x^2 + y^2 + z^2}, (x,y,z) \in dS.$$

则 dF 沿 z 轴的分力为

$$dF_z = G\frac{z}{r^3}dS = \frac{Gz}{a^3}dS.$$

从而

$$F_z = \iint_\Sigma \frac{Gz}{a^3}dS = \iint_{\Sigma_{xy}} \frac{Gz}{a^3}\sqrt{1 + \left(\frac{\partial z}{\partial x}\right)^2 + \left(\frac{\partial z}{\partial y}\right)^2}\,dx\,dy$$

$$= \iint\limits_{\Sigma_{xy}} \frac{G}{a^2} dx dy = \frac{G}{a^2} \cdot \pi a^2 = G\pi.$$

所以半球面对原点的引力 $F = (0, 0, G\pi)$.

二、第二型线、面积分应用

通常变力沿曲线做功以及流体的流点的计算都需要第二型积分进行计算. 设在平面上变力 $F = (P, Q)$, 其中 $P = P(x, y)$, $Q = Q(x, y)$ 为 F 在坐标轴上的分力, 则 F 沿曲线 L 做的功为

$$W = \int_L P dx + Q dy.$$

设空间流体的流速 $V = (P, Q, R)$, 其中 $P = P(x, y, z)$, $Q = Q(x, y, z)$, $R = R(x, y, z)$ 为 V 在空间上三个坐标轴上的分速度, 则流体流过曲面 Σ 的流速为

$$\Phi = \iint\limits_{\Sigma} P dy dz + Q dz dx + R dx dy.$$

例 4　电荷移动做功问题. 设有一平面电场, 它是由位于原点 O 的正电荷 q 产生的, 另有一单位正电荷沿椭圆 $\frac{x^2}{a^2} + \frac{y^2}{b^2} = 1$ 在第一象限部分从 $A(a, 0)$ 移动到 $B(0, b)$, 求电场力对这个单位正电荷所做的功.

解　电场力 F 的大小为

$$|F| = \frac{kq}{r^2} = \frac{kq}{x^2 + y^2}, k \text{ 为常数.}$$

F 在 x 轴上的投影为

$$P(x, y) = |F| \cos \theta = \frac{kq}{r^2} \times \frac{x}{r} = \frac{kqx}{(x^2 + y^2)^{3/2}}.$$

F 在 y 轴上的投影为

$$Q(x, y) = |F| \sin \theta = \frac{kq}{r^2} \times \frac{y}{r} = \frac{kqy}{(x^2 + y^2)^{3/2}}.$$

有 $F = Pi + Qj = \frac{kq}{(x^2 + y^2)^{3/2}}(xi + yj)$, 于是 F 对单位正电荷所做的功为

$$W = \int_{\overset\frown{AB}} F ds = \int_{\overset\frown{AB}} P dx + Q dy = kq \int_{\overset\frown{AB}} \frac{x dx + y dy}{(x^2 + y^2)^{3/2}}.$$

为了计算上面的曲线积分, 把椭圆方程用参数方程表示, 即

$$x = a\cos t, y = b\sin t \left(0 \leq t \leq \frac{\pi}{2}\right).$$

于是

$$W = kq \int_{\overset\frown{AB}} \frac{x dx + y dy}{(x^2 + y^2)^{3/2}}$$

$$= kq \int_0^\pi \frac{-a^2 \cos t \sin t + b^2 \sin t \cos t}{(a^2 \cos^2 t + b^2 \sin^2 t)^{3/2}} dt$$

$$= kq \int_0^\pi \frac{(b^2 - a^2) \sin t \cos t}{[a^2 + (b^2 - a^2) \sin^2 t]^{3/2}} dt$$

$$= \frac{-kq}{[a^2 + (b^2 - a^2) \sin^2 t]^{1/2}} \bigg|_0^{\frac{\pi}{2}}$$

$$= kq \left(\frac{1}{a} - \frac{1}{b} \right).$$

例 5 设流体流速 $v = x\mathbf{i} + y\mathbf{j} + z\mathbf{k}$，流体穿过圆锥 $z^2 = x^2 + y^2, 0 \leqslant z \leqslant h$ 的底面，法向量朝外，求流体的流量 Φ.

解 用曲面积分表示流量 Φ，有

$$\Phi = \iint\limits_{\Sigma} x\mathrm{d}y\mathrm{d}z + y\mathrm{d}z\mathrm{d}x + z\mathrm{d}x\mathrm{d}y,$$

其中 Σ 是上述圆锥的底面，因为 Σ 与 yOz 平面，zOx 平面均垂直，从而

$$\iint\limits_{\Sigma} x\mathrm{d}y\mathrm{d}z = 0, \iint\limits_{\Sigma} y\mathrm{d}z\mathrm{d}x = 0.$$

Σ 在 xOy 平面的投影区域是 $\Sigma_{xy}: x^2 + y^2 \leqslant h^2$，$\Sigma$ 的方程是 $z = h((x,y) \in D_{xy})$，那么

$$\Phi = \iint\limits_{D_{xy}} h\mathrm{d}x\mathrm{d}y = \pi h^3.$$

三、格林公式与高斯公式应用

例 6 Bendixson 判别准则. 平面流体的流线是沿流体个别粒子运动轨迹画出的光滑曲线. 流体的速度场的向量 $F = M(x,y)\mathbf{i} + N(x,y)\mathbf{j}$ 是流线的切向量. 求证：若流体在一简单连通区域 R 上流动，且若在整个 R 上 $M'_y - N'_x \neq 0$，则没有一条流线在 R 中是闭的. 换句话说，流体中没有任何粒子的运动在 R 中形成闭轨.

证明 用反证法. 假设有一条流线在 R 中是闭的，不妨设该闭流线为 L，则在 L 上的流量 $\Phi = 0$，但是另一方面

$$\Phi = \oint_L M\mathrm{d}x + N\mathrm{d}y = \iint\limits_{D} (N'_x - M'_y)\mathrm{d}\rho,$$

由于 $N'_x - M'_y \neq 0$，那么有 $N'_x - M'_y > 0$ 或者 $N'_x - M'_y < 0$（否则的话，根据连续函数的介值性，就会存在点使得 $N'_x - M'_y = 0$），从而积分 $\iint\limits_{D} (N'_x - M'_y)\mathrm{d}\rho$ 的取值大于 0 或者小于 0，这与 $\Phi = 0$ 矛盾，因此没有一条流线在 R 中是闭的.

准则 $M'_y - N'_x \neq 0$ 就称作 Bendixson 判别准则，用来说明闭轨的不存在性.

例 7 （高斯定律）在电磁理论中，位于原点的电荷 q 产生的电场为

$$E(x,y,z) = \frac{1}{4\pi\varepsilon_0} \cdot \frac{q}{|\mathbf{r}|^2} \left(\frac{\mathbf{r}}{|\mathbf{r}|} \right) = \frac{q}{4\pi\varepsilon_0} \frac{\mathbf{r}}{|\mathbf{r}|^3} = \frac{q}{4\pi\varepsilon_0} \frac{x\mathbf{i} + y\mathbf{j} + z\mathbf{k}}{\rho^3},$$

其中 ε_0 是一个物理常数，$\mathbf{r}$ 为点 (x,y,z) 的位置向量，而 $\rho = |\mathbf{r}| = \sqrt{x^2 + y^2 + z^2}$.

求:E 穿出任何包含原点的闭曲面的向外的电通点 Φ.

解 电通点 Φ 为

$$\Phi = \iint\limits_{\Sigma} E \cdot n \mathrm{d}s = \iint\limits_{\Sigma} P \mathrm{d}y\mathrm{d}z + Q \mathrm{d}z\mathrm{d}x + R \mathrm{d}x\mathrm{d}y,$$

其中 $(P,Q,R) = \dfrac{q}{4\pi\varepsilon_0 \, |r|^3}(x,y,z)$,由于 P,Q,R 在原点不连续,所以上式的计算不能直接使用高斯公式.

以原点为中心,ε(ε 充分小)为半径作球面 Σ_0,则 Σ 与 Σ_0 所围区域 Ω 上用高斯公式有

$$\iint\limits_{\Sigma \cup \Sigma_0} P \mathrm{d}y\mathrm{d}z + Q \mathrm{d}z\mathrm{d}x + R \mathrm{d}x\mathrm{d}y = \iiint\limits_{\Omega} \left(\frac{\partial P}{\partial x} + \frac{\partial Q}{\partial y} + \frac{\partial R}{\partial z} \right) \mathrm{d}v = 0,$$

从而

$$\begin{aligned}
\iint\limits_{\Sigma} P \mathrm{d}y\mathrm{d}z + Q \mathrm{d}z\mathrm{d}x + R \mathrm{d}x\mathrm{d}y &= -\iint\limits_{\Sigma_0} P \mathrm{d}y\mathrm{d}z + Q \mathrm{d}z\mathrm{d}x + R \mathrm{d}x\mathrm{d}y \\
&= -\iint\limits_{\Sigma_0} E \cdot n \mathrm{d}s \\
&= -\frac{q}{4\pi\varepsilon_0} \iint\limits_{\Sigma_0} \frac{rn}{|r|^3} \mathrm{d}s = \frac{q}{4\pi\varepsilon_0} \iint\limits_{\Sigma_0} \frac{1}{\varepsilon^2} \mathrm{d}s = \frac{q}{\varepsilon_0}.
\end{aligned}$$

即 $\Phi = \dfrac{q}{\varepsilon_0}$.

习题 10 −7

1. 求沿着曲线 $x = t, y = 2t, z = \dfrac{2}{3}t^{\frac{3}{2}}, 0 \leqslant t \leqslant 2$ 放置的线密度为 $\mu(t) = 3\sqrt{5+t}$ 的细电线的质心.

2. 常密度为 μ 的圆电线放置在 xOy 平面内的圆 $x^2 + y^2 = a^2$ 上,求该线圈关于 z 轴的转动惯量.

3. 某重力场为 $F = -GmM \dfrac{xi + yj + zk}{(x^2 + y^2 + z^2)^{3/2}}$,在该重力场中有两点 P_1 和 P_2,它们到原点的距离分别为 s_1 和 s_2,求该重力场 P_1 移动到 P_2 所做的功.

4. (阿基米德原理)将一物体放在液体中,设液体的密度为常数 ρ,液体表面与 $z = 4$ 齐平,该物体悬在液体中占据的区域为 $x^2 + y^2 + (z-2)^2 \leqslant 1$.

(1)证明:求由液体压强施加在球上的总压力为 $\iint\limits_{\Sigma} \rho(4 - z) \mathrm{d}S$.

(2)若球不动,是液体浮力维持的结果,证明:作用在球上的浮力为 $\iint\limits_{\Sigma} \rho(4 - z) k \cdot n \mathrm{d}S$. 其中 k 为 z 轴上的单位向量,n 为曲面上的单位法向量.

第十章小结

1. 知识结构

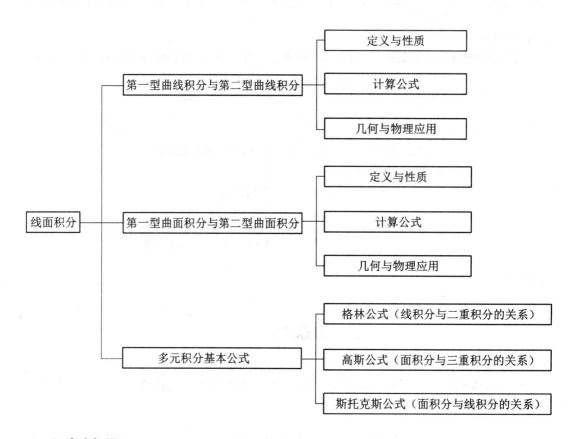

2. 内容概要

线、面积分是将多元函数的积分概念推广到曲线和曲面上得到的. 第一型曲线积分和第一型曲面积分与重积分的定义类似,从而其性质也与重积分是相似的. 而第二型曲线积分和第二型曲面积分与第一型的积分有所不同,其积分曲线或者积分曲面是有方向的,但可借助向量与元素法的工具将第二型积分转化为第一型的积分. 在性质方面,第二型积分主要增加了有向性质,其余性质仍然保留了与第一型积分类似的性质.

本章的一个重点是四种积分的计算,每一种积分的计算公式都是将线面积分转化为定积分. 在公式的记忆方面,对于第一型积分关键是记住曲线的长度元素 ds 或者曲面的面积元素 dS 的一般表达式,而第二型积分则要注意积分线、面的方向性. 当然对于在重积分计算中起到作用的两种对称性(几何对称与轮换对称),在线、面积分中仍然成立. 本章的另一个重点是多元积分的基本公式,主要包括了格林公式、高斯公式、斯托克斯公式,不但要在内涵上理解到这几个公式是在讲区域边界上的积分与区域内部积分的关系,还要学会利用这些公式简化对第二型曲线积分和第二型曲面积分的计算.

在应用上面,要会求曲线和曲面的相关几何量,以及在物理学中相关曲线和曲面的物理量,要注意的是元素法在本章当中仍然是成立的.

第十章练习题

（满分 150 分）

一、选择题（每题 4 分，共 32 分）

1. 为 $y = x^2$ 上从点 $(0,0)$ 到 $(1,1)$ 的一段弧,则 $\int_L \sqrt{y}\,ds = ($　　　$)$.

A. $\int_0^1 \sqrt{1 + 4x^2}\,dx$

B. $\int_0^1 \sqrt{y}\sqrt{1 + y}\,dy$

C. $\int_0^1 x\sqrt{1 + 4x^2}\,dx$

D. $\int_0^1 \sqrt{y}\sqrt{1 + 1/y}\,dy$

2. L 为 $\begin{cases} x = \sqrt{\cos t}, \\ y = \sqrt{\sin t}, \end{cases} 0 \leq t \leq \dfrac{\pi}{2}$,则 $\int_L x^2 y\,dy - y^2 x\,dx = ($　　　$)$.

A. $\int_0^{\frac{\pi}{2}} \left[\cos t\sqrt{\sin t} - \sin\sqrt{\cos t} \right] dt$

B. $\dfrac{\pi}{4}$

C. $\int_0^{\frac{\pi}{2}} \cos t\sqrt{\sin t}\dfrac{dt}{a\sqrt{\sin t}} - \int_0^{\frac{\pi}{2}} \sin t\sqrt{\cos t}\dfrac{dt}{2\sqrt{\cos t}}$

D. $\int_0^{\frac{\pi}{2}} (\cos^2 t - \sin^2 t)\,dt$

3. 设曲线 C 是由极坐标方程 $r = r(\theta)$, $\theta_1 \leq \theta \leq \theta_2$ 所表示,则 $\int_C f(x,y)\,ds = ($　　　$)$.

A. $\int_{\theta_1}^{\theta_2} f(r\cos\theta, r\sin\theta)\sqrt{r^2 + r'^2}\,d\theta$

B. $\int_{\theta_1}^{\theta_2} f(x,y)\sqrt{1 + y'^2}\,dx$

C. $\int_{\theta_1}^{\theta_2} f(r\cos\theta, r\sin\theta)\,d\theta$

D. $\int_{\theta_1}^{\theta_2} f(r\cos\theta, r\sin\theta)r\,d\theta$

4. 用格林公式计算 $\oint_C (-x^2 y)\,dx + xy^2\,dy$,其中 C 为圆周 $x^2 + y^2 = R^2$,其方向为逆时针方向,则有$($　　　$)$.

A. $-\int_0^{2\pi} d\theta \int_0^R \rho^3\,d\rho = -\dfrac{\pi R^4}{2}$

B. $\int_0^{2\pi} d\theta \int_0^R R^2 \rho\,d\rho = \pi R^4$

C. $\iint_D (x^2 + y^2)\,dxdy = \dfrac{\pi R^4}{2}$

D. $\iint_D \rho^2\,d\rho d\theta = \int_0^{2\pi} d\theta \int_0^R \rho^2\,d\rho = \dfrac{2\pi R^3}{3}$

5. 曲线积分 $\oint_L 2y^2\cos(2xy)\,dx + \sin(2xy)\,dy$ 的值$($　　　$)$.

A. 与曲线 L 的形状有关 　　　　　　　　B. 与曲线 L 的形状无关

C. 等于零 　　　　　　　　　　　　　　D. 等于 2π

6. 设 AB 为由点 $A(0,\pi)$ 到点 $B(\pi,0)$ 的直线段,则 $\displaystyle\int_{AB} \sin y \mathrm{d}x + \sin x \mathrm{d}y = (\qquad)$.

A. 2 　　　　　　　B. -1 　　　　　　　C. 0 　　　　　　　D. 1

7. 设 Σ 是球面 $(x-1)^2 + y^2 + (z+1)^2 = 1$,则 $\displaystyle\iint_{\Sigma} (2x+3y+z)\mathrm{d}S = (\qquad)$.

A. 4π 　　　　　　　B. 2π 　　　　　　　C. π 　　　　　　　D. 0

8. 设 L 为曲线 $\begin{cases} x^2+y^2+z^2=9 \\ x+y+z=0 \end{cases}$,则 $\displaystyle\int_{L} (3x^2-y^2-z^2)\mathrm{d}s = (\qquad)$.

A. 27π 　　　　　　　B. 18π 　　　　　　　C. 12π 　　　　　　　D. 6π

二、填空题(每题 4 分,共 24 分)

1. 设曲线 $\Gamma: x = a\cos t, y = a\sin t, z = bt, 0 \leqslant t \leqslant 2\pi$,则 $\displaystyle\int_{\Gamma} (x^2+y^2)\mathrm{d}s = $ _____.

2. 设 Γ 是 $(0,0,0)$ 与 $(1,1,1)$ 之间的直线段和 $\begin{cases} y=x^4 \\ z=x \end{cases}$ 上 $(1,1,1)$ 至 $(-1,1,-1)$ 之间的弧段组成,则 $\displaystyle\int_{\Gamma} x\mathrm{d}s = $ _____.

3. 设 L 是从 $O(0,0)$ 沿 $y=x^3$ 到 $A(-1,-1)$ 的弧段,则 $\displaystyle\int_{L} (y^2+xy)\mathrm{d}x + (3x^2+2xy)\mathrm{d}y = $ _____.

4. 设 Σ 为球面 $x^2+y^2+z^2=R^2$ 被锥面 $z = \sqrt{Ax^2+By^2}$ 截下的小的那部分,其中 $A>0$, $B>0, R>0$,且 $A\neq B$,则 $\displaystyle\iint_{\Sigma} z\mathrm{d}S = $ _____.

5. 设 C 为由坐标轴和直线 $\dfrac{x}{2} + \dfrac{y}{3} = 1$ 围成的三角形的正向边界,则 $\displaystyle\int_{C} y\mathrm{d}x = $ _____.

6. 设 L 是由 $A(-1,0)$ 经 $B(0,1)$ 至 $C(1,0)$ 的折线,则 $\displaystyle\int_{L} \dfrac{3\mathrm{d}x+\mathrm{d}y}{|x|+|y|} = $ _____.

三、计算题(共 94 分)

1. (本题 10 分)计算线积分 $\displaystyle\int_{L} xyz\mathrm{d}s$,曲线 L 是 $\begin{cases} x^2+y^2+z^2=1 \\ z=y \end{cases}$ 在第一卦限内的部分.

2. (本题 10 分)计算曲线积分 $I = \displaystyle\int_{C} \dfrac{x^2\mathrm{d}y - y^2\mathrm{d}x}{x^{\frac{5}{3}}+y^{\frac{5}{3}}}$,其中 C 是星形线 $x = a\cos^3 t$, $y = a\sin^3 t$ 自点 $A(a,0)$ 到点 $B(0,a)$ 的一段.

3. (本题 10 分)计算曲线积分 $\displaystyle\int_{L} (2x^2+2xy-y^2)\mathrm{d}x + (3x^2-y^2)\mathrm{d}y$,式中 L 是曲线 $2x^2 - y^2 = 1$ 上从点 $A(1,-1)$ 至 $B(1,1)$ 的一段.

4. (本题 10 分)计算 $\int_c y\mathrm{d}x + (\sqrt[3]{\sin y} - x)\mathrm{d}y$,其中 C 是依次连接 $A(-1,0)$、$B(2,1)$、$E(1,0)$ 的折线段.

5. (本题 10 分)求二元可微函数 $u = \varphi(x,y)$,使曲线积分

$$I_1 = \int_L 2xy\mathrm{d}x - \varphi(x,y)\mathrm{d}y, \quad I_2 = \int_L \varphi(x,y)\mathrm{d}x + 2xy\mathrm{d}y$$

都与积分路径无关,并适合 $\varphi(1,0) = 1$.

6. (本题 11 分)计算 $\iint_\Sigma |yz|\mathrm{d}S$,其中,$\Sigma$ 是锥面 $z = \sqrt{x^2 + y^2}$ 被 $z = H$ 割下的部分曲面,H 为正数.

7. (本题 11 分)计算 $\iint_\Sigma xy^2\mathrm{d}y\mathrm{d}z + yz^2\mathrm{d}z\mathrm{d}x + zx^2\mathrm{d}x\mathrm{d}y$,其中 Σ 是上半球面 $z = \sqrt{R^2 - x^2 - y^2}$ 的上侧,R 为正数.

8. (本题 11 分)设空间曲线 $L: \begin{cases} z = \sqrt{R^2 - x^2 - y^2} \\ x^2 + y^2 = Rx \end{cases}$,其中常数 $R > 0$,从 z 轴正向朝负向看去,L 为逆时针方向,求积分 $\int_L y^2\mathrm{d}x + z^2\mathrm{d}y + x^2\mathrm{d}z$.

9. (本题 11 分)设 P 为椭球面 $S: x^2 + y^2 + z^2 - yz = 1$ 上的动点,若 S 在点 P 的切平面与 xOy 面垂直,

(1)求 P 点的轨迹 C;

(2)计算曲面积分 $I = \iint_\Sigma \dfrac{(x + \sqrt{3})|y - 2z|}{\sqrt{4 + y^2 + z^2 - 4yz}}\mathrm{d}S$,其中 Σ 是椭球面 S 位于曲线 C 上方的部分.

数学家介绍

华罗庚

华罗庚(1910—1985),原全国政协副主席,中华人民共和国第一至六届全国人民代表大会常委会委员。出生于江苏常州金坛区,祖籍江苏丹阳,数学家,中国科学院院士,美国国家科学院外籍院士,第三世界科学院院士,联邦德国巴伐利亚科学院院士,中国科学院数学研究所研究员、原所长。

1924 年华罗庚从金坛县立初级中学毕业,1931 年被调入清华大学数学系工作,1936 年赴英国剑桥大学访问,1938 年被聘为清华大学教授,1946 年任美国普林斯顿数学研究所研究员、普林斯顿大学和伊利诺大学教授。1948 年当选为中央研究院院士,1950 年春从美国经香港抵达北京,在归国途中写下了《致中国全体留美学生的公开信》,之后回到了清华园,担任清华大学数学系主任。1951 年当选为中国数学会理事长,同年被任命为即将成立的数学研究所所长。1955 年被选聘为中国科学院学部委员

（院士），1982 年当选为美国国家科学院外籍院士，1983 年被选聘为第三世界科学院院士，1985 年当选为德国巴伐利亚科学院院士。

华罗庚主要从事解析数论、矩阵几何学、典型群、自守函数论、多复变函数论、偏微分方程、高维数值积分等领域的研究；解决了高斯完整三角和的估计难题、华林和塔里问题改进、一维射影几何基本定理证明、近代数论方法应用研究等；被列为芝加哥科学技术博物馆中当今世界 88 位数学伟人之一；国际上以华氏命名的数学科研成果有"华氏定理""华氏不等式""华—王方法"等。

格林

格林（1793 – 1841），英国数学家。1833 年自费入剑桥大学学习，1837 年获学士学位。1839 年任剑桥大学教授。他是一位自学成才的数学家。1828 年，他写成重要著作《数学分析在电磁理论中的应用》，书中他引用了位势概念，提出了著名的格林函数与格林定理，发展了电磁理论。他还发展了能量守恒定律，得出了弹性理论的基本方程。变分法中的狄利克雷原理、超球面函数的概念等最初都是由他提出来的。他的名字经常出现在大学数学、物理教科书或当代文献中，以他的名字命名的术语有格林定理、格林公式、格林函数、格林曲线、格林算子、格林测度和格林空间等。格林短暂的一生共发表过 10 篇数学论文，这些原始著作数量不大，却包含了影响 19 世纪数学物理发展的宝贵思想。

高斯

高斯（1777—1855），德国数学家、天文学家和物理学家。1795 年入哥廷根大学，1799 年获博士学位。从 1807 年直到 1855 年去世，一直担任哥廷根大学教授兼哥廷根天文台台长。他的数学成就遍及各个领域，在数论、椭圆函数论、矢量分析、概率论和变分法等方面均有一系列开创性贡献，发表论文 155 篇。

他创立和开发了最小二乘法、曲面论、位势论等。著有《算术研究》《曲面的一般研究》《地磁概念》《天体运动论》和《论与距离平方成反比例的引力和斥力的普遍定律》等。高斯的学术地位，历来为人们推崇得很高。他有"数学王子""数学家之王"的美称、被认为是人类有史以来"最伟大的三位（或四位）数学家之一"（阿基米德、牛顿、高斯或加上欧拉）。

斯托克斯

斯托克斯（1819—1903），英国数学家、力学家。在对光学和流体动力学进行研究时，推导出在曲线积分中最有名的被后人称之为"斯托斯公式"的定理。直至现代，此定理在数学、物理学等方面都有着重要而深刻的影响。

斯托克斯在数学方面以场论中关于线积分和面积分之间的一个转换公式（斯托克斯公式）而闻名。该公式是他 1854 年为史密斯奖试卷所写的考题。斯托克斯在物理学方面的成就有：用荧光研究紫外线，利用测量地球表面的重力变化来测地形（1849 年），对太阳光谱中的暗线（即夫琅和费线）作出解释等。

第十一章　无穷级数

无穷级数是高等数学的一个重要组成部分,它是表示函数、研究函数性质以及进行数值计算的一种工具.

第一节　常数项级数的概念和性质

著名的哲学家芝诺提出过一个悖论:即使像阿基里斯这样的长跑健将,他也追不上一只行动缓慢的乌龟. 他的"推理"如下:

假设阿基里斯在 O 点,阿基里斯让乌龟先走一段路程,那么阿基里斯为了要追上乌龟,必须要到达乌龟的出发点 A. 当阿基里斯到达 A 点时,乌龟又到了 B 点. 而当阿基里斯到达 B 点时,乌龟又跑到了 C 点,依此类推. 这个过程是无限的,而阿基里斯总在乌龟的后面,所以阿基里斯追不上乌龟(见图11.1).

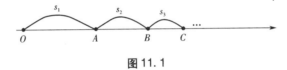

图11.1

假设 $OA=s_1,AB=s_2,BC=s_3,\cdots$,那么阿基里斯在"追"的过程中所走的总路程为

$$s = s_1 + s_2 + \cdots + s_n + \cdots.$$

可见芝诺推理的缺陷在于认为"无限个数的和是无限大",显然这种认识是错误的. 我们不能简单地认为"有限个数的和"与"无限个数的和"具有相同的运算性质.

"无限个数的和"可以存在,可以是无限大,也可以是没有任何趋势的不存在,为此下面将提出无限个数"和"的概念以及它的运算性质.

一、常数项级数的概念

定义 1　如果给定一个数列

$$u_1,u_2,\cdots,u_n,\cdots,$$

则表达式

$$u_1 + u_2 + u_3 + \cdots + u_n + \cdots$$

称为常数项级数,简称级数,记作 $\sum\limits_{n=1}^{\infty} u_n$,即

$$\sum_{n=1}^{\infty} u_n = u_1 + u_2 + u_3 + \cdots + u_n + \cdots,$$

其中 u_n 称为级数的一般项.

级数 $\sum\limits_{n=1}^{\infty} u_n$ 的前 n 项和 $s_n = \sum\limits_{k=1}^{n} u_k$ 称为级数 $\sum\limits_{n=1}^{\infty} u_n$ 的部分和.

定义2　如果级数 $\sum\limits_{n=1}^{\infty} u_n$ 的部分和数列 $\{s_n\}$ 有极限 s,即

$$\lim_{n \to \infty} s_n = s.$$

则称级数 $\sum\limits_{n=1}^{\infty} u_n$ 收敛. s 称为级数 $\sum\limits_{n=1}^{\infty} u_n$ 的和,并写成

$$s = u_1 + u_2 + \cdots + u_3 + \cdots = \sum_{n=1}^{\infty} u_n.$$

如果 $\{s_n\}$ 没有极限,则称级数 $\sum\limits_{n=1}^{\infty} u_n$ 发散.

级数

$$u_{n+1} + u_{n+2} + \cdots + u_{n+k} + \cdots$$

称为级数 $\sum\limits_{n=1}^{\infty} u_n$ 的余项,记作 r_n.

显然,若级数 $\sum\limits_{n=1}^{\infty} u_n$ 收敛 ,而 $\sum\limits_{n=1}^{\infty} u_n = s_n + r_n$,则有

$$\lim_{n \to \infty} r_n = 0.$$

应用上常用 s_n 代替 s,其误差为 $|r_n|$.

例1　由定义判定下列级数的收敛性.

$(1) \dfrac{1}{1 \cdot 2} + \dfrac{1}{2 \cdot 3} + \cdots + \dfrac{1}{n \cdot (n+1)} + \cdots;$

$(2) \sum\limits_{n=1}^{\infty} n;$

$(3) 1 - 1 + 1 - 1 + \cdots.$

解　(1)由于 $u_n = \dfrac{1}{n(n+1)} = \dfrac{1}{n} - \dfrac{1}{n+1}$,因此

$$\begin{aligned} s_n &= u_1 + u_2 + \cdots + u_n \\ &= \left(\frac{1}{1} - \frac{1}{2} \right) + \left(\frac{1}{2} - \frac{1}{3} \right) + \cdots + \left(\frac{1}{n} - \frac{1}{n+1} \right) \\ &= 1 - \frac{1}{n+1}. \end{aligned}$$

因为 $\lim\limits_{n \to \infty} s_n = \lim\limits_{n \to \infty} \left(1 - \dfrac{1}{n+1} \right) = 1$,故级数 $\sum\limits_{n=1}^{\infty} u_n$ 收敛,且

$$\sum_{n=1}^{\infty} \frac{1}{n \cdot (n+1)} = 1.$$

(2)因为

$$s_n = 1 + 2 + 3 + \cdots + n = \frac{1}{2} n(n+1),$$

又 $\lim_{n\to\infty} s_n = \infty$，所以级数发散.

（3）因为 $s_n = \begin{cases} 0, n = 2k, \\ 1, n = 2k-1, \end{cases}$ 显然 $\lim_{n\to\infty} s_n$ 不存在，所以级数发散.

例2 讨论等比级数（几何级数）$\sum_{n=0}^{\infty} aq^n (a\neq 0)$ 的收敛性.

解 当 $q\neq 1$ 时，

$$s_n = a + aq + aq^2 + \cdots + aq^{n-1} = \frac{a - aq^n}{1-q} = \frac{a}{1-q} - \frac{aq^n}{1-q}.$$

则 $\lim_{n\to\infty} s_n = \begin{cases} \dfrac{a}{1-q}, & |q| < 1, \\ \infty, & |q| > 1, \\ \text{不存在}, & q = -1. \end{cases}$ 所以当 $|q| < 1$ 时级数收敛；当 $|q| > 1$ 时级数发散；当 $q = -1$

时级数发散；当 $q = 1$ 时，$s_n = na \to \infty$，故级数发散.

综上所述，$\sum_{n=0}^{\infty} aq^n$ 收敛 $\Leftrightarrow |q| < 1$.

在"芝诺悖论"中，如果假设阿基里斯的速度是 v，乌龟的速度是 $\dfrac{v}{10}$，乌龟线跑的路程为 a，那么有

$$s_1 = a, s_2 = \frac{a}{v} \cdot \frac{v}{10} = \frac{a}{10}, s_3 = \frac{\frac{a}{10}}{v} \cdot \frac{v}{10} = \frac{a}{10^2}, \cdots.$$

可见 $s_n = \dfrac{a}{10^{n-1}}$，阿基里斯所走的总路程是一个公比为 $\dfrac{1}{10}$ 的几何级数，显然它是收敛的，并且

收敛于 $\dfrac{a}{1-\frac{1}{10}} = \dfrac{10a}{9}$. 所以阿基里斯"追"的过程是无限的，但"追"的路程总和等于 $\dfrac{10a}{9}$，并且

得到经过时间 $\dfrac{10a}{9v}$ 就能追上乌龟.

二、收敛级数的基本性质

以下假设 $\sum_{n=1}^{\infty} u_n$ 和 $\sum_{n=1}^{\infty} v_n$ 分别收敛于 s, t，则有以下性质：

性质1 如果级数 $\sum_{n=1}^{\infty} u_n$ 收敛于和 s，则级数 $\sum_{n=1}^{\infty} \lambda u_n$ 也收敛，且

$$\sum_{n=1}^{\infty} \lambda u_n = \lambda \sum_{n=1}^{\infty} u_n = \lambda s \ (\lambda \text{ 为常数}).$$

证明 $w_n = \sum_{k=1}^{n} \lambda u_k = \lambda \sum_{k=1}^{n} u_k = \lambda s_n \to \lambda s \ (n\to\infty).$

可见级数的每一项同乘以一个不为零的常数后，它的收敛性不会改变.

性质 2　如果级数 $\sum\limits_{n=1}^{\infty} u_n$，$\sum\limits_{n=1}^{\infty} v_n$ 分别收敛于 s 与 t，则级数 $\sum\limits_{n=1}^{\infty}(u_n \pm v_n)$ 也收敛，且

$$\sum_{n=1}^{\infty}(u_n \pm v_n) = s \pm t.$$

证明　$w_n = \sum\limits_{k=1}^{n}(u_k \pm v_k) = \sum\limits_{k=1}^{n} u_k \pm \sum\limits_{k=1}^{n} v_k = s_n \pm t_n \to s \pm t \ (n \to \infty).$

性质 2 也说成:两个收敛数列可以逐项相加或逐项相减.

性质 3　去掉、增加或改变级数的有限项,不会改变级数的敛散性.

性质 4　若 $\sum\limits_{n=1}^{\infty} u_n = s$，则将级数的项任意加括号后所成的级数

$$(u_1 + \cdots + u_{n_1}) + (u_{n_1+1} + \cdots + u_{n_2}) + \cdots + (u_{n_{k-1}} + \cdots + u_{n_k}) + \cdots$$

仍收敛,且和不变.

证明　设级数 $\sum\limits_{n=1}^{\infty} u_n$ 加括号后所成的级数为

$$\sum_{n=1}^{\infty} \sigma_n = \sigma_1 + \sigma_2 + \cdots + \sigma_k + \cdots$$
$$= (u_1 + u_2 + \cdots + u_{n_1}) + (u_{n_1+1} + u_{n_1+2} + \cdots + u_{n_2}) + \cdots$$
$$+ (u_{n_{k-1}+1} + u_{n_{k-1}+2} + \cdots + u_{n_k}) + \cdots.$$

那么

$$w_1 = \sum_{k=1}^{n_1} u_k = s_{n_1}, \quad w_2 = \sum_{k=1}^{n_2} u_k = s_{n_2}, \cdots, w_m = \sum_{k=1}^{n_m} u_k = s_{n_m}, \cdots.$$

故

$$\sum_{n=1}^{\infty} \sigma_n = \lim_{m \to \infty} w_m = \lim_{m \to \infty} s_{n_m} = s.$$

注意:$\{s_{n_m}\}$ 为 $\{s_n\}$ 的子数列.

但是级数加括号后收敛不能得到原数列收敛. 例如

$$(1-1) + (1-1) + \cdots + (1-1) + \cdots = 0 + 0 + \cdots + 0 + \cdots$$

收敛,但 $1 - 1 + 1 - 1 + \cdots + 1 - 1 + \cdots$ 却是发散的.

性质 5(级数收敛的必要条件)　若 $\sum\limits_{n=1}^{\infty} u_n$ 收敛,则 $\lim\limits_{n \to \infty} u_n = 0$.

证明　$u_n = s_n - s_{n-1} \to s - s = 0 \ (n \to \infty).$

注意:$\lim\limits_{n \to \infty} u_n = 0$ 并不是级数收敛的充分条件,下面这个例子说明了这个问题.

例 3　证明:调和级数 $\sum\limits_{n=1}^{\infty} \dfrac{1}{n}$ 发散.

证明　用反证法. 假设级数收敛于 s,于是 $\lim\limits_{n \to \infty}(s_{2n} - s_n) = s - s = 0$,而

$$s_{2n} - s_n = \frac{1}{n+1} + \frac{1}{n+2} + \cdots + \frac{1}{2n}$$
$$\geq \frac{1}{n+n} + \frac{1}{n+n} + \cdots + \frac{1}{2n}$$

$$= \frac{n}{2n} = \frac{1}{2}.$$

那么 $0 = \lim\limits_{n \to \infty} (s_{2n} - s_n) \geqslant \frac{1}{2}$，矛盾，故调和级数 $\sum\limits_{n=1}^{\infty} \frac{1}{n}$ 发散.

习题 11-1

1. 写出下列级数的前五项.

(1) $\sum\limits_{n=1}^{\infty} \frac{1+n}{1+n^2}$;

(2) $\sum\limits_{n=1}^{\infty} \frac{1 \cdot 3 \cdots (2n-1)}{2 \cdot 4 \cdots 2n}$;

(3) $\sum\limits_{n=1}^{\infty} \frac{(-1)^{n-1}}{5^n}$;

(4) $\sum\limits_{n=1}^{\infty} \frac{n!}{n^n}$.

2. 写出下列级数的一般项.

(1) $1 + \frac{1}{3} + \frac{1}{5} + \frac{1}{7} + \cdots$;

(2) $\frac{2}{1} - \frac{3}{2} + \frac{4}{3} - \frac{5}{4} + \frac{6}{5} - \cdots$;

(3) $\frac{\sqrt{x}}{2} + \frac{x}{2 \cdot 4} + \frac{x\sqrt{x}}{2 \cdot 4 \cdot 6} + \frac{x^2}{2 \cdot 4 \cdot 6 \cdot 8} + \cdots$;

(4) $\frac{a^2}{3} - \frac{a^3}{5} + \frac{a^4}{7} - \frac{a^5}{9} + \cdots$.

3. 根据级数收敛与发散计算下列级数的和.

(1) $\sum\limits_{n=1}^{\infty} (\sqrt{n+1} - \sqrt{n})$;

(2) $\frac{1}{1 \cdot 3} + \frac{1}{3 \cdot 5} + \frac{1}{5 \cdot 7} + \cdots + \frac{1}{(2n-1)(2n+1)} + \cdots$;

(3) $\sin \frac{\pi}{6} + \sin \frac{2\pi}{6} + \cdots + \sin \frac{n\pi}{6} + \cdots$.

4. 判定下列级数的收敛性.

(1) $-\frac{8}{9} + \frac{8^2}{9^2} - \frac{8^3}{9^3} + \cdots + (-1)^n \frac{8^n}{9^n} + \cdots$;

(2) $\frac{1}{3} + \frac{1}{6} + \frac{1}{9} + \cdots + \frac{1}{3n} + \cdots$;

(3) $\frac{1}{3} + \frac{1}{\sqrt{3}} + \frac{1}{\sqrt[3]{3}} + \cdots + \frac{1}{\sqrt[n]{3}} + \cdots$;

(4) $\frac{3}{2} + \frac{3^2}{2^2} + \frac{3^3}{2^3} + \cdots + \frac{3^n}{2^n} + \cdots$;

(5) $\left(\frac{1}{2} + \frac{1}{3}\right) + \left(\frac{1}{2^2} + \frac{1}{3^2}\right) + \left(\frac{1}{2^3} + \frac{1}{3^3}\right) + \cdots + \left(\frac{1}{2^n} + \frac{1}{3^n}\right) \cdots$.

第二节 常数项级数的审敛法

一、正项级数及其审敛法

一般的常数项级数,它的各项可以是正数、负数,或者零. 现在我们先讨论各项是正数或者零的级数,这种级数称为正项级数.

定义 1 若级数 $\sum\limits_{n=1}^{\infty} u_n$ 的各项 $u_n \geq 0$,则称级数 $\sum\limits_{n=1}^{\infty} u_n$ 为正项级数.

定理 1 如果 $\sum\limits_{n=1}^{\infty} u_n$ 为正项级数,则 $\sum\limits_{n=1}^{\infty} u_n$ 收敛 $\Leftrightarrow \{s_n\}$ 有界.

证明 由于 $u_n \geq 0$,则 $s_n = s_{n-1} + u_n \geq s_{n-1}$,可见 $\{s_n\}$ 单调递增,故有

$$\sum_{n=1}^{\infty} u_n \text{ 收敛} \Leftrightarrow \{s_n\} \text{ 收敛} \Leftrightarrow \{s_n\} \text{ 有界}.$$

从证明中可以看到 $s_n \leq s$. 另外,如果正项级数 $\sum\limits_{n=1}^{\infty} u_n$ 发散,则它的部分和数列 $s_n \to +\infty \ (n \to \infty)$,即 $\sum\limits_{n=1}^{\infty} u_n = +\infty$.

根据定理 1 可得到关于正项级数的一个基本审敛法.

定理 2(比较审敛法) 设 $\sum\limits_{n=1}^{\infty} u_n$ 与 $\sum\limits_{n=1}^{\infty} v_n$ 均为正项级数,且

$$u_n \leq v_n, \ n = 1, 2, \cdots.$$

则(1)若 $\sum\limits_{n=1}^{\infty} v_n$ 收敛,则 $\sum\limits_{n=1}^{\infty} u_n$ 收敛;

(2)若 $\sum\limits_{n=1}^{\infty} u_n$ 发散,则 $\sum\limits_{n=1}^{\infty} v_n$ 发散.

证明 由条件知 $0 \leq s_n = \sum\limits_{k=1}^{n} u_k \leq \sum\limits_{k=1}^{n} v_k = t_n$. 则

(1)若 $\sum\limits_{n=1}^{\infty} v_n$ 收敛,则 $\{t_n\}$ 有界,那么 $\{s_n\}$ 有界,故 $\sum\limits_{n=1}^{\infty} u_n$ 收敛.

(2)若 $\sum\limits_{n=1}^{\infty} u_n$ 发散,则 $\{s_n\}$ 无界,那么 $\{t_n\}$ 无界,故 $\sum\limits_{n=1}^{\infty} v_n$ 发散.

注意到级数的每一项同乘以不为零的常数,以及去掉级数前面部分的有限项,不会影响级数的收敛性,我们可以得到如下的推论:

推论 设 $\sum\limits_{n=1}^{\infty} u_n$ 与 $\sum\limits_{n=1}^{\infty} v_n$ 均为正项级数,那么

(1)如果级数 $\sum\limits_{n=1}^{\infty} v_n$ 收敛,且存在自然数 N,当 $n \geq N$ 时有

$$u_n \leq k v_n \ (k > 0 \text{ 为常数})$$

成立,则级数 $\displaystyle\sum_{n=1}^{\infty} u_n$ 收敛.

(2)如果级数 $\displaystyle\sum_{n=1}^{\infty} v_n$ 发散,且存在自然数 N,当 $n \geqslant N$ 时有

$$u_n \geqslant k v_n \quad (k > 0 \text{ 为常数})$$

成立,则级数 $\displaystyle\sum_{n=1}^{\infty} u_n$ 发散.

例1　判定下列级数的敛散性:

$(1) \displaystyle\sum_{n=1}^{\infty} \frac{\sin^2 n}{2^n}; (2) \displaystyle\sum_{n=1}^{\infty} \frac{1}{\ln(1+n)}.$

解　(1)因为 $u_n = \dfrac{\sin^2 n}{2^n} \leqslant \dfrac{1}{2^n}$,又 $\displaystyle\sum_{n=1}^{\infty} \dfrac{1}{2^n}$ 收敛,故原级数收敛.

(2)因为 $u_n = \dfrac{1}{\ln(n+1)} > \dfrac{1}{n}$,又 $\displaystyle\sum_{n=1}^{\infty} \dfrac{1}{n}$ 发散,故原级数发散.

例2　讨论 p - 级数

$$1 + \frac{1}{2^p} + \frac{1}{3^p} + \frac{1}{4^p} + \cdots + \frac{1}{n^p} + \cdots$$

的敛散性 $(p > 0)$.

解　当 $p \leqslant 1$ 时,由于 $\dfrac{1}{n^p} \geqslant \dfrac{1}{n}$,则由于 $\displaystyle\sum_{n=1}^{\infty} \dfrac{1}{n}$ 发散,则级数 $\displaystyle\sum_{n=1}^{\infty} \dfrac{1}{n^p}$ 发散.

当 $p > 1$ 时,由于 $\dfrac{1}{n^p} = \displaystyle\int_{n-1}^{n} \dfrac{\mathrm{d}x}{n^p} \leqslant \int_{n-1}^{n} \dfrac{\mathrm{d}x}{x^p}$,那么

$$\begin{aligned}
s_n &= 1 + \frac{1}{2^p} + \frac{1}{3^p} + \cdots + \frac{1}{n^p} \\
&\leqslant 1 + \int_1^2 \frac{\mathrm{d}x}{x^p} + \int_2^3 \frac{\mathrm{d}x}{x^p} + \cdots + \int_{n-1}^{n} \frac{\mathrm{d}x}{x^p} \\
&= 1 + \int_1^n \frac{\mathrm{d}x}{x^p} \leqslant 1 + \int_1^{+\infty} \frac{\mathrm{d}x}{x^p} \\
&= 1 + \left[\frac{1}{1-p} \cdot \frac{1}{x^{p-1}} \right]_1^{+\infty} = 1 + \frac{1}{p-1} = \frac{p}{p-1}.
\end{aligned}$$

于是 $\{s_n\}$ 有界,所以级数 $\displaystyle\sum_{n=1}^{\infty} \dfrac{1}{n^p}$ 收敛.

综上所述,p - 级数 $\displaystyle\sum_{n=1}^{\infty} \dfrac{1}{n^p}$ 收敛 $\Leftrightarrow p > 1$.

例3　判断下列级数的收敛性.

$(1) \displaystyle\sum_{n=1}^{\infty} \frac{n}{n^3+1};$ $\qquad\qquad\qquad (2) \displaystyle\sum_{n=1}^{\infty} \frac{1}{\sqrt{n(n+1)}}.$

解　(1)因为 $u_n = \dfrac{n}{n^3+1} \leqslant \dfrac{n}{n^3} = \dfrac{1}{n^2}$,又 $\displaystyle\sum_{n=1}^{\infty} \dfrac{1}{n^2}$ 收敛,故原级数收敛.

（2）因为 $u_n = \dfrac{1}{\sqrt{n(n+1)}} > \dfrac{1}{\sqrt{(n+1)\cdot(n+1)}} = \dfrac{1}{n+1}$，又 $\displaystyle\sum_{n=1}^{\infty}\dfrac{1}{n+1}$ 发散，故原级数发散.

为应用上的方便，下面给出比较审敛法的极限形式.

定理 3（比较判别法的极限形式）　设 $\displaystyle\sum_{n=1}^{\infty}u_n$ 与 $\displaystyle\sum_{n=1}^{\infty}v_n$ 均为正项级数，若 $\lim\limits_{n\to\infty}\dfrac{u_n}{v_n}=l$，则

（1）当 $0 < l < +\infty$ 时，$\displaystyle\sum_{n=1}^{\infty}v_n$ 与 $\displaystyle\sum_{n=1}^{\infty}u_n$ 的敛散性相同；

（2）当 $l=0$ 时，若 $\displaystyle\sum_{n=1}^{\infty}v_n$ 收敛，则 $\displaystyle\sum_{n=1}^{\infty}u_n$ 也收敛；

（3）当 $l=+\infty$ 时，若 $\displaystyle\sum_{n=1}^{\infty}v_n$ 发散，则 $\displaystyle\sum_{n=1}^{\infty}u_n$ 也发散.

证明　（1）由 $\dfrac{l}{2} < \lim\limits_{n\to\infty}\dfrac{u_n}{v_n}=l < \dfrac{3l}{2}$，根据极限保号性，存在 N，当 $n>N$ 时，有

$$\dfrac{l}{2} < \dfrac{u_n}{v_n} < \dfrac{3l}{2},$$

即 $u_n > \dfrac{l}{2}v_n$，$u_n < \dfrac{3l}{2}v_n$，由比较判别法，得 $\displaystyle\sum_{n=1}^{\infty}v_n$ 与 $\displaystyle\sum_{n=1}^{\infty}u_n$ 的敛散性相同.

（2）由 $\lim\limits_{n\to\infty}\dfrac{u_n}{v_n}=0$，按极限定义，对 $\varepsilon=1$，存在 N，当 $n>N$ 时，有

$$\left|\dfrac{u_n}{v_n}\right| < 1.$$

由于级数是正项的，有 $u_n < v_n$，由比较判别法，若 $\displaystyle\sum_{n=1}^{\infty}v_n$ 收敛，则 $\displaystyle\sum_{n=1}^{\infty}u_n$ 也收敛.

（3）由 $\lim\limits_{n\to\infty}\dfrac{u_n}{v_n}=+\infty$，按极限定义，对 $G=1$，存在 N，当 $n>N$ 时，有

$$\left|\dfrac{u_n}{v_n}\right| > 1.$$

由于级数是正项的，有 $u_n > v_n$，由比较判别法，若 $\displaystyle\sum_{n=1}^{\infty}v_n$ 发散，则 $\displaystyle\sum_{n=1}^{\infty}u_n$ 也发散.

例 4　判别级数 $\displaystyle\sum_{n=1}^{\infty}\sin\dfrac{1}{n}$ 的敛散性.

解　因为 $\lim\limits_{n\to\infty}n\sin\dfrac{1}{n}=\lim\limits_{n\to\infty}\dfrac{\sin\frac{1}{n}}{\frac{1}{n}}=1$，由于级数 $\displaystyle\sum_{n=1}^{\infty}\dfrac{1}{n}$ 发散，所以级数 $\displaystyle\sum_{n=1}^{\infty}\sin\dfrac{1}{n}$ 发散.

定理 4（比值判别法）　设 $\displaystyle\sum_{n=1}^{\infty}u_n$ 为正项级数，若 $\lim\limits_{n\to\infty}\dfrac{u_{n+1}}{u_n}=\rho$，则

（1）当 $\rho<1$ 时，级数 $\displaystyle\sum_{n=1}^{\infty}u_n$ 收敛；

（2）当 $\rho > 1$ 或 $\rho = +\infty$ 时，级数 $\sum\limits_{n=1}^{\infty} u_n$ 发散.

定理的证明从略.

在定理中，当 $p = 1$ 时，级数 $\sum\limits_{n=1}^{\infty} u_n$ 可能收敛也可能发散，例如级数 $\sum\limits_{n=1}^{\infty} \dfrac{1}{n}$ 和 $\sum\limits_{n=1}^{\infty} \dfrac{1}{n^2}$ 都有 $\rho = 1$，但 $\sum\limits_{n=1}^{\infty} \dfrac{1}{n}$ 发散，而 $\sum\limits_{n=1}^{\infty} \dfrac{1}{n^2}$ 收敛.

例5　求 $\lim\limits_{n\to\infty} \dfrac{10^n}{n!}$.

解　由于
$$\rho = \lim_{n\to\infty}\frac{u_{n+1}}{u_n} = \lim_{n\to\infty}\frac{10^{n+1}}{(n+1)!}\cdot\frac{n!}{10^n} = \lim_{n\to\infty}\frac{10}{n+1} = 0 < 1,$$
则级数 $\sum\limits_{n=1}^{\infty} \dfrac{10^n}{n!}$ 收敛，于是 $\lim\limits_{n\to\infty} \dfrac{10^n}{n!} = 0$.

例6　证明级数 $\sum\limits_{n=1}^{\infty} \dfrac{1}{(n-1)!}$ 是收敛的，并估计误差 $|r_n|$.

证明　（1）由于
$$\rho = \lim_{n\to\infty}\frac{u_{n+1}}{u_n} = \lim_{n\to\infty}\frac{(n-1)!}{n!} = \lim_{n\to\infty}\frac{1}{n} = 0 < 1,$$
故级数收敛.

（2）$|r_n| = \dfrac{1}{n!} + \dfrac{1}{(n+1)!} + \dfrac{1}{(n+2)!} + \cdots$

$= \dfrac{1}{n!}\left[1 + \dfrac{1}{n+1} + \dfrac{1}{(n+1)(n+2)} + \cdots\right]$

$\leqslant \dfrac{1}{n!}\left(1 + \dfrac{1}{n} + \dfrac{1}{n^2} + \dfrac{1}{n^3} + \cdots\right)$

$= \dfrac{1}{n!}\cdot\dfrac{1}{1-\dfrac{1}{n}} = \dfrac{1}{(n-1)(n-1)!}(n>1).$

定理5（根式判别法）　设 $\sum\limits_{n=1}^{\infty} u_n$ 为正项级数，若 $\lim\limits_{n\to\infty}\sqrt[n]{u_n} = \rho$，则

（1）当 $\rho < 1$ 时，级数 $\sum\limits_{n=1}^{\infty} u_n$ 收敛；

（2）当 $\rho > 1$ 或 $\rho = +\infty$ 时，级数 $\sum\limits_{n=1}^{\infty} u_n$ 发散；

与比值判别法类似，当 $\rho = 1$ 时，级数 $\sum\limits_{n=1}^{\infty} u_n$ 可能收敛也可能发散.

定理的证明从略.

例7　证明级数 $\sum\limits_{n=1}^{\infty} \dfrac{1}{n^n}$ 是收敛的，并估计误差 $|r_n|$.

证明 （1）由于 $\rho = \lim\limits_{n\to\infty} \sqrt[n]{u_n} = \lim\limits_{n\to\infty} \dfrac{1}{n} = 0 < 1$，故级数收敛.

$$(2)\ |r_n| = \frac{1}{(n+1)^{n+1}} + \frac{1}{(n+2)^{n+2}} + \frac{1}{(n+3)^{n+3}} + \cdots$$

$$< \frac{1}{(n+1)^{n+1}} + \frac{1}{(n+1)^{n+2}} + \frac{1}{(n+1)^{n+3}} + \cdots$$

$$= \frac{1}{(n+1)^{n+1}}\Big[1 + \frac{1}{n+1} + \frac{1}{(n+1)^2} + \cdots\Big]$$

$$= \frac{1}{(n+1)^{n+1}} \cdot \frac{1}{1-\dfrac{1}{n+1}} = \frac{1}{(n+1)^{n+1}} \cdot \frac{n+1}{n} = \frac{1}{n(n+1)^n}.$$

二、交错级数及其审敛法

定义2　形如

$$u_1 - u_2 + u_3 - u_4 + \cdots + (-1)^{n-1}u_n + \cdots$$

或

$$-u_1 + u_2 - u_3 + \cdots + (-1)^n u_n + \cdots$$

的级数称为交错级数，其中 $u_n > 0$，$n = 1,2,\cdots$.

定理6（莱布尼茨定理）　设 $\sum\limits_{n=1}^{\infty} (-1)^{n-1} u_n$ 为交错级数，若满足：

（1）$u_{n+1} \leqslant u_n, n = 1,2,\cdots$；

（2）$\lim\limits_{n\to\infty} u_n = 0$；

则 $\sum\limits_{n=1}^{\infty} (-1)^{n-1} u_n$ 收敛，且级数和 $s \leqslant u_1$，其余项 r_n 的绝对值 $|r_n| \leqslant u_{n+1}$.

证明　记 s_n 为级数 $\sum\limits_{n=1}^{\infty} (-1)^{n-1} u_n$ 的部分和. 考察级数 $\sum\limits_{n=1}^{\infty} v_n = \sum\limits_{n=1}^{\infty} (u_{n-1} - u_n)$.

由于 $u_{n-1} - u_n \geqslant 0$，所以有

$$s_{2n} = (u_1 - u_2) + (u_3 - u_4) + \cdots + (u_{2n-1} - u_{2n})$$

$$= u_1 - (u_2 - u_3) - \cdots - (u_{2n-2} - u_{2n-1}) - u_{2n} \leqslant u_1.$$

可见 $\{s_{2n}\}$ 递增且有界，设 $\lim\limits_{n\to\infty} s_{2n} = s \leqslant u_1$.

由于 $\lim\limits_{n\to\infty} u_{2n+1} = 0$，所以

$$\lim_{n\to\infty} s_{2n+1} = \lim_{n\to\infty} (s_{2n} + u_{2n+1}) = s,$$

可见 $\lim\limits_{n\to\infty} s_n = s \leqslant u_1$，则 $\sum\limits_{n=1}^{\infty} (-1)^{n-1} u_n$ 收敛.

注意到级数 $|r_n| = u_{n+1} - u_{n+2} + \cdots$ 也满足本定理的两个条件，所以

$$|r_n| \leqslant u_{n+1}.$$

例8　证明级数 $\sum\limits_{n=1}^{\infty} (-1)^{n-1} \dfrac{1}{n}$ 是收敛的，并估计误差 $|r_n|$.

证明 （1）由于

$$\lim_{n\to\infty}u_n = \lim_{n\to\infty}\frac{1}{n} = 0 \quad \text{且} \quad u_{n+1} \leqslant u_n, n = 1, 2, \cdots.$$

故级数收敛.

（2）$|r_n| \leqslant u_{n+1} = \dfrac{1}{n+1}$.

三、绝对收敛与条件收敛

定义3 如果 $\displaystyle\sum_{n=1}^{\infty}|u_n|$ 收敛, 则称级数 $\displaystyle\sum_{n=1}^{\infty}u_n$ 绝对收敛; 如果 $\displaystyle\sum_{n=1}^{\infty}u_n$ 收敛, 而级数 $\displaystyle\sum_{n=1}^{\infty}|u_n|$ 发散, 则称级数 $\displaystyle\sum_{n=1}^{\infty}u_n$ 条件收敛.

例如, 级数 $\displaystyle\sum_{n=1}^{\infty}(-1)^{n-1}\frac{1}{n^2}$ 绝对收敛, 而级数 $\displaystyle\sum_{n=1}^{\infty}(-1)^{n-1}\frac{1}{n}$ 条件收敛.

定理7 如果级数 $\displaystyle\sum_{n=1}^{\infty}u_n$ 绝对收敛, 则

（1）级数 $\displaystyle\sum_{n=1}^{\infty}u_n$ 收敛;

（2）级数 $\displaystyle\sum_{n=1}^{\infty}u_n$ 中的加法满足交换律.

仅对定理的第一个结论证明: 因为

$$0 \leqslant v_n = \frac{1}{2}(u_n + |u_n|) \leqslant |u_n|,$$

由于 $\displaystyle\sum_{n=1}^{\infty}|u_n|$ 收敛, 所以 $\displaystyle\sum_{n=1}^{\infty}v_n$ 收敛. 又因 $u_n = 2v_n - |u_n|$, 故 $\displaystyle\sum_{n=1}^{\infty}u_n$ 收敛.

要注意级数收敛未必能得出绝对收敛. 例如, $\displaystyle\sum_{n=1}^{\infty}(-1)^{n-1}\frac{1}{n}$ 收敛, 但 $\displaystyle\sum_{n=1}^{\infty}\left|(-1)^{n-1}\frac{1}{n}\right| = \sum_{n=1}^{\infty}\frac{1}{n}$ 发散.

例9 判别级数 $\displaystyle\sum_{n=1}^{\infty}\frac{\sin n\alpha}{n^2}$ 的敛散性.

解 由于 $|u_n| = \left|\dfrac{\sin n\alpha}{n^2}\right| \leqslant \dfrac{1}{n^2}$, 可见 $\displaystyle\sum_{n=1}^{\infty}|u_n|$ 收敛, 从而 $\displaystyle\sum_{n=1}^{\infty}\frac{\sin n\alpha}{n^2}$ 收敛.

在判断级数收敛性时, 下面是一个常用的结论:

对一般级数 $\displaystyle\sum_{n=1}^{\infty}u_n$, 设 $\rho = \lim\limits_{n\to\infty}\left|\dfrac{u_{n+1}}{u_n}\right|$ 或 $\rho = \lim\limits_{n\to\infty}\sqrt[n]{|u_n|}$, 则

（1）若 $\rho < 1$, 则 $\displaystyle\sum_{n=1}^{\infty}u_n$ 收敛;

（2）若 $\rho > 1$, 则 $\displaystyle\sum_{n=1}^{\infty}u_n$ 发散.

例10 判别级数 $\sum\limits_{n=1}^{\infty}(-1)^n\dfrac{1}{2^n}\left(1+\dfrac{1}{n}\right)^{n^2}$ 的敛散性.

解 由于 $\sqrt[n]{|u_n|}=\dfrac{1}{2}\left(1+\dfrac{1}{n}\right)^n\to\dfrac{e}{2}>1$,所以级数发散.

习题 11-2

1. 用比较审敛法或极限形式的比较审敛法判定下列级数的收敛性.

(1) $1+\dfrac{1}{3}+\dfrac{1}{5}+\cdots+\dfrac{1}{(2n-1)}+\cdots$;

(2) $1+\dfrac{1+2}{1+2^2}+\dfrac{1+3}{1+3^2}+\cdots+\dfrac{1+n}{1+n^2}+\cdots$;

(3) $\dfrac{1}{2\cdot5}+\dfrac{1}{3\cdot6}+\cdots+\dfrac{1}{(n+1)(n+4)}+\cdots$;

(4) $\sin\dfrac{\pi}{2}+\sin\dfrac{\pi}{2^2}+\sin\dfrac{\pi}{2^3}+\cdots+\sin\dfrac{\pi}{2^n}+\cdots$;

(5) $\sum\limits_{n=1}^{\infty}\dfrac{1}{1+a^n}(a>0)$.

2. 用比值审敛法判定下列级数的敛散性.

(1) $\dfrac{3}{1\cdot2}+\dfrac{3^2}{2\cdot2^2}+\dfrac{3^3}{3\cdot2^3}+\cdots+\dfrac{3^n}{n\cdot2^n}+\cdots$;

(2) $\sum\limits_{n=1}^{\infty}\dfrac{n^2}{3^n}$;

(3) $\sum\limits_{n=1}^{\infty}\dfrac{2^n\cdot n!}{n^n}$;

(4) $\sum\limits_{n=1}^{\infty}n\tan\dfrac{\pi}{2^{n+1}}$.

3. 用根值审敛法判定下列级数的敛散性.

(1) $\sum\limits_{n=1}^{\infty}\left(\dfrac{n}{2n+1}\right)^n$;

(2) $\sum\limits_{n=1}^{\infty}\dfrac{1}{[\ln(n+1)]^n}$;

(3) $\sum\limits_{n=1}^{\infty}\left(\dfrac{n}{3n-1}\right)^{2n-1}$;

(4) $\sum\limits_{n=1}^{\infty}\left(\dfrac{b}{a_n}\right)^n$,其中 $a_n\to a(n\to\infty)$,a_n,b,a 均为正数.

4. 判定下列级数的敛散性.

(1) $\dfrac{3}{4}+2\left(\dfrac{3}{4}\right)^2+3\left(\dfrac{3}{4}\right)^2+\cdots+n\left(\dfrac{3}{4}\right)^n+\cdots$;

$(2)\dfrac{1^4}{1!}+\dfrac{2^4}{2!}+\dfrac{3^4}{3!}+\cdots+\dfrac{n^4}{n!}+\cdots$;

$(3)\displaystyle\sum_{n=1}^{\infty}\dfrac{n+1}{n(n+2)}$;

$(4)\displaystyle\sum_{n=1}^{\infty}2^n\sin\dfrac{\pi}{3^n}$;

$(5)\sqrt{2}+\sqrt{\dfrac{3}{2}}+\cdots+\sqrt{\dfrac{n+1}{n}}+\cdots$;

$(6)\dfrac{1}{a+b}+\dfrac{1}{2a+b}+\cdots+\dfrac{1}{na+b}+\cdots(a>0,b>0)$.

5. 判定下列级数是否收敛. 如果是收敛的, 是绝对收敛还是条件收敛?

$(1)1-\dfrac{1}{\sqrt{2}}+\dfrac{1}{\sqrt{3}}-\dfrac{1}{\sqrt{4}}+\cdots$;

$(2)\displaystyle\sum_{n=1}^{\infty}(-1)^{n-1}\dfrac{n}{3^{n-1}}$;

$(3)\dfrac{1}{3}\cdot\dfrac{1}{2}-\dfrac{1}{3}\cdot\dfrac{1}{2^2}+\dfrac{1}{3}\cdot\dfrac{1}{2^3}-\dfrac{1}{3}\cdot\dfrac{1}{2^n}+\cdots$;

$(4)\dfrac{1}{\ln 2}-\dfrac{1}{\ln 3}+\dfrac{1}{\ln4}-\dfrac{1}{\ln5}+\cdots$;

$(5)\displaystyle\sum_{n=1}^{\infty}(-1)^{n+1}\dfrac{2^{n^2}}{n!}$.

第三节　幂级数

一、函数项级数的概念

定义 1　设 $u_1(x),u_2(x),\cdots,u_n(x)\cdots$ 是定义在区间 I 上的函数列, 称和式

$$u_1(x)+u_2(x)+\cdots+u_n(x)+\cdots \tag{11-1}$$

为定义在区间 I 上的函数项级数, 记为 $\displaystyle\sum_{n=1}^{\infty}u_n(x)$.

定义 2　设 $x_0\in I$, 若常数项级数 $\displaystyle\sum_{n=1}^{\infty}u_n(x_0)$ 收敛, 则称 x_0 为函数项级数 $\displaystyle\sum_{n=1}^{\infty}u_n(x)$ 的收敛点;若常数项级数 $\displaystyle\sum_{n=1}^{\infty}u_n(x_0)$ 发散, 则称 x_0 为函数项级数 $\displaystyle\sum_{n=1}^{\infty}u_n(x)$ 的发散点. $\displaystyle\sum_{n=1}^{\infty}u_n(x)$ 的收敛点(发散点)的全体称为 $\displaystyle\sum_{n=1}^{\infty}u_n(x)$ 的收敛域(发散域).

定义 3　在收敛域上, 函数项级数 $\displaystyle\sum_{n=1}^{\infty}u_n(x)$ 的和是关于 x 的函数 $s(x)$, 称之为和函数.

因此在收敛域上有

$$s(x) = u_1(x) + u_2(x) + u_3(x) + \cdots + u_n(x) + \cdots$$

把函数项级数(11-1)的前 n 项的部分和记作 $s_n(x)$,则在收敛域上有

$$\lim_{n \to \infty} s_n(x) = s(x).$$

我们仍把 $r_n(x) = s(x) - s_n(x)$ 叫作函数项级数的余项.

注意:(1)只有在收敛域 D 上,$r_n(x)$ 才有意义;

(2)$\lim\limits_{n \to \infty} r_n(x) = 0$,$x \in D$.

二、幂级数及其收敛性

定义 4 函数项级数中简单而常见的一类级数就是各项都是幂函数的函数项级数,即所谓幂级数,它的形式是

$$\sum_{n=0}^{\infty} a_n x^n = a_0 + a_1 x + a_2 x^2 + \cdots + a_n x^n + \cdots \tag{11-2}$$

其中常数 $a_0, a_1, a_2, \cdots, a_n \cdots$ 称为幂级数的系数.

例如:$\sum\limits_{n=0}^{\infty} x^n$,$\sum\limits_{n=0}^{\infty} \dfrac{x^n}{n!}$ 均为幂级数.

那么对于一个给定的幂级数,如何才能确定收敛域及其和函数呢?

例 1 求函数项级数

$$1 + x + x^2 + \cdots + x^n + \cdots$$

的收敛域及和函数.

解 由第一节例 2 知道,当 $|x| < 1$ 时,级数收敛于 $\dfrac{1}{1-x}$;当 $|x| \geq 1$ 时,级数发散. 因此,此幂级数的收敛域是开区间 $(-1, 1)$,发散域是 $(-\infty, -1]$ 及 $[1, +\infty)$.

如果 x 在开区间 $(-1, 1)$ 内取值,则

$$\frac{1}{1-x} = 1 + x + x^2 + \cdots + x^n + \cdots$$

从这个例子可以看到,这个幂级数的收敛域是一个以原点为中点的区间. 事实上,这个结论对于一般的幂级数也是成立的,即有如下定理.

定理 1(阿贝尔定理) 如果级数 $\sum\limits_{n=0}^{\infty} a_n x^n$,当 $x = x_0 (x_0 \neq 0)$ 时收敛,则适合不等式 $|x| < |x_0|$ 的一切 x 使这幂级数绝对收敛. 反之,如果级数 $\sum\limits_{n=0}^{\infty} a_n x^n$,当 $x = x_0$ 时发散,则适合不等式 $|x| > |x_0|$ 的一切 x 使这幂级数发散.

证明 先设 x_0 是幂级数(11-2)的收敛点,即级数

$$a_0 + a_1 x_0 + a_2 x_0^2 + \cdots + a_n x_0^n + \cdots$$

收敛. 根据级数收敛的必要条件有

$$\lim_{n \to \infty} a_n x_0^n = 0.$$

于是存在一个常数 M, 使得

$$|a_n x_0{}^n| \leq M \quad (n = 0, 1, 2, \cdots).$$

这样级数(11-2)的一般项的绝对值

$$|a_n x^n| = \left| a_n x_0{}^n \frac{x^n}{x_0{}^n} \right| = |a_n x_0{}^n| \left| \frac{x}{x_0} \right|^n \leq M \left| \frac{x}{x_0} \right|^n.$$

因为当 $|x| < |x_0|$ 时, 等比级数 $\sum\limits_{n=0}^{\infty} M \left| \dfrac{x}{x_0} \right|^n$ 收敛(公比 $\left| \dfrac{x}{x_0} \right| < 1$), 所以级数

$\sum\limits_{n=0}^{\infty} |a_n x^n|$ 收敛, 也就是级数 $\sum\limits_{n=0}^{\infty} a_n x^n$ 绝对收敛.

定理的第二部分可用反证法证明. 倘如幂级数当 $x = x_0$ 时发散, 而有一点 x_1 适合 $|x_1| > |x_0|$ 使级数收敛, 则根据本定理的第一部分, 级数当 $x = x_0$ 时应收敛, 这与所设矛盾. 定理得证.

推论 若 $\sum\limits_{n=0}^{\infty} a_n x^n$ 在 R 中存在非零的收敛点和发散点, 则必存在 $R > 0$, 使得

(1)当 $|x| < R$ 时, 则 $\sum\limits_{n=0}^{\infty} a_n x^n$ 收敛且绝对收敛;

(2)当 $|x| > R$ 时, 则 $\sum\limits_{n=0}^{\infty} a_n x^n$ 发散.

注意:(1)当 $|x| = R$ 时, 幂级数 $\sum\limits_{n=0}^{\infty} a_n x^n$ 可能收敛也可能发散;

(2)若 a, b 分别为幂级数的收敛点和发散点, 则 $|a| \leq R \leq |b|$.

满足推论中的正数 R 称为 $\sum\limits_{n=0}^{\infty} a_n x^n$ 的收敛半径, $(-R, R)$ 称为收敛区间. 此时幂级数

$\sum\limits_{n=0}^{\infty} a_n x^n$ 的收敛域为 $(-R, R)$, $[-R, R)$, $(-R, R]$, $[-R, R]$ 四种情况之一. 特别地, 若幂级数只在 $x = 0$ 处收敛, 定义 $R = 0$, 收敛域为 $\{0\}$; 幂级数对一切实数都收敛, 定义 $R = +\infty$, 收敛域为 $(-\infty, +\infty)$.

如果能将收敛半径 R 确定出来, 那么幂级数的收敛域也能确定出来.

定理 2 如果 $\lim\limits_{n \to \infty} \left| \dfrac{a_{n+1}}{a_n} \right| = \rho$, 其中 a_n, a_{n+1} 是幂级数 $\sum\limits_{n=0}^{\infty} a_n x^n$ 的相邻两项的系数, 则这幂级数的收敛半径为

$$R = \begin{cases} \dfrac{1}{\rho}, & \rho \neq 0, \\ +\infty, & \rho = 0, \\ 0, & \rho = +\infty. \end{cases}$$

证明 由 $\lim\limits_{n \to \infty} \dfrac{|a_{n+1} x^{n+1}|}{|a_n x^n|} = \rho |x|$, 得当 $\rho |x| < 1$ 时, $\sum\limits_{n=0}^{\infty} |a_n x^n|$ 收敛; 当 $\rho |x| > 1$ 时,

$\sum\limits_{n=0}^{\infty} |a_n x^n|$ 发散.

(1)若 $0 < \rho < + \infty$,因为 $\rho |x| < 1 \Leftrightarrow |x| < \dfrac{1}{\rho}$,故 $R = \dfrac{1}{\rho}$.

(2)若 $\rho = 0$,所以 $\rho |x| < 1$ 恒成立,则 $\displaystyle\sum_{n=0}^{\infty} |a_n x^n|$ 对一切实数都收敛,因此 $R = + \infty$.

(3)若 $\rho = + \infty$, $\forall x \neq 0$,有 $\displaystyle\lim_{n \to \infty} \dfrac{|a_{n+1} x^{n+1}|}{|a_n x^n|} = \rho |x| = + \infty$,那么 $\displaystyle\sum_{n=0}^{\infty} |a_n x^n|$ 对一切非零实数都发散,则 $R = 0$.

例2 求幂级数 $\displaystyle\sum_{n=1}^{\infty} (-1)^{n-1} \dfrac{x^n}{n}$ 的收敛区间与收敛域.

解 因为 $R = \displaystyle\lim_{n \to \infty} \left| \dfrac{a_n}{a_{n+1}} \right| = \displaystyle\lim_{n \to \infty} \dfrac{n+1}{n} = 1$,则收敛区间是 $(-1,1)$.

当 $x = 1$ 时,级数为 $\displaystyle\sum_{n=1}^{\infty} \dfrac{(-1)^{n-1}}{n}$,收敛;当 $x = -1$ 时,级数为 $\displaystyle\sum_{n=1}^{\infty} - \dfrac{1}{n}$,发散.故收敛域是 $(-1,1]$.

例3 求幂级数 $\displaystyle\sum_{n=0}^{\infty} \dfrac{x^n}{n!}$ 的收敛域.

解 因为

$$R = \lim_{n \to \infty} \left| \dfrac{a_n}{a_{n+1}} \right| = \lim_{n \to \infty} \dfrac{(n+1)!}{n!} = \lim_{n \to \infty} (n+1) = + \infty .$$

故收敛域是 $(-\infty, +\infty)$.

例4 求幂级数 $\displaystyle\sum_{n=0}^{\infty} n! \, x^n$ 的收敛域.

解 因为

$$R = \lim_{n \to \infty} \left| \dfrac{a_n}{a_{n+1}} \right| = \lim_{n \to \infty} \dfrac{n!}{(n+1)!} = \lim_{n \to \infty} \dfrac{1}{n+1} = 0 .$$

故收敛域是 $\{0\}$.

例5 求幂级数 $\displaystyle\sum_{n=0}^{\infty} \dfrac{(2n)!}{(n!)^2} x^{2n}$ 的收敛区间.

解 令 $t = x^2$,幂级数变形为 $\displaystyle\sum_{n=0}^{\infty} \dfrac{(2n)!}{(n!)^2} t^n$,由

$$\lim_{n \to \infty} \left| \dfrac{a_{n+1}}{a_n} \right| = \lim_{n \to \infty} \dfrac{(2n+2)!}{(n+1)!} \dfrac{n!}{(n+1)!} \dfrac{n!}{(2n)!} = \lim_{n \to \infty} \dfrac{(2n+2)(2n+1)}{(n+1)(n+1)} = 4 .$$

得级数 $\displaystyle\sum_{n=0}^{\infty} \dfrac{(2n)!}{(n!)^2} t^n$ 的收敛半径为 $\dfrac{1}{4}$,收敛区间为 $-\dfrac{1}{4} < t < \dfrac{1}{4}$,即 $-\dfrac{1}{4} < x^2 < \dfrac{1}{4}$,得原级数的收敛区间: $-\dfrac{1}{2} < x < \dfrac{1}{2}$.

例6 求幂级数 $\displaystyle\sum_{n=1}^{\infty} \dfrac{(x-1)^n}{2^n \cdot n}$ 的收敛区间.

解 因为

$$\lim_{n\to\infty}\left|\frac{(x-1)^{n+1}}{2^{n+1}\cdot(n+1)}\right|\bigg/\left|\frac{(x-1)^n}{2^n\cdot n}\right|=\lim_{n\to\infty}\frac{n}{2(n+1)}|x-1|=\frac{1}{2}|x-1|.$$

由 $\frac{1}{2}|x-1|<1$ 得 $-1<x<3$，即收敛区间为 $(-1,3)$.

三、收敛幂级数的性质

定理3　设幂级数 $\sum_{n=0}^{\infty}a_nx^n$ 的收敛半径为 $R>0$，其和函数为 $s(x)$，即 $s(x)=\sum_{n=0}^{\infty}a_nx^n$，则

（1）$s(x)$ 在收敛域内连续；

（2）$s(x)$ 在收敛区间 $(-R,R)$ 内可积，且

$$\int_0^x s(t)\mathrm{d}t=\int_0^x\sum_{n=0}^{\infty}a_nt^n\mathrm{d}t=\sum_{n=0}^{\infty}\int_0^x a_nt^n\mathrm{d}t=\sum_{n=0}^{\infty}\frac{a_n}{n+1}x^{n+1},\qquad(11\text{-}3)$$

级数(11-3)的收敛半径仍然是 R；

（3）$s(x)$ 在收敛区间 $(-R,R)$ 内可导，且

$$s'(x)=\left(\sum_{n=0}^{\infty}a_nx^n\right)'=\sum_{n=0}^{\infty}(a_nx^n)'=\sum_{n=0}^{\infty}na_nx^{n-1},\qquad(11\text{-}4)$$

级数(11-4)的收敛半径仍然是 R.

定理的证明从略.

我们可以用该定理来求和.

例7　求幂级数 $\sum_{n=0}^{\infty}n^2x^{n-1}$ 的和函数，并求 $\sum_{n=0}^{\infty}(-1)^{n-1}\frac{n^2}{2^{n-1}}$.

解　由于

$$\lim_{n\to\infty}\left|\frac{a_{n+1}}{a_n}\right|=\lim_{n\to\infty}\frac{(n+1)^2}{n^2}=1,$$

则收敛半径为 1. 由于当 $x=1$ 时，$\sum_{n=0}^{\infty}n^2$ 发散；当 $x=-1$ 时，$\sum_{n=0}^{\infty}(-1)^{n-1}n^2$ 发散，令

$$s(x)=\sum_{n=0}^{\infty}n^2x^{n-1},\ -1<x<1.$$

那么由幂级数性质得

$$\begin{aligned}\int_0^x s(t)\mathrm{d}t&=\int_0^x\sum_{n=0}^{\infty}n^2t^{n-1}\mathrm{d}t=\sum_{n=0}^{\infty}\int_0^x n^2t^{n-1}\mathrm{d}t=\sum_{n=0}^{\infty}nx^n\\&=x\sum_{n=1}^{\infty}nx^{n-1}=x\sum_{n=1}^{\infty}(x^n)'=x\left(\sum_{n=1}^{\infty}x^n\right)'\\&=x\left(\frac{1}{1-x}\right)'=\frac{x}{(1-x)^2}.\end{aligned}$$

因此 $s(x)=\left[\dfrac{x}{(1-x)^2}\right]'=\dfrac{1+x}{(1-x)^3},\ -1<x<1.$

当 $x = -\dfrac{1}{2}$ 时,有

$$\sum_{n=0}^{\infty} (-1)^{n-1} \frac{n^2}{2^{n-1}} = s\left(-\frac{1}{2}\right) = \frac{4}{27}.$$

习题 11-3

求下列幂级数的收敛域.

(1) $x + 2x^2 + 3x^3 + \cdots + nx^n + \cdots$;

(2) $1 - x + \dfrac{x^2}{2^2} + \cdots + (-1)^n \dfrac{x^n}{n^2} + \cdots$;

(3) $\dfrac{x}{2} + \dfrac{x^2}{2 \cdot 4} + \dfrac{x^3}{2 \cdot 4 \cdot 6} + \cdots + \dfrac{x^n}{2 \cdot 4 \cdots (2n)} + \cdots$;

(4) $\dfrac{x}{1 \cdot 3} + \dfrac{x^2}{2 \cdot 3^2}x^2 + \dfrac{x^3}{3 \cdot 3^3} + \cdots + \dfrac{x^n}{n \cdot 3^n} + \cdots$;

(5) $\dfrac{2}{2}x + \dfrac{2^2}{5}x^2 + \dfrac{2^3}{10}x^3 + \cdots + \dfrac{2^n}{n^2+1}x^n + \cdots$;

(6) $\sum\limits_{n=1}^{\infty} (-1)^n \dfrac{x^{2n+1}}{2n+1}$;

(7) $\sum\limits_{n=1}^{\infty} \dfrac{2n-1}{2^n}x^{2n-2}$;

(8) $\sum\limits_{n=1}^{\infty} \dfrac{(x-5)^n}{\sqrt{n}}$.

第四节　函数展开成幂级数

本节将要讨论把一般函数 $f(x)$ 写成幂级数的问题,如

$$\frac{1}{1-x} = 1 + x + x^2 + \cdots + x^n + \cdots, \quad -1 < x < 1.$$

显然这种问题与泰勒公式有密切的关系. 所谓泰勒公式是指

$$f(x) = \sum_{k=0}^{n} \frac{f^{(k)}(x_0)}{k!}(x-x_0)^k + R_n(x),$$

其中 $R_n(x) = \dfrac{f^{(n+1)}(\xi)}{(n+1)!}(x-x_0)^{n+1}$, ξ 介于 x, x_0 之间,$f(x)$ 在 $U(x_0, \delta)$ 内有 $n+1$ 阶导数.

一、泰勒级数

为了讨论方便,我们可给出下面的定义.

定义 1　设 $f(x)$ 在点 $x = x_0$ 具有任意阶导数,则称 $\sum\limits_{n=0}^{\infty} \dfrac{f^{(n)}(x_0)}{n!}(x-x_0)^n$ 为 $f(x)$ 在点

x_0 的泰勒级数, 记作

$$f(x) \sim \sum_{n=0}^{\infty} \frac{f^{(n)}(x_0)}{n!}(x - x_0)^n.$$

特别地, 取 $x_0 = 0$, 则称 $\sum_{n=0}^{\infty} \frac{f^{(n)}(0)}{n!}x^n$ 为 $f(x)$ 的麦克劳林级数, 记作

$$f(x) \sim \sum_{n=0}^{\infty} \frac{f^{(n)}(0)}{n!}x^n.$$

注意: 任何具有任意阶导数的函数都可以求出它的泰勒级数 $\sum_{n=0}^{\infty} \frac{f^{(n)}(x_0)}{n!}(x - x_0)^n$, 但

$f(x) = \sum_{n=0}^{\infty} \frac{f^{(n)}(x_0)}{n!}(x - x_0)^n$ 在该级数的收敛区间内未必成立.

例如, $f(x) = \begin{cases} e^{-\frac{1}{x^2}}, x \neq 0, \\ 0, x = 0, \end{cases}$ 在点 $x = 0$ 任意可导, 且 $f^{(n)}(0) = 0 (n = 0, 1, \cdots)$, 于是

$$f(x) \sim \sum_{n=0}^{\infty} \frac{f^{(n)}(0)}{n!}x^n = \sum_{n=0}^{\infty} 0 \cdot x^n = 0, \quad -\infty < x < +\infty.$$

但显然有

$$f(x) \neq \sum_{n=0}^{\infty} \frac{f^{(n)}(0)}{n!}x^n = 0, \quad x \neq 0.$$

于是产生了两个问题:

(1) 在什么条件下, 函数 $f(x)$ 能展开成它的泰勒级数, 即有

$$f(x) = \sum_{n=0}^{\infty} \frac{f^{(n)}(x_0)}{n!}(x - x_0)^n.$$

(2) 如果函数 $f(x)$ 能展开成某幂级数, 该级数与它的泰勒级数有何关系?

定理1 设 $f(x)$ 在 $U(x_0, \delta)$ 内具有任意阶导数, 则在 $U(x_0, \delta)$ 内能展开成泰勒级数的充要条件是在 $U(x_0, \delta)$ 内任意一点 x 有

$$\lim_{n \to \infty} R_n(x) = \lim_{n \to \infty} \frac{f^{(n+1)}(\xi)}{(n+1)!}(x - x_0)^{n+1} = 0,$$

其中 $R_n(x)$ 为泰勒公式中的余项.

证明 由于 $f(x) = \sum_{n=0}^{n} \frac{f^{(n)}(x_0)}{n!}(x - x_0)^n + R_n(x) = p_n(x) + R_n(x)$, 所以

$$f(x) = \sum_{n=0}^{\infty} \frac{f^{(n)}(x_0)}{n!}(x - x_0)^n = \lim_{n \to \infty} p_n(x)$$

$$\Leftrightarrow \lim_{n \to \infty} R_n(x) = \lim_{n \to \infty} [f(x) - p_n(x)] = 0.$$

其中 $x \in U(x_0, \delta)$.

这个定理回答了问题(1), 即函数能否展开成它的泰勒级数, 只需验证 $\lim_{n \to \infty} R_n(x) = 0$ 是否成立. 下面讨论问题(2).

定理2 设 $f(x)$ 在 $U(x_0, \delta)$ 内可以展开成幂级数 $f(x) = \sum_{n=0}^{\infty} a_n(x - x_0)^n$, 则其系数为

$$a_n = \frac{f^{(n)}(x_0)}{n!}, \quad n = 1, 2, \cdots.$$

证明　由于在 $U(x_0, \delta)$ 内 $f(x) = \sum\limits_{n=0}^{\infty} a_n (x - x_0)^n$，于是 $f(x)$ 在 $U(x_0, \delta)$ 有任意阶导数，且在 $U(x_0, \delta)$ 内

$$f^{(n)}(x) = \sum_{k=0}^{\infty} \left[a_k (x - x_0)^k \right]^{(n)} = \left[a_n (x - x_0)^n \right]^{(n)} + \sum_{k=n+1}^{\infty} \left[a_k (x - x_0)^k \right]^{(n)}$$

$$= n! \, a_n + \sum_{k=n+1}^{\infty} b_k (x - x_0)^{k-n} \xlongequal{i=k-n} n! \, a_n + \sum_{i=1}^{\infty} b_{i+n} (x - x_0)^i.$$

那么 $f^{(n)}(x_0) = n! \, a_n$，所以

$$a_n = \frac{f^{(n)}(x_0)}{n!}, \quad n = 1, 2, \cdots.$$

由此可见，若函数 $f(x)$ 能展开成某幂级数，该级数必定是它的泰勒级数. 这样问题 (2) 得到了解答，并且泰勒级数是表示函数的唯一级数.

二、函数展开成幂级数

将函数 $f(x)$ 展开为 $(x - x_0)$ 或者 x 的幂级数，通常有两种方法.

1. 直接法

将函数 $f(x)$ 展开为 x 的幂级数的步骤为：

(1) 求 $f^{(n)}(x)$，进而求出 $f^{(n)}(0)$.

(2) 写出 $f(x)$ 的麦克劳林级数 $f(x) \sim \sum\limits_{n=0}^{\infty} \dfrac{f^{(n)}(0)}{n!} x^n$，并求出级数的收敛区间 I.

(3) 求出 $R_n(x)$ 的表达式.

(4) 如果在收敛区间 I 内有：$\lim\limits_{n \to \infty} R_n(x) = 0$，则 $f(x) = \sum\limits_{n=0}^{\infty} \dfrac{f^{(n)}(0)}{n!} x^n$；否则 $f(x) \neq \sum\limits_{n=0}^{\infty} \dfrac{f^{(n)}(0)}{n!} x^n$.

例 1　将 $f(x) = \mathrm{e}^x$ 展开成 x 的幂级数.

解　因为 $f^{(n)}(x) = \mathrm{e}^x$，所以

$$f^{(n)}(0) = 1, \quad n = 1, 2, \cdots.$$

可见 $f(x) \sim \sum\limits_{n=0}^{\infty} \dfrac{f^{(n)}(0)}{n!} x^n = \sum\limits_{n=0}^{\infty} \dfrac{x^n}{n!}$，而

$$R = \lim_{n \to \infty} \left| \frac{a_n}{a_{n+1}} \right| = \lim_{n \to \infty} \frac{(n+1)!}{n!} = \lim_{n \to \infty} (n+1) = +\infty, \quad \forall x \in (-\infty, +\infty),$$

则 $|R_n(x)| = \left| \dfrac{f^{(n+1)}(\xi)}{(n+1)!} x^{n+1} \right| = \left| \dfrac{\mathrm{e}^{\xi}}{(n+1)!} x^{n+1} \right| \leqslant \mathrm{e}^{|x|} \dfrac{|x|^{n+1}}{(n+1)!} \to 0$，所以

$$\mathrm{e}^x = \sum_{n=0}^{\infty} \frac{x^n}{n!} = 1 + x + \frac{x^2}{2!} + \cdots + \frac{x^n}{n!} + \cdots, \quad -\infty < x < +\infty.$$

例2 将 $f(x) = \sin x$ 展开成 x 的幂级数.

解 因为 $f^{(n)}(x) = \sin\left(x + n \cdot \dfrac{\pi}{2}\right)$, $n = 0, 1, 2, \cdots$, 则 $f^{(n)}(0)$ 依次循环取 $0, 1, 0, -1$, $\cdots$, 于是

$$f(x) \sim \sum_{n=0}^{\infty} \frac{f^{(n)}(0)}{n!} x^n = x - \frac{x^3}{3!} + \frac{x^5}{5!} - \cdots + (-1)^{n-1} \frac{x^{2n-1}}{(2n-1)!} + \cdots.$$

而 $R = \lim\limits_{n \to \infty} \left| \dfrac{a_n}{a_{n+1}} \right| = \lim\limits_{n \to \infty} \dfrac{(2n+1)!}{(2n-1)!} = \lim\limits_{n \to \infty} (2n+1) 2n = +\infty$, 则

$$|R_n(x)| = \left| \frac{\sin\left(\xi + \dfrac{n+1}{2}\pi\right)}{(n+1)!} x^{n+1} \right| \leqslant \frac{|x|^{n+1}}{(n+1)!} \to 0, \ \forall x \in (-\infty, +\infty).$$

所以

$$\sin x = \sum_{n=1}^{\infty} (-1)^{n-1} \frac{x^{2n-1}}{(2n-1)!}$$

$$= x - \frac{x^3}{3!} + \frac{x^5}{5!} - \cdots + (-1)^{n-1} \frac{x^{2n-1}}{(2n-1)!} + \cdots, \ -\infty < x < +\infty.$$

2. 间接法

间接法是指:利用常见展开式,通过变量代换、四则运算、恒等变形、逐项求导、逐项积分等方法,求出展开式的方法.

例3 将 $f(x) = \cos x$ 展开成 x 的幂级数.

解 已知

$$\sin x = \sum_{n=1}^{\infty} (-1)^{n-1} \frac{x^{2n-1}}{(2n-1)!} = \sum_{n=0}^{\infty} (-1)^n \frac{x^{2n+1}}{(2n+1)!}, \ x \in (-\infty, +\infty).$$

则 $\cos x = (\sin x)' = \sum\limits_{n=0}^{\infty} \left[(-1)^n \dfrac{x^{2n+1}}{(2n+1)!} \right]' = \sum\limits_{n=0}^{\infty} (-1)^n \dfrac{x^{2n}}{(2n)!}, \ -\infty < x < +\infty.$

例4 将 $f(x) = \dfrac{1}{1+x^2}$ 展开成 x 的幂级数.

解 已知 $\dfrac{1}{1-x} = \sum\limits_{n=0}^{\infty} x^n$, $-1 < x < 1$, 则

$$\frac{1}{1+x^2} = \frac{1}{1-(-x^2)} = \sum_{n=0}^{\infty} (-x^2)^n = \sum_{n=0}^{\infty} (-1)^n x^{2n}, \quad -1 < x < 1.$$

例5 将 $f(x) = \ln(1+x)$ 展开成 x 的幂级数.

解 已知

$$[\ln(1+x)]' = \frac{1}{1+x} = \sum_{n=0}^{\infty} (-x)^n = \sum_{n=0}^{\infty} (-1)^n x^n, \quad |x| < 1.$$

则 $\ln(1+x) = \displaystyle\int_0^x [\ln(1+t)]' \mathrm{d}t = \sum\limits_{n=0}^{\infty} (-1)^n \int_0^x t^n \mathrm{d}t = \sum\limits_{n=0}^{\infty} (-1)^n \dfrac{x^{n+1}}{n+1}$, $|x| < 1$, 又已知

$\sum\limits_{n=0}^{\infty} (-1)^n \dfrac{1}{n+1}$ 收敛, 于是

$$\ln(1+x) = \sum_{n=0}^{\infty} (-1)^n \frac{x^{n+1}}{n+1} = x - \frac{x^2}{2} + \frac{x^3}{3} - \cdots + (-1)^n \frac{x^{n+1}}{n+1} + \cdots, \quad -1 < x \leqslant 1.$$

习题 11-4

1. 求函数 $f(x) = \cos x$ 的泰勒级数，并验证它在整个数轴上收敛于这个函数.

2. 将下列函数展开成 x 的幂级数，并求展开式成立的区间.

(1) $\mathrm{sh} x = \dfrac{e^x - e^{-x}}{2}$;

(2) $\ln(a+x)(a>0)$;

(3) a^x;

(4) $\sin^2 x$;

(5) $(1+x)\ln(1+x)$;

(6) $\dfrac{x}{\sqrt{1+x_2}}$.

3. 将下列函数展开成 $(x-1)$ 的幂级数，并求展开式成立的区间.

(1) $\sqrt{x^3}$;

(2) $\lg x$.

4. 将函数 $f(x) = \cos x$ 展开成 $\left(x + \dfrac{\pi}{3}\right)$ 的幂级数.

5. 将函数 $f(x) = \dfrac{1}{x}$ 展开成 $(x-3)$ 的幂级数.

6. 将函数 $f(x) = \dfrac{1}{x^2 + 3x + 2}$ 展开成 $(x+4)$ 的幂级数.

第五节　函数的幂级数展开式在近似中的应用

一、近似计算的思路

欲计算函数值 $f(x)$，可先将 $f(x)$ 展开成幂级数

$$f(x) = \sum_{n=0}^{\infty} a_n x^n = s_n(x) + r_n(x),$$

则 $f(x)$ 可以近似计算为 $f(x) \approx s_n(x)$，误差为 $|r_n(x)|$.

显然这是一种将函数值近似为级数前 n 项和的一种方法.

二、精度的控制

控制计算精度问题，即控制计算误差问题，它可以这样实现：

设精度为 δ，即近似值的误差为 δ，由 $|r_n(x)| < \delta$ 可确定项数 n，继而可得对应的近似值 $s_n(x)$. 反之，若给定项数 n，可求得近似值 $s_n(x)$，通过 $|r_n(x)|$ 可估计精度 δ.

例1　计算 $\ln 2$ 的近似值，要求误差不超过 0.0001.

解法一　由于

$$\ln(1+x) = \sum_{n=0}^{\infty} (-1)^n \frac{x^{n+1}}{n+1}$$

$$= x - \frac{x^2}{2} + \frac{x^3}{3} - \cdots + (-1)^n \frac{x^{n+1}}{n+1} + \cdots, \quad -1 < x \leqslant 1.$$

取 $x = 1$，有

$$\ln 2 = \ln(1+1) = \sum_{n=0}^{\infty} (-1)^n \frac{1}{n+1}$$

$$= 1 - \frac{1}{2} + \frac{1}{3} - \cdots + (-1)^n \frac{1}{n+1} + \cdots.$$

且 $|r_n| \leqslant \dfrac{1}{n+1}$. 若要求误差不超过 10^{-4}，应取 $n = 9999$，即要计算

$$1 - \frac{1}{2} + \frac{1}{3} - \cdots + (-1)^{9999} \frac{1}{10000},$$

共 10000 项! 显然此法不可取.

解法二　（快速收敛级数法）　设 $\ln(1+x) = \sum_{n=0}^{\infty} (-1)^n \dfrac{x^{n+1}}{n+1}$，$-1 < x \leqslant 1$，则

$$\ln \frac{1+x}{1-x} = \ln(1+x) - \ln(1-x)$$

$$= \sum_{n=0}^{\infty} (-1)^n \left[\frac{x^{n+1}}{n+1} - \frac{(-x)^{n+1}}{n+1} \right]$$

$$= 2 \sum_{k=0}^{\infty} \frac{x^{2k+1}}{2k+1}, \quad -1 < x < 1.$$

令 $\dfrac{1+x}{1-x} = 2$，得 $x = \dfrac{1}{3}$，这样

$$\ln 2 = 2 \sum_{k=0}^{\infty} \frac{1}{2k+1} \left(\frac{1}{3} \right)^{2k+1}$$

$$= 2 \left(\frac{1}{3} + \frac{1}{3} \cdot \frac{1}{3^3} + \frac{1}{5} \cdot \frac{1}{3^5} + \frac{1}{7} \cdot \frac{1}{3^7} + \cdots \right).$$

若取 $n = 4$，有

$$|r_4| = 2 \left(\frac{1}{9} \cdot \frac{1}{3^9} + \frac{1}{11} \cdot \frac{1}{3^{11}} + \frac{1}{13} \cdot \frac{1}{3^{13}} + \cdots \right)$$

$$\leqslant \frac{2}{3^{11}} \left(1 + \frac{1}{9} + \frac{1}{9^2} + \frac{1}{9^3} + \cdots \right)$$

$$= \frac{2}{2^{11}} \cdot \frac{1}{1 - \dfrac{1}{9}} = \frac{1}{4 \cdot 3^9} < \frac{1}{70000}.$$

于是 $\ln 2 \approx 2 \left(\dfrac{1}{3} + \dfrac{1}{3} \cdot \dfrac{1}{3^3} + \dfrac{1}{5} \cdot \dfrac{1}{3^5} + \dfrac{1}{7} \cdot \dfrac{1}{3^7} \right) \approx 0.6931$，误差为 $\dfrac{1}{70000} < 10^{-4}$.

例2　计算定积分 $\dfrac{2}{\sqrt{\pi}} \displaystyle\int_0^{\frac{1}{2}} e^{-x^2} dx$ 的近似值，要求误差不超过 0.0001. （取 $\dfrac{1}{\sqrt{\pi}} \approx 0.56419$）

解 已知 $e^x = \sum_{n=0}^{\infty} \dfrac{x^n}{n!}$, $(-\infty < x < +\infty)$, 则

$$e^{-x^2} = \sum_{n=0}^{\infty} \frac{(-x^2)^n}{n!} = \sum_{n=0}^{\infty} (-1)^n \frac{x^{2n}}{n!}, \quad -\infty < x < +\infty.$$

于是

$$\frac{2}{\sqrt{\pi}} \int_0^{\frac{1}{2}} e^{-x^2} dx = \frac{2}{\sqrt{\pi}} \int_0^{\frac{1}{2}} \sum_{n=0}^{\infty} (-1)^n \frac{x^{2n}}{n!} dx = \frac{2}{\sqrt{\pi}} \sum_{n=0}^{\infty} \frac{(-1)^n}{n!} \int_0^{\frac{1}{2}} x^{2n} dx$$

$$= \frac{2}{\sqrt{\pi}} \sum_{n=0}^{\infty} \frac{(-1)^n}{2^{2n+1} \cdot (2n+1) \cdot n!} = \frac{1}{\sqrt{\pi}} \sum_{n=0}^{\infty} \frac{(-1)^n}{2^{2n} \cdot (2n+1) \cdot n!}$$

$$= \frac{1}{\sqrt{\pi}} \left(1 - \frac{1}{2^2 \cdot 3} + \frac{1}{2^4 \cdot 5 \cdot 2!} - \frac{1}{2^6 \cdot 7 \cdot 3!} + \cdots \right).$$

若取 $n = 4$, 有

$$|r_4| \leqslant u_4 = \frac{1}{\sqrt{\pi}} \cdot \frac{1}{2^8 \cdot 9 \cdot 4!} < \frac{1}{90000}.$$

于是

$$\frac{2}{\sqrt{\pi}} \int_0^{\frac{1}{2}} e^{-x^2} dx \approx \frac{1}{\sqrt{\pi}} \left(1 - \frac{1}{2^2 \cdot 3} + \frac{1}{2^4 \cdot 5 \cdot 2!} - \frac{1}{2^6 \cdot 7 \cdot 3!} \right) \approx 0.5205.$$

误差为 $\dfrac{1}{90000} < 0.0001$.

习题 11-5

1. 利用函数的幂级数展开式求下列各数的近似值.

(1) $\ln 3$ (误差不超过 0.0001);

(2) $\sqrt{e}$ (误差不超过 0.001);

(3) $\sqrt[9]{522}$ (误差不超过 0.00001);

(4) $\cos 2°$ (误差不超过 0.0001).

2. 利用被积函数是幂级数展开式求下列定积分的近似值.

(1) $\displaystyle\int_0^{0.5} \frac{1}{1+x^4} dx$ (误差不超过 0.0001);

(2) $\displaystyle\int_0^{0.5} \frac{\arctan x}{x} dx$ (误差不超过 0.001).

第六节   傅里叶级数

本节将讨论在数学与工程技术中都有着广泛应用的一类函数项级数, 即由三角函数列所产生的三角级数.

一、正交函数系

定义 1　称集合

$$\{1, \cos x, \sin x, \cos 2x, \sin 2x, \cdots, \cos nx, \sin nx, \cdots\}$$

为三角函数系.

在三角函数系中任何两个不同的函数的乘积在区间 $[-\pi, \pi]$ 上的积分等于零, 即

$$\int_{-\pi}^{\pi} \cos nx \, dx = 0 \quad (n = 1, 2, \cdots),$$

$$\int_{-\pi}^{\pi} \sin nx \, dx = 0 \quad (n = 1, 2, \cdots).$$

当 $k \neq n$ 时

$$
\begin{aligned}
\int_{-\pi}^{\pi} \cos kx \cos nx \, dx &= \frac{1}{2} \int_{-\pi}^{\pi} \left[\cos(k-n)x + \cos(k+n)x \right] dx \\
&= \frac{1}{2} \left[\frac{\sin(k-n)x}{k-n} + \frac{\sin(k+n)x}{k+n} \right] \Bigg|_{-\pi}^{\pi} = 0.
\end{aligned}
$$

同样有

$$\int_{-\pi}^{\pi} \sin kx \sin nx \, dx = 0 \quad (k, n = 1, 2, \cdots),$$

$$\int_{-\pi}^{\pi} \sin kx \cos nx \, dx = 0 \quad (k, n = 1, 2, \cdots).$$

通常把两个函数 φ 与 ψ 在 $[a, b]$ 上可积, 且 $\int_{a}^{b} \varphi(x) \psi(x) \, dx = 0$ 的函数 φ 与 ψ 称为在 $[a, b]$ 上是正交的. 由此, 我们说三角函数系在 $[-\pi, \pi]$ 上具有正交性, 或者说三角函数系是正交函数系.

而三角函数系中任何两个相同的函数的乘积在区间 $[-\pi, \pi]$ 上的积分不等于零, 即有

$$\int_{-\pi}^{\pi} 1^2 \, dx = 2\pi,$$

$$\int_{-\pi}^{\pi} \cos^2 nx \, dx = \pi \quad (n = 1, 2, \cdots),$$

$$\int_{-\pi}^{\pi} \sin^2 nx \, dx = \pi \quad (n = 1, 2, \cdots).$$

二、以 2π 为周期的函数的傅里叶级数

设周期函数 $f(x)$ 的周期为 2π, 下面将寻找一个三角级数

$$\frac{a_0}{2} + \sum_{n=1}^{\infty} (a_n \cos nx + b_n \sin nx),$$

使得该级数以 $f(x)$ 为和函数, 即有

$$f(x) = \frac{a_0}{2} + \sum_{n=1}^{\infty} (a_n \cos nx + b_n \sin nx). \tag{11-5}$$

下面确定上述式子中的 a_n, b_n.

先求 a_0, 对式(11-5)两边积分得到

$$\int_{-\pi}^{\pi} f(x) \mathrm{d}x = \int_{-\pi}^{\pi} \left[\frac{a_0}{2} + \sum_{n=1}^{\infty} (a_n \cos nx + b_n \sin nx) \right] \mathrm{d}x$$

$$= a_0 \pi + \sum_{n=1}^{\infty} \int_{-\pi}^{\pi} (a_n \cos nx + b_n \sin nx) \mathrm{d}x = a_0 \pi.$$

从而 $a_0 = \frac{1}{\pi} \int_{-\pi}^{\pi} f(x) \mathrm{d}x.$

其次求 a_n, 对式(11-5)两边乘以 $\cos nx$ 再积分得到

$$\int_{-\pi}^{\pi} f(x) \cos nx \mathrm{d}x = \int_{-\pi}^{\pi} \frac{a_0}{2} \cos nx \mathrm{d}x + \sum_{k=1}^{\infty} \left(a_k \int_{-\pi}^{\pi} \cos kx \cos nx \mathrm{d}x + b_k \int_{-\pi}^{\pi} \sin kx \cos nx \mathrm{d}x \right)$$

$$= \pi a_n.$$

从而 $a_n = \frac{1}{\pi} \int_{-\pi}^{\pi} f(x) \cos nx \mathrm{d}x, n = 1, 2, \cdots$

最后求 b_n, 对式(11-5)两边乘以 $\sin nx$ 再积分得到

$$\int_{-\pi}^{\pi} f(x) \cos nx \mathrm{d}x = \int_{-\pi}^{\pi} \frac{a_0}{2} \sin nx \mathrm{d}x + \sum_{k=1}^{\infty} \left(a_k \int_{-\pi}^{\pi} \cos kx \sin nx \mathrm{d}x + b_k \int_{-\pi}^{\pi} \sin kx \sin nx \mathrm{d}x \right)$$

$$= \pi b_n.$$

从而 $b_n = \frac{1}{\pi} \int_{-\pi}^{\pi} f(x) \sin nx \mathrm{d}x, n = 1, 2, \cdots$

定义2 利用公式

$$a_0 = \frac{1}{\pi} \int_{-\pi}^{\pi} f(x) \mathrm{d}x,$$

$$a_n = \frac{1}{\pi} \int_{-\pi}^{\pi} f(x) \cos nx \mathrm{d}x, n = 1, 2, \cdots,$$

$$b_n = \frac{1}{\pi} \int_{-\pi}^{\pi} f(x) \sin nx \mathrm{d}x, n = 1, 2, \cdots$$

构成的级数 $\frac{a_0}{2} + \sum_{n=1}^{\infty} (a_n \cos nx + b_n \sin nx)$ 称为函数 $f(x)$ 的傅里叶级数, 并记为

$$f(x) \sim \frac{a_0}{2} + \sum_{n=1}^{\infty} (a_n \cos nx + b_n \sin nx).$$

例1 设 $f(x)$ 是以 2π 为周期的函数, 其在 $[-\pi, \pi)$ 上可表示为

$$f(x) = \begin{cases} -1, & -\pi \leqslant x < 0, \\ 1, & 0 \leqslant x < \pi. \end{cases}$$

求 $f(x)$ 的傅里叶级数.

解 $a_n = \frac{1}{\pi} \int_{-\pi}^{\pi} f(x) \cos nx \mathrm{d}x = \frac{1}{\pi} \int_{-\pi}^{0} (-1) \cdot \cos nx \mathrm{d}x + \frac{1}{\pi} \int_{0}^{\pi} 1 \cdot \cos nx \mathrm{d}x = 0.$

其中 $n = 0, 1, 2, \cdots$

$$b_n = \frac{1}{\pi}\int_{-\pi}^{\pi}f(x)\sin nx\mathrm{d}x = \frac{1}{\pi}\int_{-\pi}^{0}(-1)\cdot\sin nx\mathrm{d}x + \frac{1}{\pi}\int_{0}^{\pi}1\cdot\sin nx\mathrm{d}x$$

$$= \frac{2}{\pi}\int_{0}^{\pi}\sin nx\mathrm{d}x = \frac{2}{n\pi}(1-(-1)^n)$$

$$= \begin{cases} \dfrac{4}{n\pi}, & n=1,3,5,\cdots, \\ 0, & n=2,4,6,\cdots \end{cases}$$

$f(x)$的傅里叶级数为$f(x) \sim \dfrac{4}{\pi}\displaystyle\sum_{k=1}^{\infty}\dfrac{\sin(2k-1)x}{2k-1}$.

例2　设$f(x)$是以2π为周期的函数,其在$(-\pi,\pi]$上可表示为

$$f(x) = \begin{cases} 0, & 0\leq x\leq\pi, \\ x, & -\pi<x<0. \end{cases}$$

求$f(x)$的傅里叶级数.

解　
$$a_0 = \frac{1}{\pi}\int_{-\pi}^{\pi}f(x)\mathrm{d}x = \frac{1}{\pi}\int_{-\pi}^{0}x\cdot\mathrm{d}x = -\frac{\pi}{2}.$$

$$a_n = \frac{1}{\pi}\int_{-\pi}^{\pi}f(x)\cos nx\mathrm{d}x = \frac{1}{\pi}\int_{-\pi}^{0}x\cdot\cos nx\mathrm{d}x = \frac{1-(-1)^n}{\pi n^2}$$

$$= \begin{cases} \dfrac{2}{\pi n^2}, & n=1,3,5,\cdots, \\ 0, & n=2,4,6,\cdots \end{cases}$$

$$b_n = \frac{1}{\pi}\int_{-\pi}^{\pi}f(x)\sin nx\mathrm{d}x = \frac{1}{\pi}\int_{-\pi}^{0}x\cdot\sin nx\mathrm{d}x = \frac{(-1)^{n+1}}{n}.$$

其中$n=1,2,\cdots$

$f(x)$的傅里叶级数为

$$f(x) \sim -\frac{\pi}{4} + \frac{2}{\pi}\sum_{k=1}^{\infty}\frac{\cos(2k-1)x}{(2k-1)^2} + \sum_{n=1}^{\infty}\frac{(-1)^{n+1}}{n}\sin nx.$$

三、傅里叶级数的收敛性

一般来讲,函数$f(x)$的傅里叶级数

$$f(x) \sim \frac{a_0}{2} + \sum_{n=1}^{\infty}(a_n\cos nx + b_n\sin nx)$$

不一定收敛于$f(x)$,甚至不收敛也有可能,下面讨论在什么条件下,傅里叶级数收敛于$f(x)$.

定理1(狄利克雷定理)　设函数$f(x)$在$[-\pi,\pi]$上满足:

(1)只有有限个第一类间断点,其余点均为连续点;

(2)在$[-\pi,\pi]$上分段单调;

则$f(x)$的傅里叶级数在$[-\pi,\pi]$上收敛,且当x是$f(x)$的连续点时

$$\frac{a_0}{2} + \sum_{n=1}^{\infty}a_n\cos nx + b_n\sin nx = f(x).$$

当 x 是 $f(x)$ 的间断点时

$$\frac{a_0}{2} + \sum_{n=1}^{\infty} a_n \cos nx + b_n \sin nx = \frac{f(x+0) + f(x-0)}{2}.$$

证明从略.

从例 1 的结果看到,函数 $f(x) = \begin{cases} -1, & -\pi \leq x < 0, \\ 1, & 0 \leq x < \pi \end{cases}$ 的傅里叶级数为 $\frac{4}{\pi}$

$\sum_{k=1}^{\infty} \frac{\sin(2k-1)x}{2k-1}$,那么由定理1 在 $x = k\pi$ 处有

$$\frac{4}{\pi} \sum_{k=1}^{\infty} \frac{\sin(2k-1)x}{2k-1} = \frac{1 + (-1)}{2} = 0.$$

其余各点处

$$\frac{4}{\pi} \sum_{k=1}^{\infty} \frac{\sin(2k-1)x}{2k-1} = f(x).$$

习题 11－6

1. 求函数 $f(x) = \begin{cases} 0, & -\pi \leq x < 0, \\ E, & 0 \leq x < \pi, \end{cases}$ 的傅里叶级数.

2. 求函数 $f(x) = \begin{cases} 0, & -\pi \leq x < 0, \\ x, & 0 \leq x < \pi, \end{cases}$ 的傅里叶级数.

3. 求函数 $f(x) = |x| \, (-\pi \leq x \leq \pi)$ 的傅里叶级数.

4. 求函数 $f(x) = 2\sin\frac{x}{3} \, (-\pi \leq x \leq \pi)$ 的傅里叶级数.

5. 设 $f(x)$ 以 2π 为周期,在 $(-\pi, \pi]$ 上满足 $f(x) = \pi^2 - x^2$,求 $f(x)$ 的傅里叶级数,并求级数 $\sum_{n=1}^{\infty} \frac{1}{n^2}$ 的和.

第七节　正弦级数与余弦级数

在实际应用中,经常设定函数 $f(x)$ 仅在区间 $[0, \pi]$ 上有定义,或者只关心函数在 $[0, \pi]$ 上的傅里叶展开. 为此,先把定义在 $[0, \pi]$ 上的函数作延拓,即设函数

$$F(x) = \begin{cases} f(x), & 0 \leq x \leq \pi, \\ f(-x), & -\pi \leq x \leq 0. \end{cases}$$

而在其余点处有 $F(x + 2k\pi) = F(x)$,这样函数 $F(x)$ 便是在 $(-\infty, +\infty)$ 上的周期函数了,由于它是偶函数,通常称它为 $f(x)$ 的偶延拓. 它的傅里叶级数的系数为

$$a_n = \frac{2}{\pi} \int_0^{\pi} f(x) \cos nx \, \mathrm{d}x, \quad n = 0, 1, 2, \cdots,$$

$$b_n = 0, \quad n = 1, 2, \cdots$$

其傅里叶级数为

$$f(x) \sim \frac{a_0}{2} + \sum_{n=1}^{\infty} a_n \cos nx.$$

上面的级数称为 $f(x)$ 在 $[0,\pi]$ 上的余弦级数.

类似地,可以作奇延拓如下

$$F(x) = \begin{cases} f(x), & 0 < x \leqslant \pi, \\ 0, & x = 0, \\ -f(-x), & -\pi \leqslant x < 0. \end{cases}$$

在其余点处有 $F(x+2k\pi) = F(x)$,它的傅里叶级数的系数为

$$a_n = 0, n = 0,1,2,\cdots$$

$$b_n = \frac{2}{\pi} \int_0^{\pi} f(x) \sin nx dx, n = 1,2,\cdots$$

其傅里叶级数为

$$f(x) \sim \sum_{n=1}^{\infty} b_n \sin nx,$$

上面的级数称为 $f(x)$ 在 $[0,\pi]$ 上的正弦级数.

例1　求函数 $f(x) = x (0 \leqslant x \leqslant \pi)$ 的正弦级数和余弦级数.

解　$(1) b_n = \frac{2}{\pi} \int_0^{\pi} x \sin nx dx = -\frac{2}{n} \cos n\pi = (-1)^{n+1} \frac{2}{n}, n = 1,2,\cdots$ 所以函数 $f(x) = x$

$(0 \leqslant x \leqslant \pi)$ 的正弦级数为

$$2 \sum_{n=1}^{\infty} \frac{(-1)^{n+1}}{n} \sin nx.$$

$(2) a_n = \frac{2}{\pi} \int_0^{\pi} x \cos nx dx = \frac{2}{\pi n^2} (\cos n\pi - 1) = \begin{cases} 0, & n = 2k, \\ -\dfrac{4}{\pi(2k-1)^2}, & n = 2k-1, \end{cases} k = 1,2,\cdots$

$$a_0 = \frac{2}{\pi} \int_0^{\pi} x dx = \pi.$$

所以函数 $f(x) = x (0 \leqslant x \leqslant \pi)$ 的余弦级数为

$$\frac{\pi}{2} - \frac{\pi}{4} \sum_{k=1}^{\infty} \frac{1}{(2k-1)^2} \cos(2k-1)x.$$

例2　把定义在 $[0,\pi]$ 上的函数

$$f(x) = \begin{cases} 1, & 0 \leqslant x < h, \\ \dfrac{1}{2}, & x = h, \quad \text{其中} \ 0 < h < \pi \\ 0, & h < x \leqslant \pi. \end{cases}$$

展开成正弦级数,并讨论它在 $(0,\pi)$ 上的收敛性.

解　$b_n = \frac{2}{\pi} \int_0^{\pi} f(x) \sin nx dx = \frac{2}{\pi} \left(\int_0^h 1 \cdot \sin nx dx + \int_h^{\pi} 0 \cdot \sin nx dx \right)$

$$= -\frac{2}{\pi}\frac{\cos nx}{n}\Big|_0^h = -\frac{2}{\pi n}(\cos nh - 1).$$

所以函数 $f(x)$ 的正弦级数为

$$-\frac{2}{\pi}\sum_{n=1}^{\infty}\frac{1}{n}(\cos nh - 1)\sin nx.$$

由狄利克雷定理得到当 $0 < x < h$ 时,

$$-\frac{2}{\pi}\sum_{n=1}^{\infty}\frac{1}{n}(\cos nh - 1)\sin nx = 1.$$

当 $h < x < \pi$ 时,

$$-\frac{2}{\pi}\sum_{n=1}^{\infty}\frac{1}{n}(\cos nh - 1)\sin nx = 0.$$

当 $x = h$ 时,

$$-\frac{2}{\pi}\sum_{n=1}^{\infty}\frac{1}{n}(\cos nh - 1)\sin nx = \frac{f(h+0)+f(h-0)}{2} = \frac{1}{2}.$$

习题 11-7

1. 求函数 $f(x) = \begin{cases} x + \dfrac{\pi}{2}, & 0 < x \leqslant \dfrac{\pi}{2}, \\ 0, & \dfrac{\pi}{2} < x \leqslant \pi \end{cases}$ 的正弦级数和余弦级数.

2. 求函数 $f(x) = \begin{cases} 1, & 0 < x \leqslant \dfrac{\pi}{2}, \\ 0, & \dfrac{\pi}{2} < x \leqslant \pi \end{cases}$ 的正弦级数和余弦级数.

3. 求函数 $f(x) = x + 1$ 在 $[0, \pi]$ 上的正弦级数.

4. 求函数 $f(x) = x(\pi - x)$ 在 $[0, \pi]$ 上的正弦级数.

5. 求函数 $f(x) = 2x^2$ 在 $[0, \pi]$ 上的正弦级数.

第十一章小结

1. 知识结构

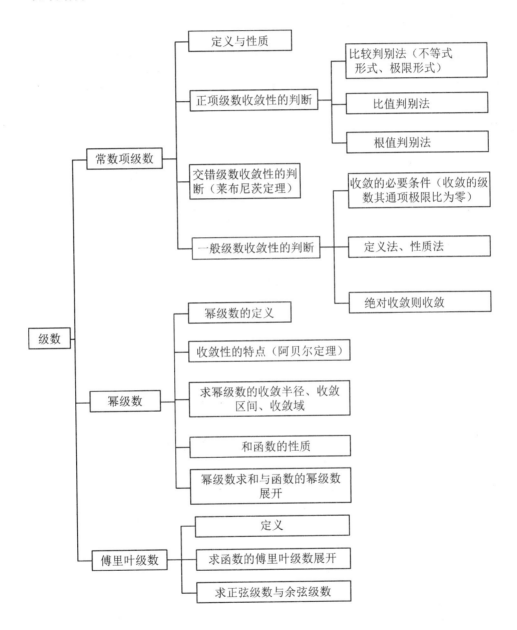

2. 内容概要

无穷级数是高等数学的基本内容之一,它包含常数项级数与函数项级数,而在函数项级数中,幂级数与傅里叶级数是两种最常见,也是最有用的级数.

常数项级数部分,重点研究其收敛性. 对收敛性的判断通常是先看其是否满足收敛的必要条件,在满足必要条件时,再判断级数的类型,如果是正项级数则可以用三大判别方法(比较、比值、根值方法)进行判断,如果是交错级数,则可先验证是否满足莱布尼茨条件,要注意的是,莱布尼茨条件是交错级数收敛的充分条件而不是必要条件. 对于一般级数,可以先取绝对值,研究是否绝对收敛,最后才使用定义法进行判断.

　　对于一般函数项级数,要掌握其收敛域的求法. 对幂级数要掌握其收敛性的特点,收敛半径与收敛域的求法,以及和函数的性质. 对于幂级数 $f(x) = \sum\limits_{n=0}^{\infty} a_n x^n$,若已知右端求左端这是幂级数求和,若已知左端求右端这是函数的幂级数展开. 要掌握求解这类问题的方法. 关于傅里叶级数,对于给定的函数要会求指定形式的傅里叶展开式,这实际上是计算傅氏系数(某种形式的定积分)与判断傅氏级数的收敛性与和函数问题.

第十一章练习题

（满分 150 分）

一、选择题(每题 4 分,共 32 分)

1. 设 α 为常数,则级数 $\sum\limits_{n=1}^{\infty} \left(\dfrac{\sin n\alpha}{n^2} - \dfrac{1}{\sqrt{n}} \right)$（　　　　）.

　A. 绝对收敛　　　　　　　　　　　　　B. 条件收敛

　C. 发散　　　　　　　　　　　　　　　D. 敛散性与 α 取值有关

2. 若级数 $\sum\limits_{n=1}^{\infty} u_n$ 收敛,其和 $S \neq 0$,则下述结论成立的是（　　　　）.

　A. $\sum\limits_{n=1}^{\infty} (u_n - S)$ 收敛　　　　　　　B. $\sum\limits_{n=1}^{\infty} \dfrac{1}{u_n}$ 收敛

　C. $\sum\limits_{n=1}^{\infty} u_{n+1}$ 收敛　　　　　　　　D. $\sum\limits_{n=1}^{\infty} \sqrt{|u_n|}$ 收敛

3. 级数 $\sum\limits_{n=1}^{\infty} \left[\ln\left(1 + \dfrac{b}{n}\right) + \dfrac{(-1)^n}{n} \right]$ $(b > 0,$常数$)$ 为（　　　　）.

　A. 条件收敛　　　　B. 绝对收敛　　　　C. 收敛性与 b 有关　　　　D. 发散

4. 若级数 $\sum\limits_{n=1}^{\infty} a_n (a_n > 0)$ 收敛,且 $\lim\limits_{n \to \infty} \dfrac{a_{n+1}}{a_n} = r$ 存在,则（　　　　）.

　A. $r > 1$　　　　　　　B. $r \geqslant 1$　　　　　　　C. $r < 1$　　　　　　　D. $r \leqslant 1$

5. 设级数 $\sum\limits_{n=1}^{\infty} n^2 \left(e^{\sin \frac{1}{n^3}} - 1 \right)$ (1) 与级数 $\sum\limits_{n=1}^{\infty} \left(\left(1 + \dfrac{1}{n^2}\right)^{\frac{1}{2}} - 1 \right)$ (2) 其敛散情况是（　　　　）.

　A. 级数(1)收敛级数(2)发散　　　　　　B. 级数(1)发散级数(2)收敛

　C. 级数(1)发散级数(2)发散　　　　　　D. 级数(1)收敛级数(2)收敛

6. 当级数 $\sum\limits_{n=1}^{\infty} u_n$ 收敛时,级数 $\sum\limits_{n=1}^{\infty} (-1)^n u_n$（　　　　）.

A. 必绝对收敛   B. 必发散

C. 部分和序列有界   D. 可能收敛也可能发散

7. 已知级数 $\sum\limits_{n=1}^{\infty}\dfrac{1}{n^2}=\dfrac{\pi^2}{6}$，则级数 $\sum\limits_{n=1}^{\infty}\dfrac{1}{(2n-1)^2}$ 之和是（   ）.

A. $\dfrac{\pi^2}{4}$ B. $\dfrac{\pi^2}{8}$ C. $\dfrac{\pi^2}{12}$ D. $\dfrac{\pi^2}{16}$

8. a 为任意正的实数，若级数 $\sum\limits_{n=1}^{\infty}\dfrac{a^n n!}{n^n}$ 发散，级数 $\sum\limits_{n=2}^{\infty}\dfrac{\sqrt{n+2}-\sqrt{n-2}}{n^a}$ 收敛，则（   ）.

A. $a>\mathrm{e}$ B. $a=\mathrm{e}$ C. $\dfrac{1}{2}<a<\mathrm{e}$ D. $0<a\leqslant\dfrac{1}{2}$

二、填空题（每题 4 分，共 24 分）

1. $\dfrac{1}{1\cdot 3}+\dfrac{1}{3\cdot 5}+\dfrac{1}{5\cdot 7}+\cdots+\dfrac{1}{(2n-1)(2n+1)}+\cdots=$ _____.

2. 若 $\lim\limits_{n\to\infty}u_n=+\infty$，$u_n>0$，则级数 $\sum\limits_{n=1}^{\infty}\left(\dfrac{1}{\sqrt{u_n}}-\dfrac{1}{\sqrt{u_{n+1}}}\right)$ 之和为_____.

3. 若 $\sum\limits_{n=1}^{\infty}u_n$ 收敛，且 $k\neq 0$，则 $\sum\limits_{n=1}^{\infty}(u_n+k)$_____.（选填"收敛"或"发散"）

4. 幂级数 $\sum\limits_{n=0}^{\infty}n!\,x^n$ 的收敛半径是_____.

5. 级数 $\sum\limits_{n=1}^{\infty}\dfrac{(x-2)^n}{n^2}$ 的收敛域是_____.

6. 幂级数 $\sum\limits_{n=1}^{\infty}\left(\dfrac{x}{3}\right)^n$ 在收敛域内的和函数是_____.

三、计算题（共 94 分）

1.（本题 10 分）试求 p 的值，使级数 $\sum\limits_{n=1}^{\infty}(-1)^{n-1}\dfrac{\sqrt{n}}{n^p+\sqrt{n}}$ 绝对收敛.

2.（本题 10 分）求幂级数 $\sum\limits_{n=1}^{\infty}\dfrac{(x-1)^n}{n\times 2^n}$ 的收敛半径和收敛域.

3.（本题 10 分）级数 $\sum\limits_{n=1}^{\infty}(-1)^n\ln\dfrac{n+1}{n}$ 是否收敛？如果是收敛的，是绝对收敛还是条件收敛？

4.（本题 10 分）设 $f(x)=\sum\limits_{n=1}^{\infty}\dfrac{x^n}{n^2}$，试求 $g(x)=\int_0^x x^2 f'(x)\mathrm{d}x$ 的幂级数，并指出收敛域.

5.（本题 10 分）求幂级数 $\sum\limits_{n=0}^{\infty}\dfrac{4n^2+4n+3}{2n+1}x^{2n}$ 的收敛域及和函数.

6.（本题 11 分）若级数 $\sum\limits_{n=1}^{\infty}u_n$ 收敛，且 $u_n\neq 0$，证明：级数 $\sum\limits_{n=1}^{\infty}(1+u_n)^{\frac{1}{\sin u_n}}$ 发散.

7.（本题 11 分）已知函数 $f(x)$ 可导，且 $f(0)=1$，$0<f'(x)<\dfrac{1}{2}$，设数列 $\{x_n\}$ 满足 $x_{n+1}=$

$f(x_n)(n=1,2,\cdots)$,证明:

(1)级数 $\sum\limits_{n=1}^{\infty}(x_{n+1}-x_n)$ 绝对收敛;

(2)$\lim\limits_{n\to\infty}x_n$ 存在,且 $0<\lim\limits_{n\to\infty}x_n<2$.

8.(本题11分)设数列 $\{a_n\}$ 和 $\{b_n\}$ 满足 $0<a_n<\dfrac{\pi}{2}$,$0<b_n<\dfrac{\pi}{2}$,$\cos a_n-a_n=\cos b_n$ 且级数 $\sum\limits_{n=1}^{\infty}b_n$ 收敛,

(1)证明 $\lim\limits_{n\to\infty}a_n=0$;

(2)证明级数 $\sum\limits_{n=1}^{\infty}\dfrac{a_n}{b_n}$ 收敛.

9.(本题11分)设 n 为正整数,$F(x)=\displaystyle\int_1^{nx}\mathrm{e}^{-t^3}\mathrm{d}t+\int_e^{\mathrm{e}^{(n+1)x}}\dfrac{t^2}{t^4+1}\mathrm{d}t$,

(1)证明:对于给定的 n,$F(x)$ 有且仅有一个零点,并且该零点为正的;

(2)在(1)中的零点记为 a_n,证明幂级数 $\sum\limits_{n=1}^{\infty}a_nx^n$ 在 $x=-1$ 处条件收敛,并求该幂级数的收敛域.

数学家介绍

陈省身

陈省身(1911—2004),祖籍浙江嘉兴,是20世纪最伟大的几何学家之一,被誉为"微分几何之父",前中央研究院首届院士、美国国家科学院院士、第三世界科学院创始成员、英国皇家学会国外会员、意大利国家科学院外籍院士、法国科学院外籍院、中国科学院首批外籍院士。

1930年毕业于南开大学,1934年获清华大学理学硕士学位,1936年获德国汉堡大学理学博士学位,1938年为西南联合大学教授,1943年为美国普林斯顿高级研究院研究员,1946年为南京中央研究院数学研究所代所长,1949年为美国芝加哥大学教授,1960年至1979年为美国加州大学伯克利分校教授,1981年至1984年任美国国家数学科学研究所(MSRI)首任所长,1984年至1992年任天津南开数学研究所所长,1992年起为该所名誉所长。

2004年12月3日,陈省身在天津医科大学总医院逝世,享年93岁。陈省身发展了Gauss-Bonnet(高斯—博内)公式,被命名为 Gauss-Bonnet-Chern(高斯—博内—陈),提出了"陈氏示性类";他发展了微分纤维丛理论,其影响遍及数学的各个领域;创立复流形上的值分布理论,包括Bott-陈定理,影响及于代数论;他为广义的积分几何奠定基础,获得基本运动学公式;他所引入的陈氏示性类与陈-Simons微分式,已深入数学以外的其他领域,成为理论物理的重要工具。

吴文俊

　　吴文俊(1919—2017),1919 年 5 月 12 日出生于上海,祖籍浙江嘉兴,数学家,中国科学院院士,中国科学院数学与系统科学研究院研究员,系统科学研究所名誉所长。吴文俊毕业于上海交通大学数学系,1949 年,获法国斯特拉斯堡大学博士学位,1957 年当选为中国科学院学部委员(院士),1991 年当选第三世界科学院院士,陈嘉庚科学奖获得者,2001 年 2 月获 2000 年度国家最高科学技术奖。

　　吴文俊的研究工作涉及数学的诸多领域,其主要成就在拓扑学和数学机械化两个领域。他为拓扑学做了奠基性的工作;他的示性类和示嵌类研究被国际数学界称为"吴公式""吴示性类""吴示嵌类",至今仍被国际同行广泛引用。2017 年 5 月 7 日,吴文俊在北京不幸去世,享年 98 岁。2019 年 9 月 17 日吴文俊被授予"人民科学家"国家荣誉称号,同年 9 月 25 日入选"最美奋斗者"名单,12 月 18 日入选"中国海归 70 年 70人"榜单。

阿贝尔

　　阿贝尔(1802—1829),是 19 世纪挪威出现的最伟大数学家,在很多数学领域做出了开创性的工作。他最著名的一个成果是首次完整给出了高于四次的一般代数方程没有一般形式的代数解的证明。这个问题是他那时最著名的未解问题之一,悬疑达 250多年。他也是椭圆函数领域的开拓者,阿贝尔函数的发现者。

　　1823 年,阿贝尔的第一篇论文《一元五次方程没有代数一般解》正确解决了这个几百年来的难题——五次方程不存在代数解。后来数学上把这个结论称为阿贝尔—鲁芬尼定理。他死后的 1830 年,与卡尔·雅可比共同获得法国科学院大奖。阿贝尔在数学方面的成就是多方面的。除了五次方程之外,他还研究了更广的一类代数方程,后人发现这是具有交换的伽罗瓦群的方程。为了纪念他,后人称交换群为阿贝尔群。阿贝尔还研究过无穷级数,得到了一些判别准则以及关于幂级数求和的定理。这些工作使他成为分析学严格化的推动者。阿贝尔和雅可比是公认的椭圆函数论的奠基者。阿贝尔发现了椭圆函数的加法定理、双周期性,并引进了椭圆积分的反演。阿贝尔这一系列工作为椭圆函数论的研究开拓了道路,并深刻地影响着其他数学分支,有人曾说:阿贝尔留下的思想可供数学家们工作 150 年。

傅立叶

　　傅立叶(1768—1830),法国著名数学家、物理学家,1817 年当选为法国科学院院士,1822 年任该院终身秘书,后又任法兰西学院终身秘书和理工科大学校务委员会主席,主要贡献是在研究热的传播时创立了一套数学理论。

　　1822 年,傅立叶出版了专著《热的解析理论》。这部经典著作将欧拉、伯努利等人在一些特殊情形下应用的三角级数方法发展成内容丰富的一般理论,三角级数后来就以傅立叶的名字命名。傅立叶应用三角级数求解热传导方程,为了处理无穷区域的热传导问题又导出了当时所称的傅立叶积分,这一切都极大地推动了偏微分方程边值问题的研究。然而傅立叶的工作意义远不止此,它迫使人们对函数概念作修正、推广,特别是引起了对不连续函数的探讨;三角级数收敛性问题更刺激了集合论的诞生。因此,《热的解析理论》影响了整个 19 世纪分析严格化的进程。

第十二章　微分方程

　　函数是客观事物的内部联系在数量方面的反映,利用函数关系又可以对客观事物的规律性进行研究. 在理工工程、生物工程、经济管理和科学技术问题中,往往需要寻找与问题有关的变量之间的函数关系,且需对函数关系予以研究,因此如何寻求函数关系,在实践中具有重要意义. 可是,实际问题往往会更复杂些,许多几何、物理、经济和其他领域所能提供的实际问题,即使经过分析、处理和适当的简化后,能列出的也常常只能是含有未知函数及其导数的关系式. 这种关系式就是所谓的微分方程. 列出微分方程后,通过研究,用一定的方法找出满足方程的未知函数,这一过程称为解微分方程. 本章主要介绍微分方程的一些基本概念和几种常用的微分方程的解法.

第一节　微分方程的基本概念

一、引例

　　例 1　一曲线通过点 $(1,2)$,且在该曲线上任一点 $M(x,y)$ 处的切线的斜率为 $2x$,求这曲线的方程.

　　解　设所求曲线的方程为 $y=y(x)$,根据导数的几何意义,函数 $y=y(x)$ 应满足关系式 $\dfrac{\mathrm{d}y}{\mathrm{d}x}=2x$,此外,未知函数 $y=y(x)$ 还应满足条件 $y|_{x=1}=2$.

　　对 $\dfrac{\mathrm{d}y}{\mathrm{d}x}=2x$ 两端积分,得

$$y=\int 2x\mathrm{d}x=x^2+C,\text{其中 } C \text{ 是任意常数}.$$

　　把条件 $y|_{x=1}=2$ 代入上式,得 $2=1^2+C,C=1$. 于是曲线方程为 $y=x^2+1$.

　　例 2　一质量为 m 的物体仅受重力的作用而下落,如果其初始位置和初始速度都为 0,试确定物体下落的距离 s 与时间 t 的函数关系.

　　解　设物体在时刻 t 下落的距离为 $s=s(t)$,利用物理学知识就有

$$\begin{cases} s''(t)=g, \\ s(0)=0,s'(0)=0. \end{cases}$$

对 $s''(t)=g$ 两边积分,得到 $s'(t)=gt+C_1$,再两边积分得到

$$s(t)=\frac{g}{2}t^2+C_1t+C_2.$$

这里 C_1,C_2 都是任意常数. 把条件 $s(0)=0,s'(0)=0$ 代入上式得 $C_1=C_2=0$,于是下落的

距离 s 与时间 t 的函数关系为 $s(t) = \dfrac{g}{2}t^2$.

这正是我们所熟悉的物理学中的自由落体运动公式.

二、基本概念

上述两个例子中 $\dfrac{\mathrm{d}y}{\mathrm{d}x} = 2x$ 以及 $s''(t) = g$ 都是含有未知函数的导数,一般地,凡表示未知函数及其导数与自变量之间关系的方程叫作微分方程. 未知函数是一元函数的,叫作常微分方程,未知函数是多元函数的,叫作偏微分方程. 本章只讨论常微分方程.

微分方程中所出现的未知函数的最高阶导数的阶数,叫作微分方程的阶. 例如,方程 $\dfrac{\mathrm{d}y}{\mathrm{d}x} = 2x$ 是一阶微分方程;方程 $s''(t) = g$ 是二阶微分方程. 又如方程

$$x^3 y''' + x^2 y'' - 4xy' = 3x^2$$

是三阶微分方程;方程

$$y^{(4)} - 4y''' + 10y'' - 12y' + 5y = \sin 2x$$

是四阶微分方程.

一般地,n 阶微分方程的形式是

$$F(x, y, y', \cdots, y^{(n)}) = 0,$$

其中 F 是 $n+2$ 个自变量的函数. 这里必须指出,在上式中,$y^{(n)}$ 是必须出现的,而 $x, y, y', \cdots, y^{(n-1)}$ 等变量则可以不出现. 例如 n 阶微分方程 $y^{(n)} + 1 = 0$.

由前面的例子我们看到,在研究某些实际问题时,首先要建立微分方程;然后找出满足微分方程的函数(解微分方程). 就是说,找出这样的函数代入微分方程能使该方程成为恒等式. 这个函数就叫该微分方程的解.

例如,函数 $y = x^2 + C$ 和 $y = x^2 + 1$ 都是微分方程 $\dfrac{\mathrm{d}y}{\mathrm{d}x} = 2x$ 的解;函数 $s(t) = \dfrac{g}{2}t^2 + C_1 t + C_2$ 和 $s(t) = \dfrac{g}{2}t^2$ 都是微分方程 $s''(t) = g$ 的解.

如果微分方程的解中含有任意常数,且任意常数的个数与微分方程的阶数相同,这样的解叫作微分方程的通解. 例如,函数 $y = x^2 + C$ 是微分方程 $\dfrac{\mathrm{d}y}{\mathrm{d}x} = 2x$ 的通解,而函数 $s(t) = \dfrac{g}{2}t^2 + C_1 t + C_2$ 则是方程 $s''(t) = g$ 的通解.

由于通解中含有任意常数,所以它还不能完全确定地反映某一客观事物的规律性. 而要完全确定地反映客观事物的规律性,必须确定这些常数的值. 为此,要根据问题的实际情况,提出确定这些常数的条件. 例如,例1中的条件 $y|_{x=1} = 2$,例2中的条件 $s(0) = 0, s'(0) = 0$,便是这样的条件. 类似 $y|_{x=x_0} = y_0, y'|_{x=x_0} = y'_0$ 等这样的条件称为初始条件.

确定了通解中的任意常数后,就得到微分方程的特解.

求微分方程 $y' = f(x, y)$ 满足初始条件 $y|_{x=x_0} = y_0$ 的特解这样一个问题,叫作一阶微分方程的初值问题,记作

$$\begin{cases} y' = f(x,y), \\ y|_{x=x_0} = y_0. \end{cases}$$

微分方程的解的图形是一条曲线,叫作微分方程的积分曲线.

例3 验证:$y = C_1\cos x + C_2\sin x + x$ 是微分方程 $y'' + y = x$ 的解.

解 由于 $y' = -C_1\sin x + C_2\cos x + 1$,$y'' = -C_1\cos x - C_2\sin x$,于是

$$y'' + y = -C_1\cos x - C_2\sin x + C_1\cos x + C_2\sin x + x = x.$$

则 $y = C_1\cos x + C_2\sin x + x$ 是方程的解.

习题 12 -1

1. 试说出下列各微分方程的阶数.

$(1) x(y')^2 - 2yy' + x = 0$;

$(2) y^{(4)} - 4y''' + 10y'' - 12y' + 5y = \sin 2x$;

$(3) (7x - 6y)\mathrm{d}x + (x + y)\mathrm{d}y = 0$;

$(4) L\dfrac{\mathrm{d}^2 Q}{\mathrm{d}t^2} + R\dfrac{\mathrm{d}Q}{\mathrm{d}t} + \dfrac{Q}{C} = 0$.

2. 指出下列各题中的函数是否为所给微分方程的解.

$(1) xy' = 2y, y = 5x^2$;

$(2) y'' + y = 0, y = 3\sin x - 4\cos x$;

$(3) y'' - (\lambda_1 + \lambda_2)y' + \lambda_1\lambda_2 y = 0, y = C_1\mathrm{e}^{\lambda_1 x} + C_2\mathrm{e}^{\lambda_2 x}$.

3. 若 $y = \cos\omega t$ 是微分方程 $\dfrac{\mathrm{d}^2 y}{\mathrm{d}t} + 9y = 0$ 的解,求 ω 的值.

4. 在下列各题中,确定函数关系式中所含的参数,使函数满足所给的初始条件:

$(1) y = (C_1 + C_2 x)\mathrm{e}^{2x}, y|_{x=0} = 0, y'|_{x=0} = 1$;

$(2) y = C_1\sin(x - C_2), y|_{x=\pi} = 1, y'|_{x=\pi} = 0$.

5. 写出由下列条件确定的曲线所满足的微分方程.

(1)曲线在点 (x,y) 处的切线的斜率等于该点横坐标的平方;

(2)曲线在点 $P(x,y)$ 处的法线与 x 轴的交点为 Q,且线段 PQ 被 y 轴平分.

第二节 一阶微分方程

一阶微分方程的一般形式为

$$F(x,y,y') = 0.$$

如果上式关于 y 可解出,则方程可写成

$$y' = f(x,y).$$

一阶微分方程有时也可写成如下的对称形式:

$$P(x,y)\mathrm{d}x + Q(x,y)\mathrm{d}y = 0.$$

本节中我们介绍几种特殊类型的一阶微分方程及其解法.

一、可分离变量的微分方程

一般地,如果一个一阶微分方程能写成如下形式

$$g(y)\mathrm{d}y = f(x)\mathrm{d}x,$$

那么原方程就称为可分离变量的微分方程.

假定方程中的函数 $g(y)$ 和 $f(x)$ 是连续的,对方程两端积分,得到

$$\int g(y)\mathrm{d}y = \int f(x)\mathrm{d}x + C.$$

设 $G(y)$ 与 $F(x)$ 依次是 $g(y)$ 与 $f(x)$ 的原函数, 于是有

$$G(y) = F(x) + C.$$

$G(y) = F(x) + C$ 叫作原微分方程的隐式解. 又由于 $G(y) = F(x) + C$ 中含有任意常数,因此它又可称为原方程的通解.

如果把可分离变量的微分方程化成 $g(y)\mathrm{d}y = f(x)\mathrm{d}x$ 的过程称为分离变量,则方程的上述求解方法称为分离变量法.

例1　求微分方程 $\dfrac{\mathrm{d}y}{\mathrm{d}x} = \mathrm{e}^x y$ 的通解.

解　分离变量后得 $\dfrac{\mathrm{d}y}{y} = \mathrm{e}^x \mathrm{d}x$,两端积分有

$$\int \frac{\mathrm{d}y}{y} = \int \mathrm{e}^x \mathrm{d}x,$$

所以 $\ln|y| = \mathrm{e}^x + C_1$,从而

$$|y| = \mathrm{e}^{\mathrm{e}^x + C_1} = \mathrm{e}^{C_1} \cdot \mathrm{e}^{\mathrm{e}^x} = C_2 \mathrm{e}^{\mathrm{e}^x}, C_2 = \mathrm{e}^{C_1} \text{为任意正常数.}$$

所以 $y = \pm C_2 \mathrm{e}^{\mathrm{e}^x} = C_3 \mathrm{e}^{\mathrm{e}^x}$ 其中 C_3 为任意非零常数.

注意到 $y = 0$ 也是方程的解,令 C 为任意常数,则所给微分方程的通解为 $y = C\mathrm{e}^{\mathrm{e}^x}$.

二、齐次方程

形如 $\dfrac{\mathrm{d}y}{\mathrm{d}x} = \varphi\left(\dfrac{y}{x}\right)$ 的微分方程,称为齐次方程. 例如

$$(xy - y^2)\mathrm{d}x - (x^2 - 2xy)\mathrm{d}y = 0$$

是齐次方程,因为可以把该方程化为 $\dfrac{\mathrm{d}y}{\mathrm{d}x} = \dfrac{xy - y^2}{x^2 - 2xy} = \dfrac{\dfrac{y}{x} - \left(\dfrac{y}{x}\right)^2}{1 - 2\left(\dfrac{y}{x}\right)}.$

在齐次方程 $\dfrac{\mathrm{d}y}{\mathrm{d}x} = \varphi\left(\dfrac{y}{x}\right)$ 中,令 $u = \dfrac{y}{x}$,则

$$y = ux, \frac{\mathrm{d}y}{\mathrm{d}x} = u + \frac{\mathrm{d}u}{\mathrm{d}x}.$$

代入齐次方程,便得到方程 $u + x\dfrac{\mathrm{d}u}{\mathrm{d}x} = \varphi(u)$,即 $x\dfrac{\mathrm{d}u}{\mathrm{d}x} = \varphi(u) - u$,分离变量得 $\dfrac{\mathrm{d}u}{\varphi(u) - u} = \dfrac{\mathrm{d}x}{x}$,两端积分,得

$$\int \frac{\mathrm{d}u}{\varphi(u) - u} = \int \frac{\mathrm{d}x}{x}.$$

记 $\Phi(u)$ 为 $\dfrac{1}{\varphi(u) - u}$ 的一个原函数,则得通解 $\Phi(u) = \ln|x| + C$,再以 $\dfrac{y}{x}$ 代替 u,便得所给齐次方程的通解.

例2 解方程: $y^2 + x^2\dfrac{\mathrm{d}y}{\mathrm{d}x} = xy\dfrac{\mathrm{d}y}{\mathrm{d}x}$.

解 原方程可写成 $\dfrac{\mathrm{d}y}{\mathrm{d}x} = \dfrac{y^2}{xy - x^2} = \dfrac{\left(\dfrac{y}{x}\right)^2}{\dfrac{y}{x} - 1}$,因此是齐次方程. 令 $u = \dfrac{y}{x}$,则

$$y = ux, \quad \frac{\mathrm{d}y}{\mathrm{d}x} = u + x\frac{\mathrm{d}u}{\mathrm{d}x},$$

于是原方程变为 $u + x\dfrac{\mathrm{d}u}{\mathrm{d}x} = \dfrac{u^2}{u - 1}$,即 $x\dfrac{\mathrm{d}u}{\mathrm{d}x} = \dfrac{u}{u - 1}$,分离变量得

$$\left(1 - \frac{1}{u}\right)\mathrm{d}u = \frac{\mathrm{d}x}{x}.$$

两端积分,得 $u - \ln|u| + C = \ln|x|$,即 $\ln|ux| = u + C$,再以 $\dfrac{y}{x}$ 代替 u,便得方程的通解

$\ln|y| = \dfrac{y}{x} + C.$

三、一阶线性微分方程

1. 线性方程

形如

$$\frac{\mathrm{d}y}{\mathrm{d}x} + P(x)y = Q(x) \tag{12-1}$$

的微分方程称为一阶线性微分方程,线性是指它对于未知函数 y 及其导数都是一次方程. 如果 $Q(x) \equiv 0$,则方程(12-1)称为齐次的;如果 $Q(x)$ 不恒等于零,则方程(12-1)称为非齐次的.

先求方程(12-1)对应的齐次方程

$$\frac{\mathrm{d}y}{\mathrm{d}x} + P(x)y = 0 \tag{12-2}$$

的解. 将其分离变量后得 $\dfrac{\mathrm{d}y}{y} = -P(x)\mathrm{d}x$,两端积分,得

$$\ln|y| = -\int P(x)\mathrm{d}x + C_1.$$

则 $y = Ce^{-\int P(x)dx}$ ($C = \pm e^{C_1}$)，这是对应的齐次线性方程(12-2)的通解.

现在我们用常数变易法来求方程(12-1)的通解. 这方法是把(12-2)的通解中的 C 换成 x 的未知函数 $u(x)$，即假设 $y = ue^{-\int P(x)dx}$，于是

$$\frac{dy}{dx} = u'e^{-\int P(x)dx} - uP(x)e^{-\int P(x)dx},$$

代入方程(12-1)得

$$u'e^{-\int P(x)dx} - uP(x)e^{-\int P(x)dx} + uP(x)e^{-\int P(x)dx} = Q(x),$$

即 $u'e^{-\int P(x)dx} = Q(x)$ 或 $u' = Q(x)e^{\int P(x)dx}$，两端积分，得

$$u = \int Q(x)e^{\int P(x)dx}dx + C.$$

于是非齐次线性方程(12-1)的通解为

$$u = e^{-\int P(x)dx}\left(\int Q(x)e^{\int P(x)dx}dx + C\right). \tag{12-3}$$

例3　求方程 $\dfrac{dy}{dx} - \dfrac{2y}{x+1} = (x+1)^{\frac{5}{2}}$ 的通解.

解　这是一个非齐次线性方程，先求对应的齐次方程的通解.

设 $\dfrac{dy}{dx} - \dfrac{2y}{x+1} = 0$，则 $\dfrac{dy}{y} = \dfrac{2dx}{x+1}$，解得 $\ln y = 2\ln(x+1) + \ln C$，即

$$y = C(x+1)^2.$$

用常数变易法，把 C 换成 u，即令 $y = u(x+1)^2$，那么

$$\frac{dy}{du} = u'(x+1)^2 + 2u(x+1),$$

代入所给非齐次方程，得 $u' = (x+1)^{\frac{1}{2}}$，两端积分，得

$$u = \frac{2}{3}(x+1)^{\frac{3}{2}} + C,$$

即得所求方程的通解

$$y = (x+1)^2\left[\frac{2}{3}(x+1)^{\frac{3}{2}} + C\right].$$

例4　求微分方程 $ydx + (x - y^3)dy = 0$（设 $y > 0$）的通解.

解　如果将上式改写为 $y' + \dfrac{y}{x - y^3} = 0$，显然它不是线性微分方程.

如果将上式改写为 $\dfrac{dx}{dy} + \dfrac{x - y^3}{y} = 0$，即 $\dfrac{dx}{dy} + \dfrac{1}{y}x = y^2$，将 x 看作 y 的函数，则它是形如 $x' + P(y)x = Q(y)$ 的线性微分方程. 运用公式(12-3)，得所给方程的通解

$$x = e^{-\int P(y)dy}\left(\int Q(y)e^{\int P(y)dy}dy + C_1\right)$$

$$= e^{-\int \frac{1}{y}dy}\left(\int y^2 e^{\int \frac{1}{y}dy}dy + C_1\right)$$

$$= \frac{1}{y}\left(\frac{1}{4}y^4 + C_1\right) = \frac{1}{4}y^3 + \frac{C_1}{y},$$

则 $4xy = y^4 + C$（$C = 4C_1$ 为任意常数）.

2. 伯努利方程

方程

$$\frac{dy}{dx} + P(x)y = Q(x)y^n (n \neq 0, 1) \tag{12-4}$$

叫作伯努利(Bernoulli)方程. 当 $n = 0$ 或 $n = 1$ 时,这是线性微分方程. 当 $n \neq 0, n \neq 1$ 时,这不是线性的,但是通过变量代换,便可把它化为线性的. 方程(12-4)两端除以 y^n,得

$$y^{-n}\frac{dy}{dx} + P(x)y^{1-n} = Q(x).$$

令 $z = y^{1-n}$,那么 $\frac{dz}{dx} = (1-n)y^{-n}\frac{dy}{dx}$,便得线性方程

$$\frac{dz}{dx} + (1-n)P(x)z = (1-n)Q(x).$$

求出这个方程的通解后,以 y^{1-n} 代回 z 便得到伯努利方程的通解.

例 5 求方程 $\frac{dy}{dx} + \frac{y}{x} = a(\ln x)y^2$ 的通解.

解 以 y^2 除以方程两端, 得 $y^{-2}\frac{dy}{dx} + \frac{1}{x}y^{-1} = a(\ln x)$,即

$$-\frac{d(y^{-1})}{dx} + \frac{1}{x}y^{-1} = a(\ln x).$$

令 $z = y^{-1}$, 则上述方程成为 $\frac{dz}{dx} - \frac{1}{x}z = -a(\ln x)$,这是一个线性方程,它的通解为

$$z = x\left[C - \frac{a}{2}(\ln x)^2\right].$$

以 y^{-1} 代 z, 得所求方程的通解

$$yx\left[C - \frac{a}{2}(\ln x)^2\right] = 1.$$

利用变量代换,把一个微分方程化为变量可分离的方程,或化为已经知其求解步骤的方程,这是解微分方程最常用的方法. 下面再举一个例子.

例 6 解方程: $\frac{dy}{dx} = \frac{1}{x+y}$.

解 若把所给方程变形为 $\frac{dx}{dy} = x + y$,即为一阶线性方程,则按一阶线性方程的解法可求得通解.

也可用变量代换来解所给方程. 令 $x + y = u$, 则 $y = u - x, \frac{dy}{dx} = \frac{du}{dx} - 1$. 代入原方程, 得

$\dfrac{\mathrm{d}u}{\mathrm{d}x} - 1 = \dfrac{1}{u}, \dfrac{\mathrm{d}u}{\mathrm{d}x} = \dfrac{u+1}{u}$, 分离变量得

$$\frac{u}{u+1}\mathrm{d}u = \mathrm{d}x.$$

两端积分得

$$u - \ln|u+1| = x + C,$$

以 $u = x + y$ 代入上式, 即得 $y - \ln|x + y + 1| = C$ 或 $x = C_1\mathrm{e}^y - y - 1 \,(C_1 = \pm\mathrm{e}^{-C})$.

习题 12 - 2

1. 求解下列微分方程.

$(1)\, y' = \mathrm{e}^{2x-y}$;

$(2)\, 3x^2 + 5x - 5y' = 0$;

$(3)\, y' = x\sqrt{1 - y^2}$;

$(4)\, \cos x \sin y \mathrm{d}x + \sin x \cos y \mathrm{d}y = 0$;

$(5)\, (y+1)^2\dfrac{\mathrm{d}y}{\mathrm{d}x} + x^3 = 0$;

$(6)\, (\mathrm{e}^{x+y} - \mathrm{e}^x)\mathrm{d}x + (\mathrm{e}^{x+y} + \mathrm{e}^y)\mathrm{d}y = 0$.

2. 求下列齐次方程的通解.

$(1)\, xy' - y - \sqrt{y^2 - x^2} = 0$;

$(2)\, x\dfrac{\mathrm{d}y}{\mathrm{d}x} = y\ln\dfrac{y}{x}$;

$(3)\, (x^2 + y^2)\mathrm{d}x - xy\mathrm{d}y = 0$;

$(4)\, \left(1 + 2\mathrm{e}^{\frac{x}{y}}\right)\mathrm{d}x + 2\mathrm{e}^{\frac{x}{y}}\left(1 - \dfrac{x}{y}\right)\mathrm{d}y = 0$.

3. 求下列一阶微分方程的通解.

$(1)\, \dfrac{\mathrm{d}y}{\mathrm{d}x} + y = \mathrm{e}^{-x}$;

$(2)\, y' + 2xy = 4x$;

$(3)\, xy' + y = x\mathrm{e}^x$;

$(4)\, (y^2 - 6x)\dfrac{\mathrm{d}y}{\mathrm{d}x} + 2y = 0$;

$(5)\, y' + y\cos x = \mathrm{e}^{-\sin x}$;

$(6)\, y\ln y\mathrm{d}x + (x - \ln y)\mathrm{d}y = 0$.

4. 求下列伯努利微分方程的通解.

$(1)\, \dfrac{\mathrm{d}y}{\mathrm{d}x} + y = y^2(\cos x - \sin x)$;　　$(2)\, \dfrac{\mathrm{d}y}{\mathrm{d}x} - y = xy^5$.

5. 求下列微分方程满足所给初始条件的特解.

$(1)\, y'\sin x = y\ln y, y|_{x=\frac{\pi}{2}} = \mathrm{e}$;

$(2)\, x\mathrm{d}y + 2y\mathrm{d}x = 0, y|_{x=0} = \dfrac{\pi}{4}$;

$(3)\, \mathrm{e}^x\cos y\mathrm{d}x + (\mathrm{e}^x + 1)\sin y\mathrm{d}y = 0, y|_{x=0} = \dfrac{\pi}{4}$;

$(4)\, (y^2 - 3x^2)\mathrm{d}y + 2xy\mathrm{d}x = 0, y|_{x=0} = 1$;

$(5)\, y' = \dfrac{x}{y} + \dfrac{y}{x}, y|_{x=0} = 1$;

$(6) \dfrac{\mathrm{d}y}{\mathrm{d}x} + 3y = 8, y|_{x=0} = 2.$

6. 求一曲线方程, 这一曲线过原点, 并且它在点 (x,y) 处的斜率等于 $2x+y$.

第三节　可降阶的高阶微分方程

这一节我们讨论二阶及二阶以上的微分方程, 即所谓的高阶微分方程. 在有些情况下, 我们可以通过适当的变量代换, 把它们化成一阶微分方程来求解. 具有这种性质的方程称为可降阶的微分方程. 相应的方法也称为降阶法.

下面介绍三种容易用降阶法求解的二阶微分方程 $y'' = f(x, y, y')$.

一、$y'' = f(x)$ 型的微分方程

对微分方程 $y'' = f(x)$ 两端积分, 得

$$y' = \int f(x)\,\mathrm{d}x + C_1,$$

上式两端再积分一次就得原方程的含有两个任意数的通解

$$y = \int \left[\int f(x)\,\mathrm{d}x \right] \mathrm{d}x + C_1 x + C_2.$$

例1 求微分方程 $y'' = \mathrm{e}^{2x} - \sin \dfrac{x}{3}$ 的通解.

解 对所给的方程两边积分得

$$y' = \frac{1}{2}\mathrm{e}^{2x} + 3\cos \frac{x}{3} + C_1,$$

再对上式两边积分得到原方程的通解

$$y = \frac{1}{4}\mathrm{e}^{2x} + 9\sin \frac{x}{3} + C_1 x + C_2.$$

例2 试求 $y'' = x$ 的经过点 $M(0,1)$ 且在此点与直线 $y = \dfrac{x}{2} + 1$ 相切的积分曲线.

解 该几何问题可归结为如下的微分方程的初值问题:

$$\begin{cases} y'' = x, \\ y|_{x=0} = 1, \\ y'|_{x=0} = \dfrac{1}{2}. \end{cases}$$

对方程 $y'' = x$ 两边积分, 得 $y' = \dfrac{1}{2}x^2 + C_1$, 由条件 $y'|_{x=0} = \dfrac{1}{2}$ 得 $C_1 = \dfrac{1}{2}$. 从而

$$y' = \frac{1}{2}x^2 + \frac{1}{2},$$

对上式两边再积分一次, 得 $y = \dfrac{1}{6}x^3 + \dfrac{1}{2}x + C_2$, 由条件 $y|_{x=0} = 1$ 得 $C_2 = 1$. 故所求曲线为

$$y = \frac{1}{6}x^3 + \frac{1}{2}x + 1.$$

二、$y'' = f(x, y')$ 型的微分方程

方程 $y'' = f(x, y')$ 的右端不显含未知函数 y, 如果我们设 $y' = p$, 那么 $y'' = \dfrac{\mathrm{d}p}{\mathrm{d}x} = p'$, 从而该方程就成为

$$p' = f(x, p).$$

这是一个关于变量 x, p 的一阶微分方程. 如果我们求出通解为 $p = \varphi(x, C_1)$, 又因 $p = \dfrac{\mathrm{d}y}{\mathrm{d}x}$, 因此又得到一个一阶微分方程

$$\frac{\mathrm{d}y}{\mathrm{d}x} = \varphi(x, C_1).$$

对它进行积分, 便得到方程 $y'' = f(x, y')$ 的通解

$$y = \int \varphi(x, C_1)\,\mathrm{d}x + C_2.$$

例3 求微分方程 $y'' = \dfrac{1}{x}y' + xe^x$ 的通解.

解 所给方程是 $y'' = f(x, y')$ 型. 设 $y' = p$, 则 $y'' = p'$, 代入方程得

$$p' - \frac{1}{x}p = xe^x.$$

这是关于 x 的一阶线性微分方程, 于是有

$$p = e^{\int \frac{1}{x}\mathrm{d}x}\left(\int xe^x e^{-\int \frac{1}{x}\mathrm{d}x}\mathrm{d}x + C_1 \right)$$

$$= x\left(\int e^x \mathrm{d}x + C_1 \right) = x(e^x + C_1).$$

即 $p = y' = x(e^x + C_1)$, 从而所给微分方程的通解为

$$y = \int x(e^x + C_1)\,\mathrm{d}x + C_2 = (x-1)e^x + \frac{C_1}{2}x^2 + C_2.$$

例4 求微分方程 $(1 + x^2)y'' = 2xy'$, 满足初始条件 $y|_{x=0} = 1$, $y'|_{x=0} = 3$ 的特解.

解 所给方程是 $y'' = f(x, y')$ 型. 设 $y' = p$, 则 $y'' = p'$, 代入方程并分离变量后, 得 $\dfrac{\mathrm{d}p}{p} = \dfrac{2x}{1 + x^2}\mathrm{d}x$, 两端积分得 $\ln|p| = \ln(1 + x^2) + C$, 即

$$p = y' = C_1(1 + x^2) \quad (C_1 = \pm e^C)$$

由条件 $y'|_{x=0} = 3$, 得 $C_1 = 3$. 所以 $y' = 3(1 + x^2)$, 两端再积分得

$$y = x^3 + 3x + C_2.$$

又由条件 $y|_{x=0} = 1$, 得 $C_2 = 1$. 于是所求微分方程的特解为 $y = x^3 + 3x + 1$.

三、$y'' = f(y, y')$ 型的微分方程

方程 $y'' = f(y, y')$ 的右端不显含自变量 x，为了求出它的解，我们令 $y' = p$，并利用复合函数的求导法则把 y'' 化为对 y 的导数，即

$$y'' = \frac{\mathrm{d}p}{\mathrm{d}x} = \frac{\mathrm{d}p}{\mathrm{d}y} \cdot \frac{\mathrm{d}y}{\mathrm{d}x} = p \frac{\mathrm{d}p}{\mathrm{d}y}.$$

从而该方程就成为

$$p \frac{\mathrm{d}p}{\mathrm{d}y} = f(y, p).$$

这是一个关于变量 y, p 的一阶微分方程. 设它的通解为

$$y' = p = \varphi(y, C_1).$$

分离变量并积分，便得方程 $y'' = f(y, y')$ 的通解

$$\int \frac{\mathrm{d}y}{\varphi(y, C_1)} = x + C_2.$$

例 5 求方程 $yy'' - y'^2 = 0$ 的通解.

解 所给方程不显含自变量 x，设 $y' = p$，于是 $y'' = p \frac{\mathrm{d}p}{\mathrm{d}y}$，代入所给方程，得 $yp \frac{\mathrm{d}p}{\mathrm{d}y} - p^2 = 0$，在 $y \neq 0, p \neq 0$ 时，约去 p 并分离变量，得 $\frac{\mathrm{d}p}{p} = \frac{\mathrm{d}y}{y}$，两端积分，得

$$\ln|p| = \ln|y| + \ln|C_1|,$$

即 $y' = p = C_1 y$，再分离变量并两端积分，便得方程的通解

$$\ln|y| = C_1 x + \ln|C_2|,$$

即 $y = C_2 \mathrm{e}^{C_1 x}$.

习题 12 - 3

1. 求解下列微分方程的通解.

(1) $y'' = x + \sin x$; (2) $y'' = x\mathrm{e}^x$;

(3) $y'' = 1 + y'^2$; (4) $y'' = y' + x$;

(5) $xy'' + y' = 0$; (6) $y^3 y'' - 1 = 0$.

2. 求下列微分方程满足所给初始条件的特解.

(1) $y'' - (y')^2 = 0, y|_{x=0} = 0, y'|_{x=0} = -1$;

(2) $y'' = \mathrm{e}^{2y}, y|_{x=0} = y'|_{x=0} = 0$;

(3) $x^2 y'' + xy' = 1, y|_{x=1} = 0, y'|_{x=1} = 1$.

3. 试求 $xy'' = y' + x^2$ 经过点 $(1, 0)$ 且在此点的切线与直线 $y = 3x - 3$ 垂直的积分曲线.

第四节　二阶常系数线性微分方程

在实际中应用较多的一类高阶微分方程是二阶常数线性微分方程，它的一般形式是

$$y'' + py' + qy = f(x),\qquad(12\text{-}5)$$

其中 p,q 为实数，$f(x)$ 为 x 的已知函数. 当方程右端 $f(x) \equiv 0$ 时，方程叫作齐次的；当 $f(x) \neq 0$ 时，方程叫作非齐次的.

一、二阶常系数齐次线性微分方程

先讨论二阶常系数线性齐次微分方程：

$$y'' + py' + qy = 0,\qquad(12\text{-}6)$$

其中 p,q 为常数.

如果 $y_1(x)$，$y_2(x)$ 是方程(12-6)的两个解，那么利用导数运算的线性性质容易验证，对于任意常数 C_1，C_2，函数

$$y = C_1 y_1(x) + C_2 y_2(x)\qquad(12\text{-}7)$$

也是方程(12-6)的解.

解式(12-7)从其形式上看含有两个任意常数，但它不一定是方程(12-6)的通解. 例如，设 $y_1(x)$ 是方程(12-6)的一个解，则 $y_2(x) = 2y_1(x)$ 也是方程(12-6)的解. 这时(12-7)式成为

$$y = C_1 y_1(x) + 2C_2 y_1(x),$$

可以把它改写成 $y = Cy_1(x)$，其中 $C = C_1 + 2C_2$. 这显然不是方程(12-6)的通解. 那么，在什么样的情况下，式(12-7)才是方程(12-6)的通解呢？

对于函数 $y_1(x)$，$y_2(x)$，如果存在常数 C_1，C_2，使得 $C_1 y_1(x) + C_2 y_2(x) = 0$，则称 $y_1(x)$，$y_2(x)$ 线性相关，否则称 $y_1(x)$，$y_2(x)$ 线性无关. 显然对于函数 $y_1(x)$，$y_2(x)$，如果 $\dfrac{y_2(x)}{y_1(x)} \equiv C$，$y_1(x) \neq 0$，那么 $y_1(x)$，$y_2(x)$ 线性相关，这是判断两个函数相关与否的简单方法.

定理1　若 $y_1(x)$，$y_2(x)$ 是方程(12-6)的两个线性无关的特解，则

$$y = C_1 y_1(x) + C_2 y_2(x)\quad(C_1, C_2 \text{ 为任意常数})$$

就是方程(12-6)的通解.

例如，方程 $y'' - y = 0$ 是二阶常系数齐次线性微分方程，且不难验证 $y_1 = \mathrm{e}^x$ 与 $y_2 = \mathrm{e}^{-x}$ 是所给方程的两个解，且 $\dfrac{y_2(x)}{y_1(x)} = \dfrac{\mathrm{e}^{-x}}{\mathrm{e}^x} = \mathrm{e}^{-2x} \neq$ 常数，则它们是两个线性无关的解，因此方程 $y'' - y = 0$ 的通解为

$$y = C_1 \mathrm{e}^x + C_2 \mathrm{e}^{-x}(C_1, C_2 \text{ 为任意常数}).$$

于是，要求方程(12-6)的通解，可归结为如何求它的两个线性无关的特解.

下面讨论方程(12-6)的通解的计算.

由于方程(12-6)的左端是关于 y''，y'，y 的线性关系式，且系数都为常数，而当 r 为常数时，指数函数 e^{rx} 和它的各阶导数都只差一个常数因子，因此我们用 $y = \mathrm{e}^{rx}$ 来尝试，看能否取得适当的常数 r，使 $y = \mathrm{e}^{rx}$ 满足方程(12-6).

对 $y = \mathrm{e}^{rx}$ 求导，得 $y' = r\mathrm{e}^{rx}$，$y'' = r^2 \mathrm{e}^{rx}$，把 y，y' 和 y'' 代入方程(12-6)得

$$(r^2 + pr + q)\mathrm{e}^{rx} = 0.$$

由于 $\mathrm{e}^{rx} \neq 0$，所以

$$r^2 + pr + q = 0. \tag{12-8}$$

由此可见，只要解出代数方程(12-8)的根，可得微分方程(12-6)的解. 我们把代数方程(12-8)叫作微分方程(12-6)的特征方程.

特征方程(12-8)是一个一元二次代数方程，其中 r^2，r 的系数及常数项恰好依次是微分方程(12-6)中 y'' 和 y，y' 的系数.

特征方程(12-8)的两个根 r_1，r_2 可用公式 $r_{1,2} = \dfrac{-p + \sqrt{p^2 - 4q}}{2}$ 求出，它们有三种不同的情况，分别对应微分方程(12-6)的通解的三种不同的情形. 分别叙述如下：

(1)若 $p^2 - 4q > 0$，则可求得特征方程(12-8)的两个不等实数根 $r_1 \neq r_2$，这时 $y_1 = \mathrm{e}^{r_1 x}$，$y_2 = \mathrm{e}^{r_2 x}$ 是微分方程(12-6)的两个解，且 $\dfrac{y_2}{y_1} = \dfrac{\mathrm{e}^{r_2 x}}{\mathrm{e}^{r_1 x}} = \mathrm{e}^{(r_2 - r_1)x}$ 不是常数. 因此，微分方程(12-6)的通解为

$$y = C_1 \mathrm{e}^{r_1 x} + C_2 \mathrm{e}^{r_2 x}.$$

(2)若 $p^2 - 4q = 0$，这时 r_1，r_2 是两个相等的实根，且 $r_1 = r_2 = -\dfrac{p}{2}$，这时，微分方程(12-6)的通解为

$$y = C_1 \mathrm{e}^{r_1 x} + C_2 x \mathrm{e}^{r_1 x} = (C_1 + C_2 x)\mathrm{e}^{r_1 x}.$$

(3)若 $p^2 - 4q < 0$，则特征方程有一对共轭复根

$$r_1 = \alpha + \beta \mathrm{i}, r_2 = \alpha - \beta \mathrm{i}, (\beta \neq 0),$$

则微分方程(12-6)的通解为

$$y = \mathrm{e}^{\alpha x}(C_1 \cos \beta x + C_2 \sin \beta x).$$

综上所述，求二阶常系数齐次线性微分方程 $y'' + py' + qy = 0$ 的通解的步骤如下：

第一步：写出微分方程(12-6)的特征方程：

$$r^2 + pr + q = 0.$$

第二步：求特征方程(12-8)的两个根 r_1，r_2.

第三步：根据特征方程(12-8)的两个根的不同情形，按照下列表格写出微分方程(12-6)的通解.

特征方程 $r^2 + pr + q = 0$ 的两个根 r_1，r_2	微分方程 $y'' + py' + qy = 0$ 的通解
两个不等的实根 $r_1 \neq r_2$	$y = C_1 \mathrm{e}^{r_1 x} + C_2 \mathrm{e}^{r_2 x}$
两个相等的实根 $r_1 = r_2$	$y = (C_1 + C_2 x)\mathrm{e}^{r_1 x}$
一对共轭复根 $r_{1,2} = \alpha \pm \beta \mathrm{i}$	$y = \mathrm{e}^{\alpha x}(C_1 \cos \beta x + C_2 \sin \beta x)$

例 1 求微分方程 $y'' - 2y' - 8y = 0$ 的通解.

解　所给微分方程的特征方程为
$$r^2 - 2r - 8 = (r - 4)(r + 2) = 0,$$
其根 $r_1 = 4, r_2 = -2$，且是两个不相等的实根. 因此所求通解为
$$y = C_1 e^{4x} + C_2 e^{-2x}.$$

例2　求方程 $\dfrac{d^2 S}{dt^2} + 2 \dfrac{dS}{dt} + S = 0$ 满足初始条件 $S|_{t=0} = 4, S'|_{t=0} = -2$ 的特解.

解　所给微分方程的特征方程为
$$r^2 + 2r + 1 = (r + 1)^2 = 0,$$
其根 $r_1 = r_2 = -1$ 是两个相等的实数根，因此所求微分方程的通解为
$$S = (C_1 + C_2 t) e^{-t}.$$
将条件 $S|_{t=0} = 4$ 代入通解，得 $C_1 = 4$. 从而 $S = (4 + C_2 t) e^{-t}$，得
$$S' = (C_2 - 4 - C_2 t) e^{-t}.$$
再把条件 $S'|_{t=0} = -2$ 代入上式，得 $C_2 = 2$. 于是所求特解为
$$S = (4 + 2t) e^{-t}.$$

例3　求微分方程 $y'' + 6y' + 25y = 0$ 的通解.

解　所给微分方程的特征方程为
$$r^2 + 6r + 25 = 0,$$
其根 $r_{1,2} = \dfrac{-6 \pm \sqrt{36 - 100}}{2} = -3 \pm 4i$，为一对共轭复根. 因此所求通解为
$$y = e^{-3x}(C_1 \cos 4x + C_2 \sin 4x).$$

二、二阶常系数非齐次线性微分方程

这里，我们讨论二阶常系数非齐次线性微分方程(12-5)的解法. 为此先介绍方程(12-5)的解的结构定理.

定理2　设 y^* 是二阶常系数非齐次线性微分方程(12-5)的特解，而 $Y(x)$ 是与方程(12-5)对应的齐次方程(12-6)的通解，那么
$$y = Y(x) + y^*(x)$$
是二阶常系数非齐次线性微分方程(12-5)的通解.

例如，方程 $y'' + y = x^2$ 是二阶常系数非齐次线性微分方程，容易求得对应的齐次方程 $y'' + y = 0$ 的通解为 $Y = C_1 \cos x + C_2 \sin x$；又容易验证 $y^* = x^2 - 2$ 是所给方程的一个特解. 因此
$$Y = C_1 \cos x + C_2 \sin x + x^2 - 2$$
是所给方程的通解.

定理2告诉我们，求二阶常系数非齐次线性微分方程 $y'' + py' + qy = f(x)$ 的通解可按如下步骤进行：

(1)求出对应的齐次方程 $y'' + py' + qy = 0$ 的通解 $Y(x)$.

(2)求出非齐次方程 $y'' + py' + qy = f(x)$ 的一个特解 y^*.

(3)所求方程的通解为

$$y = Y(x) + y^*(x).$$

前面我们已经介绍了齐次方程(12-6)的通解的求法,现在我们来求非齐次方程(12-5)的一个特解 y^* 的方法. 对此我们不作一般讨论,仅不加证明地介绍对两种常见类型的 $f(x)$,用待定系数法求特解的方法.

结论 1 若 $f(x) = P_m(x) \mathrm{e}^{\lambda x}$,其中 $P_m(x)$ 是 x 的 m 次多项式,λ 为常数(显然,若 $\lambda = 0$,则 $f(x) = P_m(x)$),则二阶常系数非齐次线性微分方程(12-5)具有形如

$$y^* = x^k Q_m(x) \mathrm{e}^{\lambda x}. \qquad (12-9)$$

的特解,其中 $Q_m(x)$ 是与 P_m 同次(m 次)的多项式,而 k 的取值如下确定:

(1)若 λ 不是特征方程的根,取 $k = 0$;

(2)若 λ 是特征方程的单根,取 $k = 1$;

(3)若 λ 是特征方程的重根,取 $k = 2$.

例 4 求微分方程 $y'' - 2y' - 3y = 2x + 1$ 的通解.

解 所给方程是二阶常系数非齐次线性微分方程,且函数 $f(x)$ 是 $P_m(x) \mathrm{e}^{\lambda x}$ 型(其中 $P_m(x) = 2x + 1, \lambda = 0$),所以该方程所对应的齐次方程为

$$y'' - 2y' - 3y = 0.$$

它的特征方程为 $r^2 - 2r - 3 = 0$,其两个实根为 $r_1 = 3, r_2 = -1$,于是所给方程对应的齐次方程的通解为

$$y = C_1 \mathrm{e}^{3x} + C_2 \mathrm{e}^{-x}.$$

由于 $\lambda = 0$ 不是特征方程的根,所以应设原方程的一个特解为

$$y^* = Q_m(x) = b_0 x + b_1.$$

相应地有 $y^{*\prime} = b_0, y^{*\prime\prime} = 0$,把它们代入原方程,得 $-2b_0 - 3(b_0 x + b_1) = 2x + 1$,即

$$-3b_0 x - (2b_0 + 3b_1) = 2x + 1.$$

比较上式两端 x 同次幂的系数,得

$$\begin{cases} -3b_0 = 2, \\ -2b_0 - 3b_1 = 1. \end{cases}$$

从而求出 $b_0 = -\dfrac{2}{3}, b_1 = \dfrac{1}{9}$. 于是求得原方程的一个特解为 $y^* = -\dfrac{2}{3}x + \dfrac{1}{9}$,因此原方程的通解为

$$y = C_1 \mathrm{e}^{3x} + C_2 \mathrm{e}^{-x} - \frac{2}{3}x + \frac{1}{9}.$$

例 5 求微分方程 $y'' - 5y' + 6y = x\mathrm{e}^{2x}$ 的通解.

解 所给方程是二阶常系数非齐次线性微分方程,且函数 $f(x)$ 是 $P_m(x) \mathrm{e}^{\lambda x}$ 型(其中 $P_m(x) = x, \lambda = 2$),所以该方程所对应的齐次方程为

$$y'' - 5y' + 6y = 0.$$

它的特征方程为 $r^2 - 5r + 6 = 0$,其两个实根为 $r_1 = 2, r_2 = 3$,于是所给方程对应的齐次方程的通解为

$$y = C_1 e^{2x} + C_2 e^{3x}.$$

由于 $\lambda = 2$ 是特征方程的单根,所以应设原方程的一个特解为

$$y^* = x(b_0 x + b_1) e^{2x}.$$

把它代入所给方程,消去 e^{2x},化简后可得

$$-2b_0 x + b_0 - b_1 = x.$$

比较上式两端 x 同次幂的系数,得 $\begin{cases} -2b_0 = 1, \\ 2b_0 - b_1 = 0. \end{cases}$ 从而求出 $b_0 = -\dfrac{1}{2}, b_1 = -1$. 于是求得原

方程的一个特解为 $y^* = x\left(-\dfrac{1}{2}x - 1\right)e^{2x}$,因此原方程的通解为

$$y = C_1 e^{2x} + C_2 e^{3x} - \frac{1}{2}(x^2 + 2x) e^{2x}.$$

例 6　求微分方程 $y'' - 2y' + y = e^x$ 满足初始条件 $y|_{x=0} = 1, y'|_{x=0} = 0$ 的特解.

解　先求出所给微分方程的通解,再由初始条件定出通解中的两个任意常数. 继而求出满足初始条件的特解. 所给方程是二阶常系数非齐次线性微分方程,且函数 $f(x)$ 是 $P_m(x) e^{\lambda x}$ 型(其中 $P_m(x) = 1, \lambda = 1$),所以该方程所对应的齐次方程为

$$y'' - 2y' + y = 0.$$

它的特征方程为 $r^2 - 2r + 1 = 0$,其两个相等的实根为 $r_1 = r_2 = 1$,于是所给方程对应的齐次方程的通解为

$$y = (C_1 + C_2 x) e^x.$$

由于 $\lambda = 1$ 是特征方程的二重根,所以应设原方程的一个特解为 $y^* = ax^2 e^x$,相应地,有 $y^{*\prime} = (ax^2 + 2ax) e^x, y^{*\prime\prime} = (ax^2 + 4ax + 2a) e^x$,把它代入原方程,得

$$2a e^x = e^x.$$

故 $a = \dfrac{1}{2}$. 于是原方程的一个特解为 $y^* = \dfrac{1}{2} x^2 e^x$,从而原方程的通解为

$$y = (C_1 + C_2 x) e^x + \frac{1}{2} x^2 e^x.$$

求导得 $y' = \left(C_1 + C_2 + x + C_2 x + \dfrac{1}{2} x^2\right) e^x$,由 $y|_{x=0} = 1$ 得 $C_1 = 1$;由 $y'|_{x=0} = 0$ 得 $C_1 + C_2 = 0$,即 $C_2 = -1$. 于是满足所给初始条件的初值问题的特解为

$$y = \left(1 - x + \frac{1}{2} x^2\right) e^x.$$

结论 2　若 $f(x) = e^{\lambda x}(P_t(x) \cos \omega x + P_n(x) \sin \omega x)$,其中 $P_t(x), P_n(x)$ 分别是 x 的 t 次、n 次多项式,ω 为常数,则二阶常系数非齐次线性微分方程(12-5)具有形如

$$y^* = x^k e^{\lambda x}(R_m^{(1)}(x) \cos \omega x + R_m^{(2)}(x) \sin \omega x)$$

的特解,其中 $R_m^{(1)}(x), R_m^{(2)}(x)$ 是 x 的 m 次多项式,$m = \max(l, n)$,而 k 的取值如下确定:

(1)若 $\lambda + \mathrm{i}\omega$(或 $\lambda - \mathrm{i}\omega$)不是特征方程的根,取 $k = 0$;

(2)若 $\lambda + \mathrm{i}\omega$(或 $\lambda - \mathrm{i}\omega$)是特征方程的单根,取 $k = 1$.

例7 求微分方程 $y'' + y = x\cos 2x$ 的通解.

解 所给方程是二阶常系数非齐次线性微分方程,且函数 $f(x)$ 属于

$$\mathrm{e}^{\lambda x}\left(P_t(x)\cos \omega x + P_n(x)\sin \omega x\right)$$

型(其中 $P_t(x) = x, P_n(x) = 0, \lambda = 0, \omega = 2$ 显然 $P_t(x), P_n(x)$ 分别是一次与零次多项式).

该方程所对应的齐次方程为 $y'' + y = 0$,它的特征方程为 $r^2 + 1 = 0$. 由于 $\lambda + \mathrm{i}\omega = 2\mathrm{i}$ 不是特征方程的根,所以应设原方程的一个特解为

$$y^* = (ax + b)\cos 2x + (cx + d)\sin 2x.$$

把它代入所给方程,得

$$(-3ax - 3b + 4c)\cos 2x - (3cx + 3d + 4a)\sin 2x = x\cos 2x.$$

比较两端同类项的系数,得

$$\begin{cases} -3a = 1, \\ -3b + 4c = 0, \\ -3c = 0, \\ -3d - 4a = 0. \end{cases}$$

从而求出 $a = -\dfrac{1}{3}, b = 0, c = 0, d = \dfrac{4}{9}$. 于是求得原方程的一个特解为

$$y^* = -\frac{1}{3}x\cos 2x + \frac{4}{9}\sin 2x.$$

例8 求微分方程 $\dfrac{\mathrm{d}^2 x}{\mathrm{d}t^2} + k^2 x = h\sin kt$ 的通解(k, h 为常数且 $k > 0$).

解 所给方程是二阶常系数非齐次线性微分方程,且函数 $f(x)$ 属于

$$\mathrm{e}^{\lambda x}\left(P_t(x)\cos \omega x + P_n(x)\sin \omega x\right)$$

型(其中 $P_t(t) = 0, P_n(t) = h, \lambda = 0, \omega = k$ 显然 $P_t(t), P_n(t)$ 都是零次多项式).

该方程所对应的齐次方程为 $\dfrac{\mathrm{d}^2 x}{\mathrm{d}t^2} + k^2 x = 0$,它的特征方程为 $r^2 + k^2 = 0$,其根为 $r = \pm k\mathrm{i}$,于是所给方程对应的齐次方程的通解为

$$X = C_1\cos kt + C_2\sin kt.$$

令 $C_1 = A\sin \varphi, C_2 = A\cos \varphi$,则有

$$X = A\sin(kt + \varphi), \quad \text{其中 } A, \varphi \text{ 为任意常数.}$$

由于 $\lambda \pm \mathrm{i}\omega = \pm k\mathrm{i}$ 是特征方程的根,故设原方程的一个特解为

$$x^* = t(a_1\cos kt + b_1\sin kt).$$

把它代入原齐次方程,得 $a_1 = -\dfrac{h}{2k}, b_1 = 0$,于是 $x^* = -\dfrac{h}{2k}t\cos kt$,从而原非齐次方程的通解为

$$x = X + x^* = A\sin(kt + \varphi) - \frac{h}{2k}t\cos kt.$$

定理3 设二阶常系数非齐次线性微分方程

$$y'' + py' + qy = f_1(x) + f_2(x). \tag{12-10}$$

而 y_1^* 与 y_2^* 分别是方程 $y'' + py' + qy = f_1(x)$ 与 $y'' + py' + qy = f_2(x)$ 的特解,则 $y_1^* + y_2^*$ 就是原方程(12-10)的特解.

定理3通常称为二阶常系数非齐次线性微分方程的解的叠加原理.

例9 求微分方程 $y'' + 4y' + 3y = (x-2) + e^{2x}$ 的一个特解.

解 可求得 $y'' + 4y' + 3y = x - 2$ 的一个特解为

$$y_1^* = \frac{1}{3}x - \frac{10}{9}.$$

而 $y'' + 4y' + 3y = e^{2x}$ 的一个特解为 $y_2^* = \frac{1}{15}e^{2x}$. 于是,由定理3可知,原方程的一个特解为

$$y^* = \left(\frac{1}{3}x - \frac{10}{9}\right) + \frac{1}{15}e^{2x}.$$

习题 12 - 4

1. 下列函数组在定义区间内哪些是线性无关的?

$(1)\, x, x^2$;　　　　　　　　　　$(2)\, x, 3x$;

$(3)\, e^{3x}, 3e^{3x}$;　　　　　　　　$(4)\, e^x\cos 8x, e^x\sin 8x$.

2. 验证 $y_1 = \cos 2x$ 和 $y_2 = \sin 2x$ 都是方程 $y'' + 4y = 0$ 的解,并写出该方程的通解.

3. 求下列微分方程的通解.

$(1)\, y'' + 7y' + 12y = 0$;　　　　　$(2)\, y'' - 12y' + 36y = 0$;

$(3)\, y'' + y' + y = 0$;　　　　　　$(4)\, y'' + \mu y = 0\,(其中 \mu 为实数)$.

4. 求下列微分方程满足所给初始条件的特解.

$(1)\, y'' - 4y' + 3y = 0, y|_{x=0} = 6, y'|_{x=0} = 10$;

$(2)\, 4y'' + 4y' + y = 0, y|_{x=0} = 2, y'|_{x=0} = 0$;

$(3)\, y'' + 4y' + 29y = 0, y|_{x=0} = 0, y'|_{x=0} = 15$.

5. 验证:

$(1)\, y = C_1 e^x + C_2 e^{2x} + \dfrac{1}{12}e^{5x}\,(C_1, C_2 是任意常数)$ 是方程 $y'' - 3y' + 2y = e^{5x}$ 的通解;

$(2)\, y = C_1\cos 3x + C_2\sin 3x + \dfrac{1}{32}(4x\cos x + \sin x)\,(C_1, C_2 是任意常数)$ 是方程 $y'' + 9y = x\cos x$ 的通解.

6. 求下列微分方程的通解.

$(1)\, 2y'' + y' - y = 2e^x$;　　　　　$(2)\, y'' + 9y' = x - 4$;

$(3)\, 2y'' - 5y' + 6y = xe^{2x}$;　　　　$(4)\, y'' + a^2 y' = e^x\,(a 为实常数)$;

$(5)\, y'' + 4y' = x\cos x$;　　　　　$(6)\, y'' + y' = e^x + \cos x$.

7. 求下列微分方程满足所给初始条件的特解.

（1）$y'' - 3y' + 2y = 5, y|_{x=0} = 1, y'|_{x=0} = 2$；

（2）$y'' + y' + \sin 2x = 0, y|_{x=\pi} = 1, y'|_{x=\pi} = 1$；

（3）$y'' - y = 4x\mathrm{e}^x, y|_{x=0} = 0, y'|_{x=0} = 1$.

第五节　微分方程应用模块

微分方程应用广泛，涉及了很多领域，本节将从工程、机电、经济等领域展开讨论.

一、工程领域应用

1. 悬链线方程问题

例1　一根绳索，例如电话线或电视电缆等，两端固定并自由地悬挂着，绳索每单位长度的重量为 w，在最低点处的张力沿水平方向其大小为 H，如果我们在绳索所在平面上选择一个坐标系，x 轴水平向右，重力垂直向下，y 轴铅直向上通过绳索最低点，并使得最低点 P 的纵坐标为 $y = H/w$（如图 12.1 所示）. 试证：绳索的形状是双曲余弦

$$y = \frac{H}{w}\mathrm{ch}\,\frac{w}{H}x.$$

这样的曲线在工程中称为悬链线.

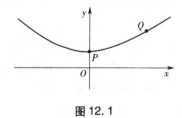

图 12.1

证明　设所求曲线 C 的方程为 $y = f(x)$，$\forall Q(x, y) \in C$，设在 Q 点的张力大小为 T，T 与水平方向的夹角为 θ，则有

$$\begin{cases} T\cos\theta = H, \\ T\sin\theta = wl, \end{cases}$$

其中 l 为弧 $\overparen{PQ}$ 的长度，则有 $\tan\theta = \dfrac{W}{H} \cdot l$. 另一方面，$\tan\theta = y'$，$l = \displaystyle\int_D^x \sqrt{1 + (y')^2}\,\mathrm{d}x$，于是

$y' = \dfrac{W}{H}\displaystyle\int_D^x \sqrt{1 + (y')^2}\,\mathrm{d}x$，那么有二阶微分方程

$$\begin{cases} y'' = \dfrac{W}{H}\sqrt{1 + (y')^2}, \\ y|_{x=0} = \dfrac{W}{H}, y'|_{x=0} = 0. \end{cases}$$

下面解这个方程. 令 $y' = p, y'' = \dfrac{\mathrm{d}p}{\mathrm{d}x}$, 则 $\begin{cases} \dfrac{\mathrm{d}p}{\mathrm{d}x} = \dfrac{W}{H}\sqrt{1+P^2}, \\ p|_{x=0} = 0. \end{cases}$ 解得 $p = \mathrm{sh}\dfrac{W}{H}x$, 则 $\begin{cases} y' = \mathrm{sh}\dfrac{W}{H}x, \\ y|_{x=0} = \dfrac{H}{W}, \end{cases}$ 解得

$y = \dfrac{H}{W}\mathrm{ch}\dfrac{W}{H}x$, 这就是悬链线方程.

2. 挠曲线的近似微分方程

在工程力学上, 常常要考虑梁的弯曲. 在外力作用下, 梁就会弯曲, 弯曲到一定程度, 梁就可能会断裂. 而梁弯曲后的曲线就称为挠曲线, 下面建立挠曲线的方程.

挠曲线的曲率 $\dfrac{1}{\rho}$ 与弯矩 M 之间的关系为 $\dfrac{1}{\rho} = \dfrac{M}{EI}$, 其中弯矩 M 与曲率半径 ρ 均为横坐标 x 的函数, 即

$$\frac{1}{\rho(x)} = \frac{M(x)}{EI}.$$

根据高等数学中的曲率公式, 平面曲线 $\omega = \omega(x)$ 上任一点的曲率为

$$\frac{1}{\rho(x)} = \frac{\dfrac{\mathrm{d}^2 w}{\mathrm{d}x^2}}{\left(1 + \left(\dfrac{\mathrm{d}w}{\mathrm{d}x}\right)^2\right)^{3/2}}.$$

将上式用于分析梁的变形, 则有

$$\frac{\dfrac{\mathrm{d}^2 w}{\mathrm{d}x^2}}{\left(1 + \left(\dfrac{\mathrm{d}w}{\mathrm{d}x}\right)^2\right)^{3/2}} = \pm \frac{M(x)}{EI}. \tag{12-11}$$

式(12-11)称为梁的挠曲线微分方程.

在小变形的条件下, 梁的转角一般很小, 故 $\left(\dfrac{\mathrm{d}w}{\mathrm{d}x}\right)^2 \ll 1$, 式(12-11)便简化为

$$\frac{\mathrm{d}^2 w}{\mathrm{d}x^2} = \pm \frac{M(x)}{EI},$$

称它为挠曲线的近似微分方程.

3. 伯努利方程

伯努利方程是能量守恒定律应用到流体上的一种表达形式, 下面通过建立理想流体运动的微分方程, 沿流线进行积分, 推导出伯努利方程.

如图 12.2, 考虑理想流体中一段流管, 设该段流管长为 $\mathrm{d}l$, 截图面积为 $\mathrm{d}S$, 流体速度为 v, 密度为 ρ, 流管左截图处水平高度 h, 作用于左截图的压力为 $P\mathrm{d}S$, 右截图处水平高度为 $h + \mathrm{d}h$, 作用于上截图的压力为 $\left(P + \dfrac{\mathrm{d}P}{\mathrm{d}l}\mathrm{d}l\right) \cdot \mathrm{d}S$, 此段流体的重力沿流线方向的分力为

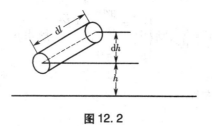

图 12.2

$$\rho g \, \mathrm{d}l \, \mathrm{d}S \cos \theta,$$

其中 θ 为流管的轴线与水平线间夹角,因此作用于 $\mathrm{d}l$ 上沿流动方向的合力为

$$\left(P + \frac{\mathrm{d}P}{\mathrm{d}l}\mathrm{d}l\right)\mathrm{d}S - \rho g \, \mathrm{d}l \, \mathrm{d}S \cos \theta$$

$$= -\left(\frac{\mathrm{d}P}{\mathrm{d}l} + \rho g \cos \theta\right)\mathrm{d}l \, \mathrm{d}S.$$

根据牛顿第二定律,该合力应等于质量 $\rho \mathrm{d}l \mathrm{d}S$ 与沿流动方向加速度 $\dfrac{\mathrm{d}v}{\mathrm{d}t}$ 的乘积,又因为 $\cos \theta = \dfrac{\mathrm{d}h}{\mathrm{d}l}$,因此得

$$-\frac{\mathrm{d}P}{\mathrm{d}l} - \rho g \frac{\mathrm{d}h}{\mathrm{d}l} = \rho \frac{\mathrm{d}v}{\mathrm{d}t}.$$

由于 $\dfrac{\mathrm{d}v}{\mathrm{d}t} = \dfrac{\mathrm{d}v}{\mathrm{d}l}\dfrac{\mathrm{d}l}{\mathrm{d}t} = v\dfrac{\mathrm{d}v}{\mathrm{d}l}$,代入上式,得

$$-\frac{\mathrm{d}P}{\mathrm{d}l} - \rho g \frac{\mathrm{d}h}{\mathrm{d}l} = \rho v \frac{\mathrm{d}v}{\mathrm{d}l}.$$

将上式沿着流管所在曲线积分,得

$$P + \frac{\rho}{2}v^2 + \rho g h = 常数.$$

　　例 2　设一水池(图 12.3),在侧壁开一小孔,孔流出的流量等于流进水池的流量,所以水池内水的体积不变,从而水面的高度不变,在这种情况下,流动是稳定的. 设小孔与水面的距离为 h,并假定小孔 2 处的流线是从水面 1 处出发的,在水面处水流速度为 v_1,在小孔处水流速度为 v_2,并且在小孔外及水面上的压强都等于大气压 P_0. 求 v_2.

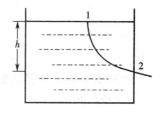

图 12.3

　　解　将伯努利方程应用到流线 1 到 2 上,可得

$$P_0 + \frac{1}{2}\rho v_1^2 + \rho\, gh = P_0 + \frac{1}{2}\rho v_2^2.$$

由于水面的面积比小孔的面积大很多,可认为 $v_1 = 0$,由上式可得

$$v_2 = \sqrt{2gh}.$$

通常称上式为托里拆利公式,它与自由落体公式相同,即理想液体从小孔流出时,其流出速度的绝对值等于液体从水面自由落下到孔口的速度绝对值.

4. RL 回路问题

例 3 图 12.4 表示一个电路,它的总电阻是常值 R 欧姆,用线圈表示的电感是 L 亨利,也是常值. 在 $t = 0$ 时开关 K 与 1 连接时就接通一个常电源 E 伏特. 讨论电闸合上后电流如何流动.

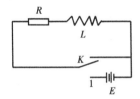

图 12.4

解 显然有 $E + \left(-L\dfrac{\mathrm{d}i}{\mathrm{d}t}\right) = iR$,于是

$$L\frac{\mathrm{d}i}{\mathrm{d}t} + Ri = E,$$

这里 i 表示电流强度(安培),而 t 表示时间(秒). 通过解这个方程,就可以确定电流时间函数. 方程 $L\dfrac{\mathrm{d}i}{\mathrm{d}t} + Ri = E$ 是一个相对于时间 t 的函数 i 的线性一阶方程,它的标准形式是

$$\frac{\mathrm{d}i}{\mathrm{d}t} + \frac{R}{L}i = \frac{E}{L}.$$

当 $t = 0$ 时 $i = 0$,对应的解是

$$i = \frac{E}{R} - \frac{E}{R}\mathrm{e}^{-(R/L)t}.$$

因为 R 和 L 是正的,$-(R/L)$ 是负的,于是当 $t \to \infty$ 时,$\mathrm{e}^{-(R/L)t} \to 0$. 这样

$$\lim_{t \to \infty} i = \lim_{t \to \infty}\left(\frac{E}{R} - \frac{E}{R}\mathrm{e}^{-(R/L)t}\right) = \frac{E}{R} - \frac{E}{R}\cdot 0 = \frac{E}{R}.$$

在任何时刻,从理论上说电流小于 $\dfrac{E}{R}$,但随着时间的流逝,电流趋向于稳态值 $\dfrac{E}{R}$. 根据微分方程 $L\dfrac{\mathrm{d}i}{\mathrm{d}t} + Ri = E$,若 $L = 0$(没有电感)或者 $\dfrac{\mathrm{d}i}{\mathrm{d}t} = 0$(稳定电流,$i = $ 常数),流过电路的电流将是

$$I = \frac{E}{R}.$$

方程 $L\dfrac{\mathrm{d}i}{\mathrm{d}t}+Ri=E$ 的解 $i=\dfrac{E}{R}-\dfrac{E}{R}\mathrm{e}^{-(R/L)t}$ 表示为两项的和:一个稳态解 $\dfrac{E}{R}$ 和一个瞬时解

$-\dfrac{E}{R}\mathrm{e}^{-\frac{E}{R}t}$,后者当 $t\to\infty$ 时趋于 0.

二、经济学应用

1. 商品价格波动规律

例 4　设某种商品的供给量 Q_1 与需求量 Q_2 是只依赖于价格 P 的线性函数,并假定在时间 t 时价格 $P(t)$ 的变化率与这时的过剩需求量成正比. 试确定这种商品的价格随时间 t 的变化规律.

解　设 $Q_1=-a+bP$,$Q_2=c-dp$,其中 a,b,c,d 都是已知的正的常数.

当供给量与需求量相等时,平衡价格为

$$\bar{P}=\frac{a+c}{b+d}.$$

容易看出,当供给量小于需求量时,即 $Q_1<Q_2$,价格将上涨,这样市场价格就随时间的变化而围绕平衡价格 $\bar{P}$ 上下波动. 因此,我们可以设想价格 P 是时间 t 的函数 $P=P(t)$.

由假定知道,$P(t)$ 的变化率与 Q_1-Q_2 成正比,即有

$$\frac{\mathrm{d}P}{\mathrm{d}t}=a(Q_2-Q_1),$$

其中 a 是正的常数,得

$$\frac{\mathrm{d}P}{\mathrm{d}t}+kP=h,$$

其中 $k=a(b+d)$,$h=a(a+c)$,都是正的常数. 上式是一个一阶线性微分方程,求通解如下:

$$P=\mathrm{e}^{-\int k\mathrm{d}t}\left[\int h\mathrm{e}^{\int k\mathrm{d}t}\mathrm{d}t+c\right]$$

$$=\mathrm{e}^{kt}\left[\frac{h}{k}\mathrm{e}^{kt}+c\right]$$

$$=c\mathrm{e}^{-kt}+\frac{h}{k}=c\mathrm{e}^{-kt}+\bar{P}.$$

如果已知初始价格 $P(0)=P_0$,得到:

$$P=(P_0-\bar{P})\mathrm{e}^{kt}+\bar{P}.$$

上式即为商品价格随时间的变化规律.

2. 新产品推广模型

例 5　假设市场上要推出一新产品,t 时刻的销量为 $x(t)$,新产品性能优良质量好,所以产品本身就是宣传品. 因而,t 时刻产品销量的增量 $\dfrac{\mathrm{d}x}{\mathrm{d}t}$ 与 $x(t)$ 成正比,还应想到新产品销售

有一定的稳定的市场容量 N. 统计结果表明, $\dfrac{\mathrm{d}x}{\mathrm{d}t}$ 与尚未购买该新产品的顾客潜在的销售数量 $N-x(t)$ 也成正比, 试建立销量关于时间 t 的表达式, 并分析何时销量最佳?

解　由条件建立如下微分方程

$$\frac{\mathrm{d}x}{\mathrm{d}t}=kx(N-x),$$

其中常数 $k>0$ 为比例系数, 分离变量, 积分, 可以解得

$$x(t)=\frac{N}{1+C\mathrm{e}^{-kNt}}.$$

由 $\dfrac{\mathrm{d}x}{\mathrm{d}t}=\dfrac{CN^2k\mathrm{e}^{-kNt}}{(1+C\mathrm{e}^{-kNt})^2}$ 及 $\dfrac{\mathrm{d}^2x}{\mathrm{d}t^2}=\dfrac{Ck^2N^2\mathrm{e}^{-kNt}(C\mathrm{e}^{-kNt}-1)}{(1+C\mathrm{e}^{-kNt})^3}$ 得到:

当 $0<x(t)<N$ 时, $\dfrac{\mathrm{d}x}{\mathrm{d}t}>0$, 也就新产品销量 $x(t)$ 单调增加.

当 $x(t)=\dfrac{N}{2}$ 时, $\dfrac{\mathrm{d}^2x}{\mathrm{d}t^2}=0$.

当 $x(t)>\dfrac{N}{2}$ 时, $\dfrac{\mathrm{d}^2x}{\mathrm{d}t^2}<0$, 当 $x(t)<\dfrac{N}{2}$ 时, $\dfrac{\mathrm{d}^2x}{\mathrm{d}t^2}>0$, 于是当新产品销量达到消费者最大需求量 N 的一半时, 新产品畅销最佳; 当新产品销量不足 N 一半时, 新产品销售速度不断增加; 当新产品销量超过一半时, 新产品销量速度就会慢慢减少.

由此很多经济学家和产品销售人士调查得出, 许多新产品的销售曲线与方程

$$\frac{\mathrm{d}x}{\mathrm{d}t}=kx(N-x)$$

是相当接近的. 从而可以深入对新产品的销售曲线性状进行分析, 得出新产品在推出销售的前期要采取小量地生产, 同时多加强宣传和广告力度, 而当新产品消费者达到 20% ~ 80% 之间时, 新产品就可以大量的生产; 当新产品消费者超过 80% 时候, 那么企业就应该选择适当时机转产, 以求达到企业更好的效益.

在生物学, 经济学等领域, 微分方程 $\dfrac{\mathrm{d}x}{\mathrm{d}t}=kx(N-x)$ 有着十分重要的应用, 称之为逻辑斯谛(Logistic)方程.

3. 国民收入和储蓄、投资问题

国民收入和储蓄、投资是宏观经济学中常见的问题, 在这类问题中, 微分方程是重要的研究根据, 例如就有索洛新古典经济增长模型:

$$\begin{cases} y=F(S,L), \\ \dfrac{\mathrm{d}S}{\mathrm{d}t}=S\cdot y(t), \\ L=L_0\mathrm{e}^{\lambda t}, \end{cases}$$

其中 $y(t)$ 为在时间 t 的国民收入, $S(t)$ 为在时刻 t 的资本存储量, $L(t)$ 为在时刻 t 的劳动力,

它表达了国民收入与资本、劳动力之间的关系.

例6 在宏观经济研究中发现,某地区的国民收入 y,国民储蓄 S 和投资 I 均为时间 t 的函数,且在任意时刻 t,储蓄额 $S(t)$ 为国民收入 $y(t)$ 的 $\frac{1}{10}$ 倍,投资额 $I(t)$ 是国民收入增长率 $\frac{\mathrm{d}y}{\mathrm{d}t}$ 的 $\frac{1}{3}$ 倍,如果 $y(0)=5$ (亿元),且在时刻 t 的储蓄额全部用于投资,求国民收入函数 $y(t)$.

解　由题意知 $\begin{cases} S=\dfrac{1}{10}y, \\ I=\dfrac{1}{3}\dfrac{\mathrm{d}y}{\mathrm{d}t}. \end{cases}$ 由假设知,在任意时刻 t 有 $S=I$,所以

$$\frac{\mathrm{d}y}{\mathrm{d}t}=-\frac{3}{10}y.$$

从而 $y=Ce^{\frac{3}{10}t}$,由 $y(0)=5$ 得 $C=5$,故国民收入函数为 $y=5e^{\frac{3}{10}t}$. 储蓄函数及投资函数为 $S=I=\dfrac{1}{2}e^{\frac{3}{10}t}$.

习题 12-5

1. 某公司的会议室开始含有 $130\ \mathrm{m}^3$ 的空气,不含一氧化碳,从时间 $t=0$ 开始,含有 4% 一氧化碳的香烟烟尘以 $8\ \mathrm{L/min}$ 的速率吹散到室内. 天花板上的排风扇保持室内空气良好循环,空气以 $8\ \mathrm{L/min}$ 的同一速率排出室外,问室内一氧化碳浓度达到 0.01% 的时间.

2. 建筑师设计一个办公室,要求办公室的边界是光滑封闭曲线,且当主人坐在 P 点与坐在 Q 点的客人交谈时,他发出的声音应该同时聚焦到 Q 点(如图12.5),使谈话可以听得最清楚,已知 P,Q 相距 $2c$,试求办公室内部的边界曲线方程.

3. 在时刻 $t=0$ 时,导弹位于坐标原点,飞机位于点 (a,b). 飞机沿着平行于 x 轴的方向以常速率 v_0 飞行,导弹在时刻 t 的位置为点 (x,y),其速度为常值 v_1. 导弹在飞行过程中按照制导系统始终指向飞机(如图12.6). 试确定导弹的飞行轨迹,以及击中飞机所需要的时间.

图12.5　　　　　　　　　　　　　　　　图12.6

4. 早在1994年曾有报道说:"中国社会科学院最近预测,今年我国的总人口将超过12亿,……,据国家计生委估计,中国总人口峰值年是2044年,峰值人口将达到15.6亿或15.7亿,人口增长到顶峰后,就可能走下坡路,出现下降趋势." 从数学上是否能论证这一结论?

第十二章小结

1. 知识结构

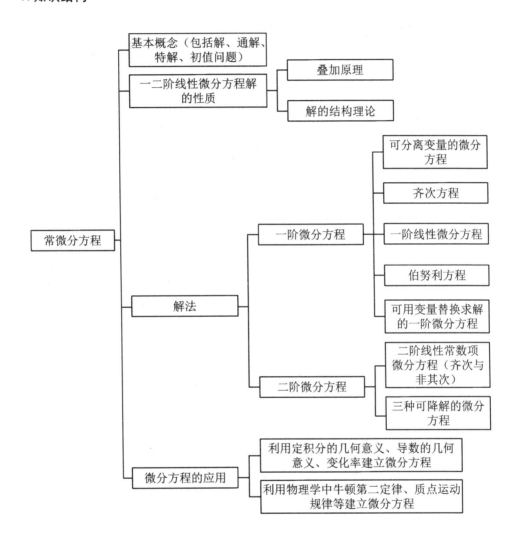

2. 内容概要

常微分方程的研究对象就是常微分方程解的性质与求法. 本章主要有两个问题: 一是求解微分方程, 包括微分方程的通解和满足初始条件的特解; 二是根据实际问题和所给条件建立微分方程及相应的初始条件.

在关于解微分方程, 线性微分方程解的性质与结构方面, 注意下面三点:

第一, 应掌握方程类型的判别, 因为不同类型的方程有不同的解法, 同一个方程, 可能属于多种不同的类型, 应选择较易求解的方法. 对于一阶方程, 通常按可分离变量的方程、一阶线性方程、齐次方程、伯努利方程、全微分方程的顺序进行，特别是一阶线性方程和伯努利方程还应注意到有时可以以 x 为因变量，y 为自变量得到. 对于高阶方程，一般可按线性方程、欧拉方程、高阶可降阶的方程进行.

　　第二，求解方程. 不同类型的方程有不同的求解方法，应该熟练掌握，典型方程可用固定的变量代换化简并求解（如齐次方程、线性方程、伯努利方程、高阶可降阶方程等），如用公式求解一阶线性方程，则应注意公式应用的条件，方程应化成标准形式. 对于线性方程，应搞清解的结构理论，解的性质及齐次线性常系数方程的特征方程及非齐次方程特解的设定，这对于求解线性方程是重要的.

　　第三，对于不属于典型方程的方程，作变量代换是一个有效途径，做什么样的变量代换要结合具体方程的特点来考虑，一般以克服求解方程时的困难为目标，选择变量代换可采用试探方式，合适的、使方程得到化简并顺利求解的则采用，否则应重新选择. 平时应多练习，这样可以帮助你选择合适的变量代换.

　　在列微分方程解应用题方面，建立方程时要根据题意，分析条件，搞清问题所涉及的基本物理意义或几何量的意义，并结合其他相关知识，通过逻辑推理等综合手段，使问题得到解决. 建立微分方程时，常用的方法有利用定积分的几何意义，或导数的几何意义；利用变化率满足的规律；利用牛顿第二定律及微元分析法等. 有些微分方程可能是数学问题中提供的，例如有的微分方程是由积分方程提出的，有的来自线积分与路径无关的充要条件，或微分式子是某个原函数的全微分，此时应转化成微分方程来求解，同时还应注意到所给条件中可能还提供了函数的某个函数值、导数值（即初始条件）等信息.

第十二章练习题

（满分 150 分）

一、选择题（每题 4 分，共 32 分）

1. 微分方程 $y' + y = 0$ 满足初始条件 $y|_{x=0} = 1$ 的特解是（　　　）.

A. e^x 　　　　　　　B. $-e^x$ 　　　　　　　C. e^{-x} 　　　　　　　D. $-e^{-x}$

2. 微分方程 $xy' = 2x^2 y + x^4$ 是（　　　）.

A. 可分离变量方程 　　　　　　　　　　B、齐次方程

C. 一阶线性齐次方程 　　　　　　　　　D. 一阶线性非齐次微分方程

3. 微分方程 $\dfrac{dy}{dx} = \dfrac{y}{x} + \tan\dfrac{y}{x}$ 的通解是（　　　）.

A. $\dfrac{1}{\sin\dfrac{y}{x}} = Cx$ 　　　B. $\sin\dfrac{y}{x} = x + C$ 　　　C. $\sin\dfrac{y}{x} = Cx$ 　　　D. $\sin\dfrac{x}{y} = Cx$

4. 若 $y = (1+x^2)^2 - \sqrt{1+x^2}$，$y = (1+x^2)^2 + \sqrt{1+x^2}$ 是微分方程 $y' + p(x)y = q(x)$ 的两个解，则 $q(x) = $（　　　）.

A. $3x(1+x^2)$　　　B. $-3x(1+x^2)$　　　C. $\dfrac{x}{1+x^2}$　　　D. $-\dfrac{x}{1+x^2}$

5. 设 $y=\dfrac{1}{2}e^{2x}+\left(x-\dfrac{1}{3}\right)e^x$ 是二阶常系数齐次线性微分方程 $y''+ay'+by=ce^x$ 的一个特解,则(　　).

A. $a=-3,b=-1,c=-1$　　　　　B. $a=3,b=2,c=-1$

C. $a=-3,b=2,c=1$　　　　　D. $a=3,b=2,c=1$

6. 微分方程 $y''-6y'+8y=e^x+e^{2x}$ 的一个特解应具有形式(　　).

A. Ae^x+Be^{2x}　　　　　B. Ae^x+Bxe^{2x}

C. Axe^x+Be^{2x}　　　　　D. Axe^x+Bxe^{2x}

7. 设 $f_1(x)$ 和 $f_2(x)$ 为二阶常系数线性齐次方程 $y''+py'+qy=0$ 的两个特解,而 $c_1f_1(x)+c_2f_2(x)$(其中 c_1 和 c_2 是任意常数)是该方程的通解,其充分条件是(　　).

A. $f_1(x)f_2'(x)-f_2(x)f_1'(x)=0$　　　　B. $f_1(x)f_2'(x)-f_2(x)f_1'(x)\neq0$

C. $f_1(x)f_2'(x)+f_2(x)f_1'(x)=0$　　　　D. $f_1(x)f_2'(x)+f_2(x)f_1'(x)\neq0$

8. 在下列微分方程中,以 $y=C_1e^x+C_2\cos 2x+C_3\sin 2x$($C_1,C_2,C_3$ 为任意常数)为通解的是(　　).

A. $y'''+y''-4y'-4y=0$　　　　B. $y'''+y''+4y'+4y=0$

C. $y'''-y''-4y'+4y=0$　　　　D. $y'''-y''+4y'-4y=0$

二、填空题(每题 4 分,共 24 分)

1. 微分方程 $y''+2y'+3y=0$ 的通解为 $y=$ _____.

2. 微分方程 $y''+y=0$ 的一条积分曲线在点 $\left(\dfrac{\pi}{4},\sqrt{2}\right)$ 处有水平切线,此积分曲线是_____.

3. 微分方程 $xy'+y(\ln x-\ln y)=0$ 满足 $y(1)=e^3$ 的解为_____.

4. 微分方程 $\dfrac{dy}{dx}=x^3y^3-xy$ 满足 $y(0)=\dfrac{1}{2}$ 的解为_____.

5. 若方程 $y''+py'+qy=0$(p,q 均为实常数)有特解 $y_1=10,y_2=e^{-2x}$,则 $p+q=$ _____.

6. 已知 $y=1$、$y=x$、$y=x^2$ 是某二阶非齐次线性微分方程的三个解,则该方程的通解为_____.

三、计算题(共 94 分)

1. (本题 10 分)求微分方程 $y''+y'+\dfrac{1}{4}y=x+1$ 的通解.

2. (本题 10 分)已知连续函数 $f(x)$ 满足 $\int_0^x f(t)dt+\int_0^x tf(x-t)dt=ax^2$,求 $f(x)$.

3. (本题 10 分)设 $[0,+\infty)$ 上给定曲线 $y=y(x)>0,y(0)=2,y(x)$ 有连续导数. 已知任意 $x>0$,$[0,x]$ 上一段弧绕 x 轴旋转所得侧面面积等于该段旋转体的体积,求曲线 $y=y(x)$ 的方程.

4.（本题 10 分）设 $y(x)$ 是区间 $\left(0,\dfrac{3}{2}\right)$ 内的可导函数，且 $y(1)=0$，点 P 是曲线 $L:y=y(x)$ 上的任意一点，L 在点 P 处的切线与 y 轴相交于点 $(0,Y_P)$，法线与 x 轴相交于点 $(X_P,0)$，若 $X_p=Y_P$，求 L 上点的坐标 (x,y) 满足的方程.

5.（本题 10 分）已知 $y_1(x)=e^x,y_2(x)=u(x)e^x$ 是二阶微分方程
$$(2x-1)y''-(2x+1)y'+2y=0$$
的解，若 $u(-1)=e,u(0)=-1$，求 $u(x)$，并写出该微分方程的通解.

6.（本题 11 分）设函数 $f(x)$ 在定义域 I 上的导数大于零，若对任意的 $x_0\in I$，曲线 $y=f(x)$ 在点 $(x_0,f(x_0))$ 处的切线与直线 $x=x_0$ 及 x 轴所围成的区域的面积为 4，且 $f(0)=2$，求 $f(x)$ 的表达式.

7.（本题 11 分）设函数 $f(u)$ 具有二阶连续导数，$z=f(e^x\cos y)$ 满足
$$\frac{\partial^2 z}{\partial x^2}+\frac{\partial^2 z}{\partial y^2}=(4z+e^x\cos y)e^{2x}.$$
若 $f(0)=0,f'(0)=0$，求 $f(u)$ 的表达式.

8.（本题 11 分）设数列 $\{a_n\}$ 满足条件：$a_0=3,a_1=1,a_{n-2}-n(n-1)a_n=0(n\geqslant 2)$. $S(x)$ 是幂级数 $\displaystyle\sum_{n=0}^{\infty}a_n x^n$ 和和函数.

（1）证明：$S''(x)-S(x)=0$；（2）求 $S(x)$ 的表达式.

9.（本题 11 分）设微分方程
$$(x^2\ln x)\frac{d^2 y}{dx^2}-x\frac{dy}{dx}+y=\ln^2 x,\ x>1,$$

（1）作自变量变换 $t=\ln x$ 以及因变量变换 $z=\dfrac{dy}{dt}-y$，请将原微分方程变换为 z 关于 t 的微分方程.

（2）求原微分方程的通解.

数学家介绍

陈景润

　　陈景润（1933—1996），福建福州人，中国著名数学家。1949 年至 1953 年就读于厦门大学数学系，1953 年 9 月分配到北京四中任教。1955 年 2 月由当时厦门大学的校长王亚南先生举荐，回母校厦门大学数学系任助教。1957 年 10 月，由于华罗庚教授的赏识，陈景润被调到中国科学院数学研究所。1973 年发表了《（1+2）的详细证明》，被公认为是对哥德巴赫猜想研究的重大贡献。

　　1981 年 3 月当选为中国科学院学部委员（院士）。曾任国家科委数学学科组成员，

中国科学院原数学研究所研究员。1992 年任《数学学报》主编。1996 年 3 月 19 日下午 1 点 10 分，陈景润在北京医院去世，年仅 63 岁。2018 年 12 月 18 日，党中央、国务院授予陈景润同志改革先锋称号，颁授改革先锋奖章，并获评激励青年勇攀科学高峰的典范。2019 年 9 月 25 日，入选"最美奋斗者"个人名单。

欧拉

欧拉(1707—1783)，瑞士数学家和物理学家，近代数学先驱之一。1707 年欧拉生于瑞士的巴塞尔，13 岁时入读巴塞尔大学，15 岁大学毕业，16 岁获硕士学位。平均每年写出八百多页的论文，还写了大量的力学、分析学、几何学等课本，《无穷小分析引论》《微分学原理》《积分学原理》等都成为数学中的经典著作。欧拉对数学的研究广泛，在许多数学的分支中也可经常见到以他的名字命名的重要常数、公式和定理。

在数学领域内，18 世纪可称为欧拉世纪，他是 18 世纪数学界的中心人物，是继牛顿(Newton)之后最重要的数学家之一。在他的数学研究成果中，首推的是分析学，欧拉把由伯努利家族继承下来的莱布尼茨学派的分析学内容进行整理，为 19 世纪数学的发展打下了基础。他还把微积分法在形式上进一步发展到复数范围，并对偏微分方程、椭圆函数论、变分法的创立和发展留下先驱的业绩。在《欧拉全集》中，有 17 卷属于分析学领域，他被同时代的人誉为"分析的化身"。

欧拉的天才还在于他用数学来分析天文学问题，特别是三体问题，即太阳、月亮和地球在相互引力作用下怎样运动的问题。欧拉在数论中证明过一个定理，如今叫中国剩余定理，也叫孙子定理。在孙子算经中有一个简单的特例，后由南宋数学家秦九韶给出了一般形式，后来欧拉、高斯分别重新发现了这个定理，并给出了证明。

欧拉的著作最初传入中国，可追溯到大约 250 年前，由俄国传教士带进来，并送给天主教的一个支派"耶稣会"在中国的机构。然而，明、清年代中国数学已经日渐衰落，裹足不前，远远落后于欧洲。大约在乾隆年间传入中国的欧拉著作只能束之高阁，无人问津。19 世纪中叶，在李善兰与英国传教士合译的《代微积拾级》及华蘅芳与美国传教士傅兰雅合译的《微积溯源》中都介绍了欧拉和他的工作，中国人才开始知道这位数学大家，欧拉也登上了晚清人编写的《畴人传》。清末民初，西方的先进数学被引进中国，大学里开设了"微积分"等课程，这才使得越来越多的中国人认识了欧拉。

伯努利家族

在科学史上，父子科学家、兄弟科学家并不鲜见，然而，在一个家族跨世纪的几代人中，众多父子兄弟都是科学家的较为罕见，其中，瑞士的伯努利(也译作贝努力)家族最为突出。

伯努利家族三代人中产生了 8 位科学家，出类拔萃的至少有 3 位；而在他们一代又一代的众多子孙中，至少有一半相继成为杰出人物。伯努利家族的后裔有不少于 120 位被人们系统地追溯过，他们在数学、自然科学、技术、工程乃至法律、管理、文学、艺术等方面享有名望，有的甚至声名显赫。最不可思议的是这个家族中有两代人，他们中的

　　大多数是数学家,并非有意选择数学为职业,而是忘情地沉溺于数学之中。

　　老尼古拉·伯努利(1623—1708),生于巴塞尔,受过良好教育,曾在当地政府和司法部门任高级职务。他有 3 个有成就的儿子。其中长子雅各布(1654—1705)和第三个儿子约翰(1667—1748)成为著名的数学家,第二个儿子小尼古拉(1662—1716)在成为彼得堡科学院数学界的一员之前,是伯尔尼的第一个法律学教授。

　　许多数学成果与雅各布的名字相联系,例如悬链线问题(1690 年),曲率半径公式(1694 年),"伯努利双纽线"(1694 年),"伯努利微分方程"(1695 年),"等周问题"(1700 年)等。雅各布对数学最大的贡献是在概率论研究方面。他从 1685 年起发表关于赌博游戏中输赢次数问题的论文,后来写成巨著《猜度术》,这本书在他死后 8 年,即 1713 年才得以出版。雅各布醉心于研究对数螺线,甚至遗嘱里要求后人将对数螺线刻在自己的墓碑上,并附以颂词"纵然变化,依然故我",用以象征死后永生不朽。

　　约翰·伯努利同他的哥哥一样,也当选为巴黎科学院外籍院士和柏林科学协会会员。1712 年、1724 年和 1725 年,他还分别当选为英国皇家学会、意大利波伦亚科学院和彼得堡科学院的外籍院士。约翰的数学成果比雅各布还要多,例如解决悬链线问题(1691 年),提出洛必达法则(1694 年)、最速降线(1696 年)和测地线问题(1697 年),给出求积分的变量替换法(1699 年),研究弦振动问题(1727 年),出版《积分学教程》(1742 年)等。约翰与他同时代的 110 位学者有通信联系,进行学术讨论的信件约有 2 500 封,其中许多已成为珍贵的科学史文献,例如同他的哥哥雅各布以及莱布尼茨、惠更斯等人关于悬链线、最速降线(即旋轮线)和等周问题的通信讨论,虽然相互争论不断,特别是约翰和雅各布互相尖刻指责,使兄弟之间时常不快,但争论无疑会促进科学的发展,最速降线问题就导致了变分法的诞生。约翰的另一大功绩是培养了一大批出色的数学家,其中包括 18 世纪最著名的数学家欧拉、瑞士数学家克莱姆、法国数学家洛必达,以及他自己的儿子丹尼尔和侄子尼古拉二世等。

　　丹尼尔受父兄影响,一直很喜欢数学。1724 年,他在威尼斯旅途中发表《数学练习》,引起学术界关注,并被邀请到圣彼得堡科学院工作。同年,他还用变量分离法解决了微分方程中的里卡提方程。1725 年,25 岁的丹尼尔受聘为圣彼得堡的数学教授。1727 年,20 岁的欧拉(后人将他与阿基米德、艾萨克·牛顿、高斯并列为数学史上的"四杰"),到圣彼得堡成为丹尼尔的助手。